Umweltschutz bei Planung und Realisierung von Großprojekten im Vergleich zwischen Deutschland und Südkorea

Europäische Hochschulschriften

European University Studies

Publications Universitaires Européennes

Reihe II **Rechtswissenschaft**

Series II Law

Série II Droit

Band/Volume **5941**

Youngnam Tak

Umweltschutz bei Planung und Realisierung von Großprojekten im Vergleich zwischen Deutschland und Südkorea

Dargestellt am Beispiel der Planung und der Realisierung von Verkehrsinfrastrukturprojekten

PL ACADEMIC RESEARCH

Bibliografische Information der Deutschen Nationalbibliothek
Die Deutsche Nationalbibliothek verzeichnet diese Publikation in der Deutschen Nationalbibliografie; detaillierte bibliografische Daten sind im Internet über http://dnb.d-nb.de abrufbar.

Zugl.: Bielefeld, Univ., Diss., 2017

D 361
ISSN 0531-7312
ISBN 978-3-631-72684-6 (Print)
E-ISBN 978-3-631-72805-5 (E-PDF)
E-ISBN 978-3-631-72806-2 (EPUB)
E-ISBN 978-3-631-72807-9 (MOBI)
DOI 10.3726/b11483

PL Academic Research ist ein Imprint der Peter Lang GmbH.
Peter Lang – Frankfurt am Main · Bern · Bruxelles · New York · Oxford · Warszawa · Wien

Diese Publikation wurde begutachtet.

www.peterlang.com

Meinen Eltern

Vorwort

Die vorliegende Arbeit wurde im Wintersemester 2016/2017 von der Fakultät für Rechtswissenschaft der Universität Bielefeld als Dissertation angenommen. Literatur und Rechtsprechung sind auf dem Stand von Dezember 2016.

Mein ganz besonderer Dank gilt zunächst meinem Doktorvater, Herrn Prof. Dr. Michael Kotulla, M.A., nicht nur für die Bereitschaft zur Betreuung der vorliegenden Arbeit, sondern auch für die stets freundliche, geduldige und wissenschaftliche Unterstützung während der Promotionszeit. Herrn. Prof. Dr. Andrea Fisahn gebührt besonderer Dank für die Übernahme des Zweitgutachtens.

Dank gilt auf meinem südkoreanischen Professor, Herrn Prof. Dr. Hyun-Joon Kim, der mich auf dem Weg in die Wissenschaft leitete.

Der Konrad-Adenauer-Stiftung (KAS) möchte ich auch meinen Dank für die großzügige Förderung im Rahmen meines Promotionsstipendiums aussprechen. An dieser Stelle bedanke mich noch einmal beim Lehrstuhlteam und bei Frau Min-Kyung Kim.

Schließlich danke ich meinem Mann Jung Gil Kim für die vielfältige Unterstützung. Ich widme meinen Eltern, meiner Schwester Jin-Young und meinen Bruder Kyung-Min diese Arbeit.

Bielefeld, im März 2017 *Youngnam Tak*

Inhaltsverzeichnis

Anhang ... 223

Abkürzungsverzeichnis

ABl.	Amtsblatt
Abs.	Absatz
AEG	Allgemeines Eisenbahngesetz
AG	Aktiengesellschaft
Art.	Artikel
BauGB	Baugesetzbuch
BauO	Bauordnung
BauR	Zeitschrift für das gesamte öffentliche und zivile Baurecht
Bau-ROG	Bau-Raumordnungsgesetz
Bay	Bayern
BayVBl	Bayerische Verwaltungsblätter (Zeitschrift)
BBauBl	Bundesbaublatt
BbG	Bundesbahngesetz
BBodSchG	Bundes-Bodenschutzgesetz
BBodSchV	Bundes-Bodenschutz- und Altlastenverordnung
Bd.	Band
ber.	berichtigt
Beschl.	Beschluss
BEVVG	Bundeseisenbahnverkehrsverwaltungsgesetz
BGB	Bürgerliches Gesetzbuch
BGBl	Bundesgesetzblatt
BGH	Bundesgerichtshof
BGHZ	Entscheidungssammlung des Bundesgerichtshofs in Zivilsachen
BImSchG	Bundes-Immissionsschutzgesetz
BImSchV	Verordnung zur Durchführung des Bundes-Immissionsschutzgesetzes
Bln/Bbg	Berlin/Brandenburg
BMV	Bundesministerium für Verkehr, Bau und Stadtentwicklung
BNatSchG	Bundesnaturschutzgesetz
BT-Drucks.	Bundestagsdrucksache
BVerfG	Bundesverfassungsgericht
BVerwG	Bundesverwaltungsgericht
BVerwG	Bundesverwaltungsgericht
BVerwG	Entscheidungen des Bundesverwaltungsgerichts
BW	Baden-Württemberg
bzw.	beziehungsweise
CEQ	Council on Environmental Quality
d.h.	das heißt
DBGrG	Deutsche Bahn Gründungsgesetz
ders.	derselbe

Die Verwlatung	Zeitschrift für Verwaltungsrecht und Verwaltungswissenschaften
DÖV	Zeitschrift für öffentliches Recht und Verwaltungswissenschaft
DVBl	Deutsches Verwaltungsblatt (Zeitschrift)
NuR	Natur und Recht (Zeitschrift)
DVP	Deutsche Verwaltungspraxis (Zeitschrift)
EBO	Eisenbahn-Bau- und Betriebsordnung
EG	Europäische Gemeinschaft
EG	Europäische Gemeinschaft
ENeuOG	Eisenbahnneuordnungsgesetz
etc.	et cetera
EuGH	Europäischer Gerichtshof
EUV	Vertrag über die Europäische Union
EWG	die Europäische Wirtschaftsgemeinschaft
f.	folgende (Seite etc.)
ff.	fortfolgende
FluglSchG	Gesetz zum Schutz gegen Fluglärm
FN.	Fußnote(n)
FS	Festschrift
FStrAbG	Fernstraßenausbaugesetz
FStrG	Bundesfernstraßengesetz
GG	Grundgesetz
GmbH	Gesellschaft mit beschränkter Haftung
GVBl.	Gesetz- und Verordnungsblatt
H	Hessen
Hrsg.	Herausgeber
Hs.	Halbsatz
HStR	Handbuch des Staatsrechts
i. V. m.	in Verbindung mit
IPBeschlG	Infrastrukturplanungsbeschleunigungsgesetz
JuS	Juristische Schulung
Kap.	Kapitel
KBauG	Koreanisches Baugesetz
KBGB	Koreanisches Bürgerliches Gesetzbuch
KBodSchG	Koreanisches Bodenschutzgesetz
KEG	Koreanisches Eisenbahngesetz
KFluglSchG	Koreanisches Gesetz zum Schutz gegen Fluglärm
KJ	Kritische Justiz
KLESchG	Koreanisches Gesetz zum Schutz vor Lärm und Erschütterungen
KLRG	Koreanisches Luftreinhaltegesetz
KLuftVG	Koreanisches Luftverkehrsgesetz
KNatSchG	Koreanisches Gesetz zum Schutz der natürlichen Umwelt
KOG	Koreanisches Obergericht
KOGH	Koreanischer Oberster Gerichtshof
KommJur	Kommunaljurist

Korail	*Korea Railroad Corporation*
KWQG	Koreanisches Wasserqualitätsgesetz
KR	*Korea Rail Network Authority*
KRNG	Koreanische Raumnutzungsgesetz
KROG	Koreanische Raumordnungsgesetz
KRPG	Koreanische Raumplanungsgesetz
KrW – / AbfG	Kreislaufwirtschafts- und Abfallgesetz
KrWG	Kreislaufwirtschaftsgesetz
KstBauG	Koreanische Städtebaugesetz
KStrG	Koreanisches Straßengesetz
KUPGG	Koreanisches Umweltpolitikgrundgesetz
KUVPG	Koreanisches Umweltverträglichkeitsprüfungsgesetz
KV	Koreanische Verfassung
KVerfG	Koreanisches Verfassungsgericht
KVerfGG	Koreanisches Verfassungsgerichtsgesetz
KVwPG	Koreanisches Verwaltungsprozessgesetz
KVwVfG	Koreanisches Verwaltungsverfahrensgesetz
KWaStrG	Koreanisches Wasserstraßengesetz
Lfg.	Lieferung
lit.	*Littera*
EU	Europäische Union
LPIG	Landesplanungsgesetz des Landes Sachsen-Anhalt
LPlanV	Landesplanungsvertrag
LuftSiG	Luftsicherheitsgesetz
LuftVG	Luftverkehrsgesetz
LuftVG	Luftverkehrsgesetz
LuftVZO	Luftverkehrs-Zulassungs-Ordnung
MBO	Musterbauordnung
MV	Mecklenburg-Vorpommern
n. F.	neue Fassung
Nds	Niedersachsen
NEPA	National Environmental Policy Act
NJW	Neue juristische Wochenschrift (Zeitschrift)
NordÖR	Zeitschrift für öffentliches Recht in Norddeutschland
Nr.	Nummer
NROG	Niedersächsisches Raumordnungsgesetz
NRW	Nordrhein-Westfalen
NVwZ	Neue Zeitschrift für Verwaltungsrecht
OVG	Oberverwaltungsgericht
PrEisenbG	Preußisches Eisenbahngesetz
PrEnteigG	Preußisches Enteignungsgesetz
RAutoG	Reichsautobahngesetz
RBahnG	Reichsbahngesetz
Red.	Redakteur(in)

RGBl.	Reichsgesetzblatt
RIW	Recht der Internationalen Wirtschaft (Zeitschrift)
Rn.	Randnummer(n)
ROG	Raumordnungsgesetz
RoV	Raumordnungsverordnung
RP	Rheinland-Pfalz
Rs.	Rechtssache
SaAn	Sachsen-Anhalt
Saarl	Saarland
Sachs	Sachsen
SächsVBl	Zeitschrift für öffentliches Recht und öffentliche Verwaltung
SchwAbG	Gesetz über den Ausbau der Schienenwege des Bundes
SH	Schleswig-Holstein
sog.	sogenannt
StBauFG	Städtebauförderungsgesetz
StrFinG	Straßenbaufinanzierungsgesetz
StrG	Straßengesetz
StrWG	Straßen- und Wegegesetz
SUP	Strategische Umweltprüfung
TH	Thüringen
u. a.	und andere
z. B.	zum Beispiel
u. a.	Unter andere
UAbs.	Unterabsatz
UPR	Umwelt- und Planungsrecht (Zeitschrift)
Urt.	Urteil
usw.	und so weiter
UVP	Umweltverträglichkeitsprüfung
UVP	Umweltverträglichkeitsprüfung
VR	Verwaltungsrundschau
UVPG	Gesetz über die Umweltverträglichkeitsprüfung
VAEU	Vertrag über die Arbeitsweise der Europäische Union
VBlBW	Verwaltungsblätter für Baden-Württemberg (Zeitschrift)
VerkPBG	Verkehrswegeplanungsbeschleunigungsgesetz
VerwArch	Zeitschrift für Verwaltungslehre, Verwaltungsrecht und Verwaltungspolitik
VG	Verwaltungsgericht
VGH	Verwaltungsgerichtshof
vgl.	vergleiche
Vol.	Volumen
VwVfG	Verwaltungsverfahrensgesetz
WaStrG	Bundeswasserstraßengesetz
WHG	Wasserhaushaltsgesetz

ZfBR	Zeitschrift für deutsches und internationales Bau- und Vergaberecht
ZfV	Zeitschrift für Verkehrswissenschaft
zit.	zitiert
ZJS	Zeitschrift für das juristische Studium
ZLW	Zeitschrift für Luft- und Weltraumrecht
ZUR	Zeitschrift für Umweltrecht
ZvglRWiss	Zeitschrift für vergleichende Rechtswissenschaft

Einleitung

A. Ausgangslage

Der Bau von Großprojekten trägt einerseits grundsätzlich dazu bei, die wirtschaftliche Entwicklung voranzubringen und ruft andererseits zumeist erhebliche Umweltbelastungen hervor. Dazu zählen typischerweise Verkehrsinfrastrukturprojekte, also Straßen, Schienenwege von Eisenbahnen, Wasserstraßen und Verkehrsflughäfen. Flächenverbrauch ist für den Bau der jeweiligen Verkehrsinfrastrukturprojekte so unvermeidbar wie die damit verbundenen Umweltbelastungen. Diese gleichwohl so gering wie möglich zu halten, erscheint als ein geradezu selbstständiges Anliegen, bei dem Instrument der Planung eine besondere Bedeutung beizumessen ist. Denn mit ihr lassen sich unterschiedliche Belange und Bedürfnisse einschließlich derjenigen des Umweltschutzes koordinieren, wodurch die Risiken für sowohl die Menschen als auch die Umwelt gemindert werden. Dies ist auch eine der Kernaufgaben des modernen Staates, gleich, ob in Deutschland oder in Südkorea.

Was den Umweltschutz angeht, so ist er bereits seit den 1970er Jahren in Deutschland ein aktuelles Thema und erlangt insbesondere im Bereich des Umwelt- und Planungsrechts zentrale Bedeutung (wie bei *Michael Kloepfer*[1], *Wilfried Erbguth*[2] oder *Wolfgang Appold*[3]). Aufgabe des deutschen Planungsrechts ist es insbesondere, die konkurrierenden Ansprüche an die Raumnutzung miteinander zu koordinieren und so die Zukunft zu gestalten (so z.B. bei *Ulrich Battis*[4], *Joachim Sanden*[5]). Vornehmlich im Rahmen der deutschen Planung ist „der Stellenwert der Umweltbelange“ von *Michael Kloepfer*[6] mit der Verankerung des Schutzes der natürlichen Lebensgrundlagen in Art. 20a GG in seiner Bedeutung für den Abwägungsprozess deutlich gestiegen. Dementsprechend erfolgen unter Berücksichtigung des Umweltschutzes die Planung und Realisierung von Verkehrsinfrastrukturprojekten in mehreren Stufen, die der Fachplanung unterliegen.[7]

Dabei bietet nicht zuletzt die institutionelle Bedeutung und Funktion der Planfeststellung eine Möglichkeit des Interessenausgleiches und der Problembewältigung im

1 „Instrumente des staatlichen Umweltschutzes in der Bundesrepublik Deutschland“, in: Jahrbuch des Umwelt- und Technikrechts 1987, 1987.
2 „Rechtssystematische Grundfragen des Umweltrechts“, Berlin 1987.
3 „Die historische Entwicklung des Rechts Raumordnung“, in: Erbguth u.a. (Hrsg.), Planung-FS für Hoppe, München 2000.
4 „Das System der räumlichen Gesamtplanung“, in: Erbguth u.a. (Hrsg.), Planung-FS für Hoppe, München 2000.
5 „Umweltschutz im Planungsrecht“ in: Koch (Hrsg.), Umweltrecht, München 2014.
6 Umweltrecht, § 10 Rn. 123.
7 Siehe *Sanden*, in: Koch (Hrsg.), Umweltrecht, § 13 Rn. 67 ff.

Konfliktfall.[8] Die Planfeststellungsbehörde muss auch mit dem fachlichen Planungsziel die von Bauprojekten berührten, miteinander im Widerstreit liegenden Belange zu einem gerechten Ausgleich bringen (vgl. die §§ 17 FStrG, 14 Abs. 1 WaStrG, 18 AEG, 9 LuftVG usw.). Zugleich muss sie bei der Planung und Realisierung von Verkehrsinfrastrukturprojekten durch das Planfeststellungsverfahren nicht zuletzt Umweltbelange beachten.[9] Hierzu zählen der Boden-, der Immissions- und der Naturschutz sowie die Landschaftspflege und der Gewässerschutz. Dabei sind die umweltrechtlichen Regelungen in der Regel auf der Ebene der Planfeststellung anzuwenden.

Der Bodenschutz ist in erster Linie im BBodSchG geregelt und diese Regelungen sind zu beachten, damit Beeinträchtigungen der natürlichen Bodenfunktionen und der Bodennutzungsfunktionen bei der Planung und Realisierung von Verkehrsinfrastrukturprojekten vermieden bzw. minimiert werden können.[10] Im Hinblick auf Verkehrsimmissionen existieren als konkrete Maßnahmen einige wesentliche Vorschriften im BImSchG und der darauf basierenden BImSchV. Die immissionsschutzrechtlichen Belange können durch das Optimierungsgebot des § 50 BImSchG unter Abwägung aller betroffenen Belange ausreichend berücksichtigt und ausgeglichen werden. Das Optimierungsgebot dient dazu, unter Berücksichtigung anderer konkurrierender und widerstreitender Belange schädliche Umwelteinwirkungen zu beseitigen und die best- und größtmögliche Zielrealisierung zu erreichen (wie bei *Werner Hoppe*[11]). Insbesondere im Rahmen der fernstraßenrechtlichen und eisenbahnrechtlichen Planfeststellung sind einige wesentliche Vorschriften des BImSchG, nämlich § 50 und §§ 41 bis 43 BImSchG, zum Schutz vor Verkehrslärm geregelt. Darüber hinaus sind die Regelungen des Natur- und Landschaftsschutzes im BNatSchG sowie des Gewässerschutzes im WHG zu beachten.

Demgegenüber war es in Südkorea nach dem Zweiten Weltkrieg und dem Koreakrieg die Hauptaufgabe, die zerstörten Städte möglichst rasch wieder aufzubauen und anschließend konzentrierten sich die staatlichen Aktivitäten in den sechziger und siebziger Jahren zur Sicherung des wirtschaftlichen Aufschwungs nahezu ausschließlich auf eine ökonomisch motivierte Raumentwicklung (so etwa *Jong-Bo Kim*[12]). Dabei konnten wegen der großen Wirtschaftskonglomerate[13] und der

---

8 Siehe *Kühling/Herrmann*, Fachplanungsrecht, Rn. 484; *Dürr*, in: Knack/Henneke, VwVfG, § 72 Rn. 24 und § 73 Rn. 6; *Steinberg/Wickel/Müller*, Fachplanung, § 1 Rn. 1 ff.; *Kopp/Ramsauer*, VwVfG, § 72 Rn. 4 und § 74 Rn. 16.

9 Siehe *Kotulla*, Umweltrecht, 1. Teil Rn. 30.

10 Siehe *Kloepfer*, Umweltrecht, § 12 Rn. 84.

11 „Die Bedeutung von Optimierungsgeboten im Planungsrecht", DVBl 1992, S. 853 ff.

12 „Städtebaurecht", Seoul 1999.

13 Die großen Wirtschaftskonglomerate, wie z. B. Samsung, LG, Hyundai, heißen in Südkorea „*Jaebeols*". In den sechziger und siebziger Jahren erhielten sie für die erfolgreiche Umsetzung staatlicher Planung Vorzugskredite. Infolgedessen stiegen sie zu bestimmenden Kräften der südkoreanischen Wirtschaft auf.

politischen Situation[14] der Umweltschutz und die dafür gesetzlich normierten Maßnahmen nicht in die Praxis umgesetzt werden, obwohl bereits in der ersten Hälfte der siebziger Jahre durchaus moderne Umweltschutzregelungen erlassen wurden (so z.B. bei *Moon-Hyun Koh*[15]).[16] Tatsächlich wächst seit den neunziger Jahren in der südkoreanischen Gesellschaft das Umweltbewusstsein und der Umweltschutz wird im rechtlichen Rahmen zu einer wichtigen Aufgabe (vgl. *Hae-Ryoung Kim*[17], *Hyun-Joon Kim*[18] oder *Nam-Cheol Kim*[19]).

In diesem Zusammenhang enthält vor allem die südkoreanische Verfassung in Art. 35 Abs. 1 ein Grundrecht auf Umweltschutz und zudem die Pflicht des Staates zum Schutz der Umwelt. Diese Vorschrift dient als verfassungsrechtliche Grundlage für die Ausgestaltung des südkoreanischen Umweltrechts. In Südkorea erfolgen auch die Planung und Realisierung von Verkehrsinfrastrukturprojekten in mehreren Stufen unter Berücksichtigung des Umweltschutzes.

Sowohl in Deutschland als auch in Südkorea wird die Planung von Verkehrsinfrastrukturprojekten im Rahmen der jeweiligen Fachgesetze verwirklicht. Dies betrifft alle Aufgaben, die den Bau und die Unterhaltung von verschiedenen Verkehrsvorhaben betreffen. Darauf beziehen sich in Deutschland das FStrG, das AEG, das WaStrG sowie das LuftVG und in Südkorea das KStrG, das KEG, das KWaStrG und das KLuftVG. Hierbei sind jeweils auch die in den Gesetzen verankerten umweltrechtlichen Anforderungen der beiden Länder entsprechend den Planungen zu berücksichtigen.

Angesichts dessen geht die vorliegende Untersuchung hauptsächlich von der grundlegenden Fragestellung aus, ob und inwieweit sich im Rahmen des rechtlichen Systems der Planung und Realisierung von Verkehrsinfrastrukturprojekten Beeinträchtigungen der Umwelt, zu denen z.B. Lärmbelastung, Luftverschmutzung sowie Zerstörung von Natur und Landschaft zählen, unter Berücksichtigung des

---

14 Nach dem Militärputsch waren von 1961 bis 1987 in Südkorea wesentliche demokratische Rechte außer Kraft gesetzt. Ungeachtet dessen nahm die südkoreanische wirtschaftliche Entwicklung erneut Fahrt auf mit dem Ergebnis der deutlichen Steigerung der Lebensqualität für die Koreaner. In dieser Zeit stieg auch das Bildungsniveau, sodass die Forderungen nach Demokratie immer lauter wurden. Im Jahr 1987 wurde schließlich der friedliche Machtwechsel durch die direkte Präsidentenwahl ermöglicht.

15 „Development of Korean Environmental Law and Its Desirable Amendment Direction“, Public Law Journal Vol. 9 Nr. 3, S. 555 ff.

16 Siehe *K.-S. Park/T.-S. Hahm*, Umweltrecht, S. 30 ff.

17 „Überlegung zum Rechtssystem der Landesplanung und deren Verbesserung”, Public Land Law Review Vol. 60, S. 1 ff.

18 „Environmental Protection by Means of Construction Planning Law“, Environmental Law Review Vol. 22, S. 513 ff.; „Ökologisierung des Raumplanungsrechts”, Public Land Law Review Vol. 13, S. 303 ff.

19 „Die rechtlichen Aufgaben für umweltfreundliche städtebauliche Entwicklung“, Public Land Law Review Vol. 30, S. 1 ff.

Umweltschutzes effektiv und sinnvoll vermeiden oder doch zumindest einschränken lassen. Wie oben dargestellt, entwickelt sich seit den siebziger Jahren das deutsche Planungsrecht zum maßgeblichen Instrument der vorsorgenden Umweltgestaltung und damit sind bei der Planung und Realisierung von Verkehrsinfrastrukturprojekten die vielfältigen umweltrelevanten Gesetze zu beachten. Vor diesem Hintergrund sollen in der vorliegenden Untersuchung zunächst die deutschen Rechtsordnungen Gegenstand der Erörterung sein. Außerdem soll diese Untersuchung sich nicht auf die Betrachtung des deutschen Rechts beschränken, sondern einen Vergleich mit dem südkoreanischen Recht vornehmen; also beide Rechtsordnungen einander gegenüberstellen. Miteinander verglichen werden die Rechtssysteme beider Länder mit Blick auf die Planung und Realisierung von Verkehrsinfrastrukturprojekten hinsichtlich der Auswirkungen für den Umweltschutz.

Das südkoreanische Verwaltungs- und Umweltrecht wurde bekanntlich vom deutschen Recht beeinflusst.[20] Insbesondere wurden seit den 1980er Jahren viele der Wesensmerkmale der deutschen Planungsnormen in das südkoreanische Recht übernommen. Soweit es rechtliche Anforderungen für Umweltschutzmaßnahmen bezüglich der Durchführung von Verkehrsvorhaben betrifft, lassen sich ungeachtet dessen vielerlei Unterschiede zwischen beiden Ländern finden.

Trotz der unterschiedlichen rechtlichen Regelungen beider Länder geht die vorliegende Untersuchung von einem gemeinsamen Konzept zum „Umweltschutz bei der Planung und Realisierung von Verkehrsinfrastrukturprojekten" aus. Sie fokussiert sich nicht zuletzt auf den Boden-, Immissions- und Gewässerschutz sowie den Naturschutz und die Landschaftspflege bei der Planung und Realisierung von Verkehrsinfrastrukturprojekten.

---

20 Nach dem Zweiten Weltkrieg wurde Korea von 1945 bis 1948 der Militärverwaltung der USA unterstellt. Dabei spielte *Ernst Fränkel* (1898–1975), der sowohl als deutsch-amerikanischer Jurist als auch als Berater der Militärverwaltung von USA nach Korea gekommen war, eine große Rolle bei der Entwicklung des modernen Verwaltungsrechts in Südkorea. Unter seinem rechtswissenschaftlichen Einfluss wurden z. B. die Grundsätze des Verwaltungsrechts, Verwaltungshandeln und Verwaltungsvollstreckung im südkoreanischen Verwaltungsrecht eingeführt und dann weiterentwickelt (Dazu Näheres in: *K.-B. Park*, in: KLRI (Hrsg.), Einführung in das koreanische Recht, S. 51 f.; *C.-Y. Kim*, Verwaltungsrecht, S. 16 f.). Im Hinblick auf das Umweltrecht wurde in Südkorea seit den neunziger Jahren der Umweltschutz im rechtlichen Rahmen zu einer wichtigen Aufgaben. Insbesondere im südkoreanischen umweltrechtlichen Rahmen wurden beispielsweise der Umweltbegriff, die Prinzipien des Umweltschutzes, also das Vorsorge-, Verursacher- und Kooperationsprinzip, und die Abwehr von Umweltschäden (z. B. Luft- und Gewässerverschmutzung sowie Geräuschbelastungen und Erschütterungen) nach deutschem Vorbild eingeführt (Dazu Näheres in: *K.-S. Park/T.-S. Hahm*, Umweltrecht, S. 21 ff.; *J.-H. Hong*, Umweltrecht, S. 18 ff.) Damit wurde die südkoreanische Rechtswissenschaft und Rechtsprechung und von der deutschen Rechtswissenschaft beeinflusst, und dies ist auch heute noch in hohem Maße der Fall.

Die vorliegende Untersuchung erscheint schon deshalb als längst überfällig, weil es eine solche bislang nicht gibt und bereits der soeben schon beschriebene Vergleich beider Rechtsordnungen eine Fülle neuer Erkenntnisse zu liefern vermag. Hierbei kann der juristische Vergleich nicht zuletzt als Hilfsmittel für den einheimischen Gesetzgeber bei der Schaffung neuer Gesetze, als Auslegungsinstrument oder sogar als rechtswissenschaftlicher Lehrstoff fungieren. Damit ist er für Rechtsvereinheitlichungen und Entdeckungen der allgemeinen, rechtlichen Grundsätze bedeutsam.[21] Insbesondere im juristisch-normativen Bereich, wo die Möglichkeit des „Experiments" praktisch ausgeschlossen ist, spielt auch die rechtsvergleichende Studie eine gewichtige Rolle. Denn die Kenntnisse der in anderen Ländern geltenden Lösungen und die dort erworbenen Erfahrungen können oftmals das fehlende direkte „Experiment" in einem gewissen Maße ersetzen.

Aus diesem Grund wird durch den juristischen Vergleich der vorliegenden Untersuchung etwa ermöglicht, die jeweiligen Probleme der Rechtssysteme beider Länder bei der Planung und Realisierung von Verkehrsinfrastrukturprojekten mit Blick auf den Umweltschutz zu erfassen; außerdem wird die Chance eröffnet, zu angemesseneren Lösung gelangen zu können.

B. Ziel und Gang der Untersuchung

Die vorliegende Untersuchung intendiert einen deutsch-koreanischen Rechtsvergleich. Auf diese Weise wird es möglich, nicht nur die in beiden Ländern bestehenden rechtlichen Unterschiede bei der Planung und Realisierung von Verkehrsinfrastrukturprojekten herauszuarbeiten, sondern auch das beiden Rechtsordnungen immanente Optimierungspotenzial zu eruieren, um daraus Verbesserungsvorschläge zu entwickeln.

Die vorliegende Untersuchung gliedert sich im Wesentlichen in drei Teile: (1) Umweltschutz bei der Planung und Realisierung von Verkehrsinfrastrukturprojekten in Deutschland, (2) Umweltschutz bei Planung und Realisierung von Verkehrsinfrastrukturprojekten nach südkoreanischem Recht, (3) Vergleichende Betrachtung und Abschließende Bewertung.

Der erste Teil der Arbeit behandelt den Umweltschutz bei der Planung und Realisierung von Verkehrsinfrastrukturprojekten in Deutschland und besteht aus der Entwicklung des Planungs- und Realisierungssystems im Recht (§ 1) und dem Umweltschutz bei der Planung und Realisierung von Verkehrsinfrastrukturprojekten (§ 2). In § 1 geht es um das Planungs- und Realisierungssystem. Die diesbezügliche Untersuchung dient dazu, die Grundlage für die Bearbeitung des § 2 über den Umweltschutz bei der Planung und Realisierung von Verkehrsinfrastrukturprojekten zu legen. Zunächst werden in § 1 die Grundlagen des deutschen Planungssystems herausgearbeitet. Dabei richtet sich das Augenmerk besonders auf den Begriff und

21 *Zweigert/Kötz*, Einführung in die Rechtsvergleichung auf dem Gebiete des Privatrechts, S. 14.

die geschichtliche Entwicklung der Planung sowie die planungssystematischen Implikationen des deutschen Planungsrechts. Anschließend werden dort im Hinblick auf das Realisierungssystem die Realisierung definiert und die rechtlichen Anforderungen zur Realisierung erläutert. An die Darstellung des deutschen rechtlichen Planungs- und Realisierungssystems schließt sich – gleichsam als „Kernbereiche" – die Auseinandersetzung mit den dem Umweltschutz dienenden rechtlichen Vorgaben an (§ 2 des ersten Teils).

In diesem Rahmen werden nicht zuletzt die den Umweltschutz betreffenden verfassungsrechtlichen Grundlagen erarbeitet (A). In Deutschland ist hier Art. 20a GG als Staatszielbestimmung bedeutsam. Diese Vorschrift beauftragt in erster Linie die Legislative, daneben aber nach Maßgaben von Gesetz und Recht auch die Exekutive und die Judikative damit, den Schutz der natürlichen Lebensgrundlagen zu verwirklichen. Art. 2 Abs. 2 Satz 1 GG und Art. 14 GG können unter bestimmten Voraussetzungen als weitere verfassungsrechtliche Grundlagen für den Umweltschutz betrachtet werden. Außerdem wird das deutsche Umweltrecht durch EU-rechtliche Vorgaben (B) beeinflusst, weswegen sowohl auf das Primär- als auch auf das daraus insoweit einschließlich Sekundärrecht einzugehen ist. Aus dieser Grundlage werden sodann die einfachgesetzlichen Bestimmungen für den Umweltschutz bei der Planung und Realisierung von Verkehrsinfrastrukturprojekten (C) erläutert, zu denen allem voran das UVPG, das BBodSchG, das BImSchG, das BNatSchG und das WHG zu zählen sind. Danach folgt die Untersuchung der den Umweltschutz intendierenden Maßnahmen bei der Planung und Realisierung von Verkehrsinfrastrukturprojekten (D und E). Die deutsche Planung von Verkehrsinfrastrukturprojekten erfolgt in mehreren Stufen. Vor allem sieht das deutsche Planungsrecht im Bereich der Verkehrsinfrastrukturprojekte eine Planfeststellungsbedürftigkeit vor. Deswegen werden der Umweltschutz und die Planfeststellung von Verkehrsinfrastrukturprojekten dargestellt. Unter Bezugnahme auf den Bodenschutz, den verkehrsbezogenen Immissionsschutz, den Naturschutz und die Landschaftspflege sowie den Gewässerschutz werden insbesondere der Verkehrslärmschutz und die Luftreinhaltung im Rahmen des BImSchG intensiv erörtert. Abschließend wird der Umweltschutz bei der Realisierung von Verkehrsinfrastrukturprojekten entsprechend ihrer Planung in unterschiedlichen rechtlichen Bereichen behandelt.

Der zweite Teil der Arbeit befasst sich mit dem Aspekt des Umweltschutzes bei der Planung und Realisierung von Verkehrsinfrastrukturprojekten nach südkoreanischem Recht und gliedert sich entsprechend dem ersten Teil in die Entwicklung des rechtlichen Planungs- und Realisierungssystems (§ 1) und den Umweltschutz bei der Planung und Realisierung von Verkehrsinfrastrukturprojekten (§ 2). In § 1 werden das räumliche Planungssystem (A) sowie das Realisierungssystem (B) untersucht.

Anschließend wird auf den Umweltschutz mit Blick auf die Planung und Realisierung von Verkehrsinfrastrukturprojekten eingegangen (§ 2). Dabei folgt zunächst eine die südkoreanische Umweltrechtsentwicklung betreffende Vorbemerkung (A), die dazu beitragen soll, das südkoreanische Umweltrechtssystem besser zu verstehen. Die Umweltrechtsentwicklung in Südkorea lässt sich entsprechend der bisher erfolgten Umweltgesetzgebung in drei Phasen klassifizieren: 1. den Anfang des südkoreanischen Umweltrechts, ausgestaltet als reines Gefahrenabwehrrecht gegen Umweltbelastungen ab 1963, 2. seine Wandlung zum einheitlichen modernen Umweltschutzrecht ab 1977 und 3. die Pluralisierung der Umweltgesetzgebung zur effektiven Behandlung verschiedener Umweltfragen ab 1990. Danach werden die verfassungsrechtlichen Vorgaben für den Umweltschutz (B) behandelt. Die südkoreanische Verfassung enthält – wie bereits eingangs erwähnt – in Art. 35 Abs. 1 ein Grundrecht auf Umweltschutz und verpflichtet zugleich den Staat zum Schutz der Umwelt, worauf zugleich die verfassungsrechtlichen Grundlagen des südkoreanischen Umweltrechts umschrieben sind. Neben dem Umweltgrundrecht in Art. 35 Abs. 1 KV können mitunter auch das Recht auf Eigenwert und Menschenwürde in Art. 10 KV und das Eigentumsrecht in Art. 23 KV als verfassungsrechtliche Eckpunkte für den darum einfachgesetzlich verankerten eigentlichen Umweltschutz fungieren. Einfachgesetzlich geht es bei der Planung und Realisierung von Verkehrsinfrastrukturprojekten um Aspekte des allgemeinen und besonderen Umweltrechts. Dementsprechend sind in Bezug auf den Umweltschutz bei der Planung und Realisierung von Verkehrsinfrastrukturprojekten das KUPGG und das KUVPG sowie das KBodSchG, das KLESchG, das KLRG, das KNatSchG und das KWQG zu nennen (C). Des Weiteren setzt sich die vorliegende Untersuchung mit dem Umweltschutz bei der Planung und Realisierung von Verkehrsinfrastrukturprojekten im einfachgesetzlichen Rahmen (D und E) auseinander. Auch in Südkorea erfolgt die Planung von Verkehrsinfrastrukturprojekten nach dem rechtlichen Planungssystem in mehreren Stufen. Allerdings enthalten die entsprechenden südkoreanischen Fachgesetze keine konkreten Verfahrensweisen für einzelne Pläne, sondern beziehen sich vielmehr auf die Verwaltung der jeweiligen verkehrsinfrastrukturellen Anlagen. Dabei fungiert dort das raumplanungsgesetzliche Stadtplanungsverfahren als allgemeines Planungsverfahren. Die Gesetze gelten gegebenenfalls auch für die Planung von Verkehrsinfrastrukturprojekten, in deren Rahmen die Belange des Umweltschutzes zu berücksichtigen sind. In diesem Zusammenhang kommen die umweltrechtlichen Regelungen zur Anwendung. Zuletzt wird der Umweltschutz bei der Realisierung von Verkehrsinfrastrukturprojekten entsprechend ihrer Planung behandelt.

Im abschließenden dritten Teil der vorliegenden Untersuchung werden die vergleichende Betrachtung der Darstellung im Hinblick auf den Umweltschutz bei der Planung und Realisierung von Verkehrsinfrastrukturprojekten in Deutschland und Südkorea und ihre Bewertung zusammengefasst.

Erster Teil: Umweltschutz bei der Planung und Realisierung von Verkehrsinfrastrukturprojekten in Deutschland

§ 1 Entwicklung des Planungs- und Realisierungssystems im Recht

A. Das Planungssystem

Der Schwerpunkt der hiesigen Planung ist der Bereich der Raumplanung, haben doch viele Umweltprobleme einen primär räumlichen Bezug. Daher kann man das Planungsrecht im Sinne eines „Raumplanungsrechts" verstehen. Das deutsche Planungsrecht unterscheidet zwischen Gesamtplanung und Fachplanung.[22] Die räumliche Gesamtplanung umfasst neben allen Aspekten des Umweltschutzes auch eine Vielzahl andere Belange. Dagegen bezieht sich die Fachplanung in der Regel auf die Feststellung und Durchführung eines bestimmten Großvorhabens, beispielsweise eines Verkehrsinfrastrukturprojekts. Um die Fachplanung zu realisieren, sind vor allem die Ziele der Raumordnung und der Landesplanung als die überörtliche Gesamtplanung zu beachten.[23] Zugleich soll auch auf die Bauleitplanung als örtliche Gesamtplanung Rücksicht genommen werden. Folglich wird ein solches Verkehrsinfrastrukturprojekt von dem Zeitpunkt, an dem die Ziele der Raumordnung festgelegt werden, bis zum Planfeststellungsverfahren als mehrstufiges Verfahren durchgeführt.

I. Planungsbegriff

Zunächst soll es nachfolgend um den dem deutschen Planungssystem zugrunde liegenden Planungsbegriff gehen. In diesem Rahmen werden dementsprechend die Entwicklung des Planungsbegriffs (1) und Wesensmerkmale der Planung (2) dargestellt.

1. Die Entwicklung des Planungsbegriffs

a) Die Begrifflichkeit der Planung

Wie *Joseph H. Kaiser* schon 1965 besonders hervorhob, ist die Planung „der große Zug unserer Zeit"[24]. Sie ist aber kein neues Phänomen, sondern eine zentrale Kategorie des menschlichen Handelns.[25] Als unverzichtbare Form des staatlichen Handelns erfüllt die Planung noch heute wichtige Staatsaufgaben.[26] Darüber hinaus dient sie

---

22 *Forsthoff/Blümel*, Raumordnungsrecht und Fachplanungsrecht, S. 17 f.

23 Vgl. *Hoppe/Bönker/Grotefels*, Öffentliches Baurecht, §1 Rn. 2 ff.

24 *Kaiser*, Planung I, S. 7.

25 *Würtenberger*, Staatsrechtliche Probleme politischer Planung, S. 19.

26 Vgl. *Kloepfer*, in: Erbguth u. a. (Hrsg.), Planung, S. 111 f.; *Schmidt-Aßmann*, DÖV 1990, S. 169; *Gärditz*, Die Verwaltung Vol. 40, S. 203 f.

als Koordinierungsinstrument[27] zur Problembewältigung.[28] Den Begriff der Planung eindeutig zu klären, ist aufgrund seiner Vielfalt nicht einfach.[29] In Bezug darauf gibt es dogmatische Versuche, den Plan begrifflich zu erfassen. Danach ist er ein Handlungsinstrument, das sich als Ergebnis[30] von Planung[31] darstellt. Die Planung ist somit ein Entscheidungsprozess, der schließlich zu einem Plan führt.[32] Dieser verpflichtet die Träger der öffentlichen Verwaltung nicht unmittelbar, sondern ermöglicht erst in Verbindung mit einer gesetzlichen Ermächtigungsgrundlage, dass die Verwaltung tätig werden kann.[33] Schließlich ist der Plan entweder als Gesetz, Rechtsverordnung, Satzung, Verwaltungsvorschrift oder auch als Verwaltungsakt umzusetzen.

b) Die Entwicklung als Instrument des Umweltrechts

Die wesentliche Funktion der Planung liegt darin, Risiken zu vermindern.[34] Wenn sich die Planung dabei auf die vorausschauende Bewältigung von Umweltproblemen bezieht, ist das als „Umweltplanung“ oder „Umweltschutzplanung“ zu bezeichnen.[35]

Die Umweltplanung ist das wichtigste Element der vorsorgenden Umweltgestaltung.[36] Darüber hinaus vermag sie die konkurrierenden Ansprüche der

27 *Stern*, Das Staatsrecht der Bundesrepublik Deutschland, Bd. II, S. 703.

28 Vgl. *Kloepfer*, UTR 3(1987), S. 5 f.; *Maurer*, Allgemeines Verwaltungsrecht, § 16 Rn. 10 f.; *Schmidt-Aßmann*, Das allgemeine Verwaltungsrecht als Ordnungsidee, S. 332.

29 Teilweise wird im Schrifttum der Begriff der Planung als „freie Gestaltung in Orientierung an Zielen und Zwecken“ (*Ossenbühl*, DVBl 1995, S. 904), als „Erarbeitung eines Entwurfs normativer Ordnung, die auf einer analysierenden Erfassung gegenwärtiger Lagen und auf einer Prognose künftiger Entwicklungen beruht“ (*Schmidt-Aßmann*, Das allgemeine Verwaltungsrecht als Ordnungsidee, S. 332) bzw. als „Selbstfestlegung eigenen künftigen Verhaltens“ (*Roellecke*, DÖV 1994, S. 1024) definiert.

30 Darüber hinaus wird der Plan als „Produkt“ der Planung bezeichnet (*Maurer*, Allgemeines Verwaltungsrecht, § 16 Rn. 14).

31 Vgl. *Hoppe/Beckmann/Kauch*, Umweltrecht, § 7 Rn. 3; *Erbguth/Schlacke*, Umweltrecht, § 5 Rn. 6.

32 *Maurer*, Allgemeines Verwaltungsrecht, § 16 Rn. 1 ff.; *Peine*, Allgemeines Verwaltungsrecht, § 6 Rn. 307 f.; *Detterbeck*, Allgemeines Verwaltungsrecht, § 16 Rn. 891 ff.; *Stern*, Das Staatsrecht der Bundesrepublik Deutschland, Bd. II, S. 704; *Hoppe/Beckmann/Kauch*, Umweltrecht, § 7 Rn. 3 f.

33 Vgl. BVerwG, NVwZ 2007, S. 695 f., zu Feinstaubpartikeln und Immissionsgrenzwert – Anspruch auf einen Aktionsplan; *Scheidler*, NVwZ 2010, S. 19.

34 *Roellecke*, DÖV 1994, S. 1024 (1025); *Kloepfer*, UTR 5, S. 32.

35 *Hoppe/Beckmann/Kauch*, Umweltrecht, § 7 Rn. 27; *Kloepfer*, UTR 3 (1987), S. 5 f.; *Erbguth/Schlacke*, Umweltrecht, § 5 Rn. 3; *Peters*, Umweltrecht, Rn. 106.

36 *Kloepfer*, Umweltrecht, § 5 Rn. 7; *Erbguth*, Rechtssystematische Grundfragen des Umweltrechts, S. 103.

Bewirtschaftung von Umweltressourcen[37] und der Umweltvorsorge in Einklang zu bringen[38], um so die Zukunft zu gestalten und zu sichern.

2. *Wesensmerkmale der Planung*

a) Planerische Gestaltungsfreiheit

Jeder Planung liegt eine „planerische Gestaltungsfreiheit"[39] zugrunde, die gesetzlich nicht ausdrücklich erwähnt wird. Der Begriff der „planerischen Gestaltungsfreiheit" wurde, entstanden durch die Rechtsprechung des Bundesverwaltungsgerichts (BVerwG), als „zentrales Element der Ermächtigung zur Planung"[40] verwendet und dann weiterentwickelt.[41] Danach ist der planerischen Gestaltungsfreiheit ein Beurteilungsspielraum immanent. Zumal Planung ohne planerische Gestaltungsfreiheit ein Widerspruch in sich wäre.[42] Dieser Beurteilungsspielraum geht mit einer umfassenden Abwägungskompetenz von Seiten der Planenden einher.[43] Dadurch soll im Entscheidungsprozess zwischen kollidierenden öffentlichen und privaten Interessen ein Ausgleich gefunden werden, um im Konfliktfall gegebenenfalls einzelne Interessen präferieren zu können, um das Planungsziel zu verwirklichen.[44] Insbesondere bei der Fachplanung sind die rechtlichen Schranken der planerischen Gestaltungsfreiheit wichtig zur Verwirklichung des gesetzlichen Planungsauftrags und zur Bewältigung räumlicher Umweltprobleme.[45]

b) Planerisches Abwägungsgebot

Jede rechtmäßige Planung unterliegt bestimmten Kennzeichen und Parametern, die bei der planerischen Entscheidung abgewogen werden müssen[46]. Die Abwägung dient der Konfliktbewältigung innerhalb der von der Planung betroffenen

37 *Hoppe/Beckmann/Kauch*, Umweltrecht, § 6 Rn. 9.
38 *Sanden*, in: Koch(Hrsg.), Umweltrecht, § 13 Rn. 1.
39 In diesem Zusammenhang findet sich häufig im Schrifttum ein ähnlicher Sprachgebrauch, wie z. B. „Planungsermessen" (*Brohm*, Öffentliches Baurecht, § 11 Rn. 1 ff.), „Abwägungsermessen" (*Jarass*, DVBl 1998, S. 1202 f.), „planerischer Gestaltungsspielraum" (*Erbguth/Schlacke*, Umweltrecht, § 5 Rn. 5), bzw. „planerischer Gestaltungsfreiraum" (*Hoppe/Beckmann/Kauch*, Umweltrecht, § 7 Rn. 11).
40 BVerwGE 72, 15 (20); 75, 214 (232).
41 *Kühling/Herrmann*, Fachplanungsrecht, Rn. 26.
42 BVerwGE 34, 301 (304); 48, 56 (59); 55, 220 (226); 59, 253 (256).
43 Vgl. BVerwGE 48, 56 (59); 55, 220 (225 f.).
44 Vgl. *Kühling/Herrmann*, Fachplanungsrecht, Rn. 24.
45 BVerwGE 56, 110 (116); 87, 332 (341); 97, 143 (148).
46 Insoweit wird zwischen „nachvollziehender" Abwägung und „planerischer" Abwägung unterschieden. Während die planerische Abwägung als „ein originär gestaltender, schöpferischer Vorgang" eingeschätzt wird, betrifft die nachvollziehende Abwägung das „Auffinden einer normativ vorgegebenen Entscheidung", wobei die Kompensation eines öffentlichen Belangs gegenüber anderen öffentlichen Belangen

öffentlichen und privaten Interessen. Die Funktion der Abwägung im Planungsrecht liegt daher in der „Rationalisierung der Abwägung“ und der „Realisierung des Rechtsschutzes gegen hoheitliche Planungsakte“.[47] Das Abwägungsgebot entwickelt die Rechtsprechung des BVerwGs und gilt demnach unabhängig von der jeweiligen gesetzlichen Positivierung (vgl. § 1 Abs. 7 BauGB, § 17 Abs. 1 Satz 3 FStrG usw.).[48] Dem BVerwG zufolge besteht es aus drei Phasen. Die erste Phase ist die Zusammenstellung des Abwägungsmaterials, die zweite die Bewertungs- bzw. Gewichtungsphase und die dritte die Ausgleichs- bzw. Planungsentscheidung.[49] Die Zusammenstellung des Abwägungsmaterials bedeutet, dass je nach Lage der Dinge die zu berücksichtigenden öffentlichen und privaten Belange ermittelt und in die Abwägung einbezogen werden müssen. Danach müssen betroffene öffentliche und private Belange entsprechend ihrer „objektiven Gewichtigkeit“[50] bewertet werden. In der letzten Phase muss der Ausgleich der betroffenen Belange in einer Weise vorgenommen werden, die zur objektiven Gewichtigkeit einzelner Belange im Verhältnis steht. Dabei folgt aus dem Gebot der rechtstaatlichen Planung, dass grundsätzlich alle Belange gleichrangig sind.

Im Hinblick auf die Umweltplanung ist vor allem „der Stellenwert der Umweltbelange“[51] in der Abwägung auf Grund der Verankerung des Umweltschutzes als Staatsziel gemäß Art. 20a GG deutlich gestiegen. Eigentlich unterliegen die Belange der Umwelt der allgemeinen Abwägung, beispielsweise nach § 1 Abs. 6 BauGB. Deshalb lässt sich der Prozess der Abwägung nach der Rechtsprechung des BVerwG bezüglich der Umweltplanung direkt auf den einzelnen Fall anwenden. So wird zunächst die Zusammenstellung des umweltrelevanten Abwägungsmaterials für das Abwägungsgebot verlangt. Weiterhin sind die Gewichtung und der objektive Gehalt der Belange des Umweltschutzes festzustellen. Schließlich ist ein Ausgleich zwischen den Belangen des Umweltschutzes und anderen Belangen vorzunehmen.

II. Geschichtliche Entwicklung der Planung

Das Planungssystem in seiner heutigen Form ist historisch zu erklären, weshalb nachfolgend die geschichtliche Entwicklung dargestellt wird.

---

keine Rolle spielt; dazu *Dreier*, Die normative Steuerung der planerischen Abwägung, S. 44 f.

47 *Ossenbühl*, DVBl 1995, S. 904.

48 BVerwGE 41, 67 (68 ff.); 48, 56 (63); *Hoppe*, DVBl 1992, S. 853.

49 Vgl. BVerwGE 48, 56 (63 f.); *Hoppe/Beckmann/Kauch*, Umweltrecht, § 7 Rn. 9 f.

50 Bei der objektiven Gewichtigkeit handelt es sich um das Optimierungsgebot bzw. die Vorrangregelungen. Das Urteil des BVerwG vom 22.3.1985 definiert das Optimierungsgebot als „ein Gebot, das eine möglichst weitgehende Beachtung bestimmter Belange erfordert“. Als ein konkretes Beispiel werden § 50 BImSchG und § 1 Abs. 3 Satz 1 FStrG dargestellt (BVerwGE 71, 163 (164)); dazu Näheres in *Hoppe*, DVBl 1992, S. 853 (854).

51 *Kloepfer*, Umweltrecht, § 10 Rn. 123.

1. *Die Entwicklung bis 1945*

Das deutsche Planungsrecht resultiert entwicklungsgeschichtlich aus dem Städtebaurecht.[52] Sowohl in Deutschland als auch in anderen europäischen Ländern setzte die Industrialisierung in der zweiten Hälfte 19. Jahrhunderts ein. Eine ihrer Folgeerscheinungen war die Urbanisierung und die Entstehung von Ballungsgebieten. Dieser Umstand wurde durch den Grundsatz der Baufreiheit beflügelt.[53] Um diese Baufreiheit zu beschränken, entstand im 19. Jahrhundert aus dem polizeilichen Gefahrenabwehrrecht das Städtebaurecht. Infolge der damaligen territorialen und politischen Spaltung gab es jedoch noch keine einheitlichen gesetzlichen Grundlagen zur Fortentwicklung des Planungsrechts.

a) Die preußische Rechtsentwicklung

Die rechtlichen Grundlagen der Baufreiheit in Preußen fanden sich in § 65 Teil 1 Titel 8 PrALR[54]. Demnach war jeder Eigentümer befugt, seinen Grund und Boden mit Gebäuden zu besetzen oder bestehende Gebäude zu verändern. Diese Rechte des Eigentümers als sog. Baufreiheit wurden jedoch durch § 66 Teil 1 Titel 8 PrALR wie folgt eingeschränkt: „Doch soll zum Schaden oder zur Unsicherheit des gemeinen Wesens, oder zur Verunstaltung der Städte und öffentlichen Plätze kein Bau und keine Veränderung vorgenommen werden". Nach § 10 Teil 2 Titel 17 PrALR ordneten die Polizeibehörden zudem Fluchtlinien an, um Sicherheit und Ordnung als polizeiliche Aufgabe zu bewahren.[55]

Das sog. preußische Fluchtliniengesetz von 1875[56] ermöglichte es vor allem der Gemeinde, die Fluchtlinien für Straßen, die Enteignung der notwendigen Flächen für Verkehrswege und Entschädigungen sowie Bauverbote und Anliegerbeitragspflichten der Eigentümer vorzuschreiben.[57] Durch die städtische Bauordnung wurden darüber hinaus die verschiedenen Bauzonen von Stadtgebieten festgelegt, mit

---

52 *Appold*, in: Erbguth u. a. (Hrsg.), Planung-FS für Hoppe, S. 21; *Hoppe/Bönker/Grotefels*, Öffentliches Baurecht, § 1 Rn. 25; *Breuer*, Die hoheitliche raumgestaltende Planung, S. 215.

53 Näher dazu in: *Stüer* in: Erbguth u. a. (Hrsg.), Planung-FS für Hoppe, S. 39 ff.; *Brohm*, Öffentliches Baurecht, § 1 Rn. 3 ff.; *Ronellenfitsch*, Michael, Einführung in das Planungsrecht, S. 29 ff.; *Hoppe/Bönker/Grotefels*, Öffentliches Baurecht, § 1 Rn. 27 ff.; *Koch/Hendler*, Baurecht, Raumordnungs- und Landesplanungsrecht, § 11 Rn. 8 ff.; *Stüer*, Handbuch des Bau- und Fachplanungsrechts, Rn. 13 f.

54 Allgemeines Landrecht für die preußischen Staaten vom 5.2.1794.

55 Vgl. *Stüer* in: Erbguth u. a. (Hrsg.), Planung-FS für Hoppe, S. 40.

56 Gesetz betreffend die Anlegung und Veränderung von Straßen und Plätzen in Städten und ländlichen Ortschaften vom 2.7.1875 (GS S. 561).

57 Vgl. *Stüer*, Handbuch des Bau- und Fachplanungsrechts, Rn. 14 ff.; *ders.*, in: Erbguth u. a. (Hrsg.), Planung-FS für Hoppe, S. 41 f.; *Ronellenfitsch*, Michael, Einführung in das Planungsrecht, S. 29 ff.; *Koch/Hendler*, Baurecht, Raumordnungs- und Landesplanungsrecht, § 11 Rn. 8; *Schmidt-Eichstaedt*, Städtebaurecht, S. 84.

deren Hilfe Gebäude unterschiedlicher Höchstmaße zugelassen werden konnten.[58] Das preußische Ansiedlungsgesetz von 1876[59] führte die Genehmigung neuer Wohngebäude als Gefahrenabwehr im Außenbereich ein.[60] Diese Entwicklung des Städtebaurechts liegt heute einer zweistufigen Planung, nämlich dem Flächennutzungsplan und den Bebauungsplänen, zugrunde.[61] Zur damaligen Zeit gab es jedoch noch keine einheitlichen gesetzlichen Grundlagen zur Fortentwicklung des Planungs- und Baurechts.

b) Die Regelungen im Deutschen Reich

In der Zeit des späten Kaiserreichs und der frühen Weimarer Republik gestaltete sich der Gedanke der Raumordnung als Beispiel der überörtlichen Gesamtplanung durch die preußischen Sondergesetze der eingerichteten Planungsverbände[62]; also des Zweckverbandes Groß-Berlin von 1910[63] und des Siedlungsverbandes Ruhrkohlenbezirk von 1920. Nach dem Ersten Weltkrieg bildete sich vor allem im Rhein-Ruhrgebiet „eine eigenständige großräumige zwischengemeindliche Planung“ heraus.[64] Hierin kam erstmals die „Raumordnung“ zum Ausdruck.[65] Zugleich beschränkte sich der Verbandszweck grundsätzlich auf den Bereich der Fachplanung, wie z. B. die Erhaltung von Grün- und Freiflächen sowie den Verkehrsverbund.[66]

In der Weimarer Republik wurde die Entwicklung einer reichseinheitlichen gesetzlichen Grundlage angestrebt. Nach Art. 10 Nr. 4 der Weimarer Verfassung war das Reich zur Grundsatzgesetzgebung für das Bodenrecht, die Bodenverteilung, das Ansiedlungs- und Heimstättenwesen, die Bindung des Grundbesitzes, das Wohnungswesen und die Bevölkerungsverteilung befugt. In der Tat sah das Reichsarbeitsministerium im Jahr 1931 einen Referentenentwurf für ein Reichsstädtebaugesetz vor, der zudem Regelungen der Landesplanung beinhaltete. Doch wurde dieser Gesetzentwurf letztlich nicht weiter verfolgt.[67] Im Dritten Reich ermöglichte es der Erlass der sog. Bauregelungsverordnung von 1936[68], die Grundlagen dafür zu

58 *Stüer* in: Erbguth u. a. (Hrsg.), Planung-FS für Hoppe, S. 42 f.; *Schmidt-Eichstaedt*, Städtebaurecht, S. 83 f.

59 Das Gesetz, betreffend die Verteilung der öffentlichen Lasten bei Grundstücksteilungen und die Gründung neuer Ansiedlungen, vom 25.8.1876 (GS S. 405).

60 *Hoppe/Bönker/Grotefels*, Öffentliches Baurecht, § 1 Rn. 30; *Stüer*, Handbuch des Bau- und Fachplanungsrechts, Rn. 15.

61 *Schmidt-Eichstaedt*, Städtebaurecht, S. 83.

62 *Durner*, Konflikte räumlicher Planungen, S. 42.

63 Näher dazu in: *Ernst*, in: Kaiser (Hrsg.), Planung III, S. 132 ff.

64 *Stüer* in: Erbguth u. a. (Hrsg.), Planung-FS für Hoppe, S. 43.

65 *Stüer*, Handbuch des Bau- und Fachplanungsrechts, Rn. 18; *Appold*, in: Erbguth u. a. (Hrsg.), Planung-FS für Hoppe, S. 21; *Schmidt-Eichstaedt*, Städtebaurecht, S. 87.

66 Vgl. *Ernst*, in: Kaiser (Hrsg.), Planung III, S. 133.

67 *Appold*, in: Erbguth u. a. (Hrsg.), Planung-FS für Hoppe, S. 22; *Stüer* in: Erbguth u. a. (Hrsg.), Planung-FS für Hoppe, S. 44 f.

68 Die Verordnung über die Reglung der Bebauung vom 15.2.1936 (RGBl. I, S. 104 ff.).

schaffen, dass Baugebiete ausgewiesen und ihre Abstufung vorgeschrieben werden konnte.[69] In dieser Zeit wurde die planungsrechtliche Entwicklung jedoch aufgrund der Kriegsereignisse nicht weiterverfolgt.

2. *Rechtsentwicklung nach 1945*

Nach dem Zweiten Weltkrieg bestand eine der wichtigsten Aufgaben des Staates darin, die rechtlichen Grundlagen zu schaffen, um die stark zerstörte Infrastruktur wieder aufzubauen. Zu diesem Zweck wurden von den Ländern in den Jahren 1948 bis 1950 die sog. Trümmergesetze[70] und anschließend die „Aufbaugesetze" erlassen, denn es gab keine bundeseinheitlichen Regelungen hierzu.[71] Mit dem sog. Lemgoer Entwurf[72] wurden die Ausbaugesetze der unterschiedlichen Länder – mit Ausnahme von Bayern, Berlin und Bremen[73] – für ein Gefüge der Bautätigkeit in Aufsicht genommen und die Trümmergesetze dienten der Ergänzung der Aufbaugesetze.[74] Im Allgemeinen enthielten die Aufbaugesetze der Länder Vorschriften über die Aufteilung des Plangebietes im Einzelnen, wie z. B. von Grünflächen, Verkehrsflächen und Bauflächen sowie Art und Masse der baulichen Nutzung.[75] Dies diente inhaltlich als Grundlage des späteren Bundesbaugesetz (BBauG).[76]

Mit der planungsrechtlichen Entwicklung nach 1945 war der Gesetzgeber zugleich bestrebt, die rechtlichen Grundlagen für eine bundeseinheitliche Planung zu schaffen. Infolgedessen bestimmte der Gesetzgeber nicht nur das Verhältnis der Baufreiheit und ihre Einschränkung nach Art. 14 GG[77], sondern beabsichtigte in Art. 74 Nr. 18 GG auch, dem Bund in Art. 74 Nr. 18 GG die konkurrierende Gesetzgebungszuständigkeit

---

69 *Hoppe/Bönker/Grotefels*, Öffentliches Baurecht, §1 Rn. 33 f.; *Stüer*, Handbuch des Bau- und Fachplanungsrechts, Rn. 21 f.

70 Die sog. Trümmergesetze sind in den meisten Ländern der Westzonen in den Jahren 1948 und 1949 erlassen worden. Durch diese Gesetze konnte das wichtigste Kapital für den Wiederaufbau, z. B. Die Baumaterialien gesichert werden. Näher dazu in: *Nutz*, Stadtentwicklung in Umbruchsituationen, S. 94 f.

71 *Stüer* in: Erbguth u. a. (Hrsg.), Planung-FS für Hoppe, S. 48; *Hoppe/Bönker/Grotefels*, Öffentliches Baurecht, §1 Rn. 34.

72 Entwurf eines Gesetzes über den Aufbau der deutschen Gemeinden von 1949.

73 Vgl. *Stüer*, Handbuch des Bau- und Fachplanungsrechts, Rn. 25.

74 Vgl. *Schmidt-Eichstaedt*, Städtebaurecht, S. 84.

75 Vgl. NW Gesetz über Maßnahmen zum Aufbau in den Gemeinden (Aufbaugesetz) vom 29.4.1950 (GVBl. NW S. 75 ff.); Das Gesetz über den Aufbau in den schleswig-holsteinischen Gemeinden (Aufbaugesetz) vom 21.5.1949 (GVBl. SH S. 93 ff.); H Gesetz über den Aufbau der Städte und Dörfer des Landes Hessen (Aufbaugesetz) vom 25.10.1948 (GVBl. H. S. 139 ff.); Nds Gesetz zur Durchführung der Ortsplanung und des Aufbaues in den Gemeinden (Aufbaugesetz) vom 9.5.1949 (GVBl. Nds. Nr. 24, S. 107 ff.) usw.

76 *Stüer* in: Erbguth u. a. (Hrsg.), Planung-FS für Hoppe, S. 48.

77 *Stüer*, Handbuch des Bau- und Fachplanungsrechts, Rn. 26.

im Bereich des Bodenrechts einzuräumen[78]. Des Weiteren wurde mit Art. 28 Abs. 2 Satz 1 GG die verfassungsrechtliche Grundlage für die kommunale Planungshoheit geschaffen[79]; wodurch den Gemeinden sowohl die Eigenverantwortlichkeit als auch die Allzuständigkeit im Rahmen der Gesetze garantiert ist[80].

Seit das BVerfG 1954 dem Bund die Gesetzgebungskompetenz für das Planungsrecht zuwies[81], wurden auf dieser Grundlage das BBauG von 1960[82] sowie das Raumordnungsgesetz von 1965[83] erlassen. Danach erging das Städtebauförderungsgesetz (StBauFG) von 1971[84], das im Jahr 1986 in das dem BBauG folgende BauGB aufgenommen wurde, und nunmehr die Lenkung und Steuerung der Stadtplanung regelte. Durch diese rechtlichen Fortentwicklungen wurde das Planungsrecht wesentlich erweitert. Hervorzuheben sind zudem die folgenden Gesetzesänderungen unter Berücksichtigung des Umweltschutzes: Zuerst wurde durch die Novelle des ROG 1989[85] eine verfahrensrechtliche Rahmenregelung zur Raumordnung (§ 6a ROG) eingeführt, die die Umweltverträglichkeitsprüfung festlegte. Für den Umweltschutz wurde das ROG in der Folgezeit mehrfach geändert.[86] Gleichfalls wurde das BauGB 1986[87] durch die Zusammenführung von BBauG und StBauFG verabschiedet. Hierzu regeln § 1 Abs. 5 Satz 1 und 3 BauGB umweltschutzbezogene Aufgabenstellungen der Bauleitplanung als Planungsleitsätze, wodurch Umweltschutz- und Bodenschutzbelange stark an Bedeutung gewinnen.[88] Außerdem treffen die Fachplanungen, wie sie etwa durch FStrG, WaStrG, WHG, LuftVG, PbefG, AEG und die Ländergesetze in Bezug auf Infrastrukturvorhaben vorgeschrieben werden, Regelungen bezüglich der Belange des Umweltschutzes.[89]

Im Hinblick auf die historische Entwicklung des Planungsrechts trat schließlich der bis zum Dritten Reich dominierende polizeiliche Aspekt schrittweise zurück[90], d. h. die Priorität der Gefahrenabwehr wurde beseitigt. Damit konnte das Planungsrecht schrittweise eine Tendenz zum Umweltschutz entwickeln.[91]

---

78 *Schmidt-Eichstaedt*, Städtebaurecht, S. 85.
79 BVerfGE 56, 298 (312 f.); 76, 107 (118 f.); *Mehde*, in: Maunz/Dürig, GG, Art. 28 Abs. 2 Rn. 59.
80 *Oebbecke* in: Erbguth u. a. (Hrsg.), Planung-FS für Hoppe, S. 240.
81 BVerfG, Rechtsgutachten vom 16.6.1954 – 1 PBvV 2.52, BVerfGE 3, 407.
82 BGBl. I S. 341.
83 BGBl. I S. 306.
84 Das Gesetz über die städtebaulichen Sanierungs- und Entwicklungsmaßnahmen in den Gemeinden vom 27.7.1971 (BGBl. I S. 1125).
85 Das Gesetz zur Änderung des Raumordnungsgesetzes vom 11.7.1989 (BGBl. I S. 1417).
86 Dazu Näheres in: *Appold*, in: Erbguth u. a. (Hrsg.), Planung-FS für Hoppe, S. 26 ff.
87 BGBl. I S. 2253.
88 *Hoppe/Bönker/Grotefels*, Öffentliches Baurecht, § 1 Rn. 37; *Erbguth*, NVwZ 2007, S. 985 (986).
89 Dazu Näheres in: *Sanden*, in: Koch (Hrsg.), Umweltrecht, § 13 Rn. 67 ff.
90 Vgl. *Maurer*, Allgemeines Verwaltungsrecht, § 16 Rn. 9.
91 Vgl. *Battis* in: Erbguth u. a. (Hrsg.), Planung-FS für Hoppe, S. 309 f.

III. Planungssystematische Implikationen

Dem System des Planungsrechts sind die Fachplanung und die Gesamtplanung zuzuordnen.[92] Teile der Literatur stellen Programme als Planungsformen vor.[93] Die Programme der Bundesregierung und einzelner Landesregierungen sind besonders im Hinblick auf die Umweltplanung die allgemeinste Form.[94] Dabei handelt es sich um „eine konzeptionell-strategische Programmierung der Politik durch Regierungsinstitutionen“[95]. Die Programme sind rechtlich jeweils nur für die Organe verbindlich, die sie jeweils beschließen.[96] Im Allgemeinen besteht das Planungssystem aus der Gesamtplanung und der Fachplanung.[97]

Gesamtplanung sowie Fachplanung beinhalten unterschiedliche Rechtswirkungen, d.h. die Gesamtplanung koordiniert verschiedene Nutzungsansprüche und überfachliche Interessen und die Fachplanung bezieht sich auf raumrelevante und konkrete Projekte nach dem jeweiligen Fachrecht.[98]

Die raumrelevanten Fachplanungen, namentlich Verkehrsinfrastrukturprojekte, bedürfen daher der Koordination mit der Gesamtentwicklung.[99] Dementsprechend wird ein solches Verkehrsinfrastrukturprojekt vom Zeitpunkt der Aufstellung der Ziele der Raumordnung bis zum Planfeststellungsverfahren als mehrstufiges Verfahren durchgeführt.

Im Folgenden sollen die planungssystematischen Implikationen näher untersucht werden, wobei es zuerst um die Gesamtplanung (1), dann um die Fachplanung (2) und schließlich um das Verhältnis zwischen Gesamtplanung und Fachplanung (3) gehen wird.

---

92 *Forsthoff/Blümel*, Raumordnungsrecht und Fachplanungsrecht, S. 18 f.; *Stüer*, DVBl 1998, S. 224.

93 *Sparwasser/Engel/Voßkuhle*, Umweltrecht, § 2 Rn. 91 ff. Sie werden zudem als „politisch-strategische Umweltplanung“ bezeichnet; *Kloepfer*, Umweltrecht, § 5 Rn. 20 ff.; *Erbguth/Schlacke*, Umweltrecht, § 5 Rn. 14 ff.; *Ramsauer*, in: Koch (Hrsg.), Umweltrecht, § 3 Rn. 63 f.

94 *Erbguth/Schlacke*, Umweltrecht, § 5 Rn. 15.

95 *Köck*, UPR 2002, S. 321.

96 Vgl. *Kloepfer*, Umweltrecht, § 5 Rn. 20; *Erbguth/Schlacke*, Umweltrecht, § 5 Rn. 15; *Köck*, UPR 2002, S. 321.

97 *Hoppe/Bönker/Grotefels*, Öffentliches Baurecht, § 1 Rn. 2; *Koch/Hendler*, Baurecht, Raumordnungs- und Landesplanungsrecht, § 1 Rn. 19 ff.; *Peine*, Öffentliches Baurecht, Rn. 24 ff.; *Brohm*, Öffentliches Baurecht, § 2 Rn. 1 ff.

98 *Peine*, Öffentliches Baurecht, Rn. 24 ff.; *Battis* in: Erbguth u.a. (Hrsg.), Planung-FS für Hoppe, S. 309.

99 *Forsthoff/Blümel*, Raumordnungsrecht und Fachplanungsrecht, S. 26 f.; *Brohm*, Öffentliches Baurecht, § 2 Rn. 1 f.; *Hoppe/Bönker/Grotefels*, Öffentliches Baurecht, § 1 Rn. 4; *Battis* in: Erbguth u.a. (Hrsg.), Planung-FS für Hoppe, S. 303; *Ramsauer*, in: Koch (Hrsg.), Umweltrecht, Rn. 49.

1. Gesamtplanung

Der Schwerpunkt der Planung betrifft den Bereich der Raumplanung, denn viele Umweltprobleme haben einen primär räumlichen Bezug.[100] Die räumliche Gesamtplanung umfasst sowohl alle Bereiche des Umweltrechts als auch andere Rechtsgebiete. Sie beinhaltet nicht nur ein bestimmtes fachliches Ziel wie etwa den Umweltschutz, sondern bezieht daneben auch viele andere Bereiche mit ein, wie beispielsweise die Wirtschaftsstruktur, Infrastruktur, gesunde Wohn- und Arbeitsverhältnisse. Dies entspricht der Gesamtplanung im Sinne einer „überfachlichen Planung der strukturellen Gesamtverhältnisse eines Gebiets“[101]. Zu räumlichen Gesamtplanungen gehören die Raumordnung als überörtliche Gesamtplanung (Bundesplanung, Landesplanung und Regionalplanung) und die im BauGB geregelte Bauleitplanung als örtliche Gesamtplanung.[102]

a) Raumordnung

Der Staat hat die Aufgabe einer umfassenden Planung für die Raumentwicklung, die alle fachlichen und überörtlichen Interessen koordinieren soll.[103] Eine verfassungsrechtliche Vormerkung der Raumordnung findet sich in Art. 74 Abs. 1 Nr. 31 GG. Im Raumordnungsgesetz (ROG)[104] findet dies seine bundesrechtliche Konkretisierung. Die Raumordnung hat nach § 1 Abs. 1 Satz 1 ROG den Gesamtraum der Bundesrepublik Deutschland und seine Teilräume durch zusammenfassende, übergeordnete Raumordnungspläne und durch Abstimmung raumbedeutsamer Planungen und Maßnahmen zu entwickeln, zu ordnen und zu sichern. Dabei zielt sie zuerst darauf ab, die konkurrierenden Ansprüche auszugleichen und damit die verschiedenen sektoralen Belange zu ermitteln und zu koordinieren.[105] Während die Raumordnungsziele bei Planungen und Maßnahmen als Produkt vorangegangener Vorgaben zu beachten sind, fungieren die Grundsätze ihrem Charakter nach als

100 Vgl. *Hoppe/Beckmann/Kauch*, Umweltrecht, § 7 Rn. 40.

101 *Peters*, Umweltrecht, Rn. 108; *Scheidler*, NVwZ 2010, S. 19 (20).

102 *Hoppe/Bönker/Grotefels*, Öffentliches Baurecht, §1 Rn. 16; *Koch/Hendler*, Baurecht, Raumordnungs- und Landesplanungsrecht, § 1 Rn. 19 ff. und Übersicht S. 39; *Brohm*, Öffentliches Baurecht, § 2 Rn. 25 und Übersicht S. 40; *Peine*, Öffentliches Baurecht, Rn. 25.

103 Den Charakter der Raumordnung als zusammenfassende, überörtliche und übergeordnete Raumplanung hat das BVerfG in seinem Baurechtsgutachten dargestellt (BVerfGE 3, 407 (425)). Dazu vgl. *Goppel*, DVBl 2000, S. 86 (87).

104 Das Raumordnungsgesetz (ROG) vom 22.12.2008 (BGBl. I. S. 2986), zuletzt geändert durch Artikel 124 der Verordnung vom 31.8.2015 (BGBl. I S. 1474).

105 Vgl. BVerfGE 3, 407 (425); *Kühling/Herrmann*, Fachplanungsrecht, Rn. 152 f.; *Wahl*, in: Hoppe/Kauch (Hrsg.), Raumordnungsziele nach Privatisierung öffentlicher Aufgaben, S. 11 (25); *Schulte*, NVwZ 1999, S. 942 (943).

planerisches Material bei der Abwägungs- oder Ermessensentscheidung.[106] Die von § 1 Abs. 1 ROG beschriebene Aufgabenstellung wird durch die in § 2 Abs. 2 ROG enthaltenen Grundsätze der Raumordnung[107] präzisiert[108], die eine Grundlinie für die bundesweite Raumentwicklung abgeben. Sie sind darauf ausgerichtet, im Wege der räumlichen und fachlichen Konkretisierung in Raumordnungsziele umgesetzt zu werden.[109] Inhaltlich bilden die Raumordnungsgrundsätze einen allgemeinen raumordnungsrechtlichen Grundkonsens.[110]

Die Raumordnung auf drei räumlichen Ebenen, die durch die Bundes-, Landes- und die regionale Ebene repräsentiert werden,[111] gliedert sich in die Bundesplanung, die Landesplanung und die Regionalplanung.[112]

(1) Die Bundesplanung

Die Bundesplanung wird als oberste Stufe der Raumordnungsplanung bezeichnet. Die räumliche Gesamtplanung stellt die drei unterschiedlichen Raumordnungspläne

---

106 *Paßlick*, Die Ziele der Raumordnung und Landesplanung, S. 17; *Schulte*, Raumplanung und Genehmigung bei der Bodenschätzegewinnung, S. 9 f.; *Kühling/Herrmann*, Fachplanungsrecht, Rn. 172; *Faber*, Rechtsfragen der Planung von Flughäfen, S. 66; *Hoppe*, DVBl 1993, 681 (683).

107 Gemäß § 3 Nr. 3 ROG sind die Raumordnungsgrundsätze „allgemeine Aussagen zur Entwicklung, Ordnung und Sicherung des Raums in oder aufgrund von § 2 ROG als Vorgaben für nachfolgende Abwägungsentscheidungen".

108 *Koch/Hendler*, Baurecht, Raumordnungs- und Landesplanungsrecht, § 3 Rn. 4 f.; *Goppel*, DVBl 2000, S. 86 (87).

109 Nach *Franz-Joseph Peine* untergliedern sich die 15 Ziffern enthaltende Norm in sieben räumlichen sowie acht fachliche Grundsätze und spreche im wesentlichen Bereiche an, wie z.B. die Entwicklung einer ausgewogenen Siedlungs- und Freiraumstruktur, die Sicherung des Naturhaushalts, die Grundversorgung mit Infrastrukturleistungen in Übereinstimmung mit der Siedlungs- und Freiraumstruktur, die Verlagerung von Verkehr auf Schiene und Wasserstraße usw. (*Peine*, Öffentliches Baurecht, Rn. 134).; vgl. *Kühling/Herrmann*, Fachplanungsrecht, Rn. 170 ff.; *Faber*, Rechtsfragen der Planung von Flughäfen, S. 65 f.; *Goppel*, DVBl 2000, S. 86 (87).

110 *Wahl*, Rechtsfragen der Landesplanung und Landesentwicklung, Bd. I, S. 208; *Peine*, Öffentliches Baurecht, Rn. 134.

111 Vor dem Inkrafttreten des Raumordnungsgesetz 1998 verstand man die Begriffe der „Raumordnung" und „Landesplanung" als Synonym. Damals deutete der Begriff der „Bundesplanung" sowohl auf die Raumordnung für den Gesamtstaat, zu dem der Bund und die Länder gehörten, als auch auf die Raumordnung in den Ländern hin (*Brohm*, Öffentliches Baurecht, § 36 Rn. 11; BVerfGE 3, 407 (427 f.)). Danach verwendet das Raumordnungsgesetz 2008 den Begriff „Raumordnung" als Oberbegriff sowohl für „Raumordnung in den Ländern" nach §§ 18 bis 21 ROG als auch für „Raumordnung im Bund" nach §§ 17 bis 25 ROG.

112 *Erbguth/Schubert*, Öffentliches Baurecht, § 3 Rn. 3; *Koch/Hendler*, Baurecht, Raumordnungs- und Landesplanungsrecht, § 1 Rn. 26; *Brohm*, Öffentliches Baurecht, § 2 Rn. 25.

des Bundes nach § 17 ROG auf, nämlich den grundsätzlichen Plan, die standörtlichen Pläne sowie den Plan für die deutsche ausschließliche Wirtschaftszone.[113]

Nach § 17 Abs. 1 und 2 ROG[114] kann das Bundesministerium für Verkehr, Bau und Stadtentwicklung die Raumordnungspläne mit den bundesweit geltenden Grundsätzen gemäß § 2 Abs. 2 ROG und mit den länderübergreifenden Standortkonzepten für See- und Binnenhäfen sowie für Flughäfen aufstellen. Darüber hinaus regelt § 17 Abs. 3 ROG den Raumordnungsplan für die ausschließliche Wirtschaftszone, in dem die wirtschaftliche und wissenschaftliche Nutzung, die Gewährleistung der Sicherheit und Leichtigkeit des Verkehrs sowie der Schutz der Meeresumwelt festgelegt werden sollen. Der Raumordnungsplan nach § 17 Abs. 3 ROG lässt sich nicht auf die Raumordnungsplanung von Ländern, sondern ausschließlich auf die Wirtschaftszone anwenden.

Die Bundesplanung nach § 17 ROG hat zwar formell an Bedeutung zugenommen, dennoch sind ihre inhaltlichen Regelungsmöglichkeiten sowie die Bindungswirkungen für die nachgeordneten Planungen begrenzt.[115] Die anwendbaren Grundsätze des Raumordnungsplans nach § 17 Abs. 1 ROG lassen sich gemäß § 4 ROG bei den nachfolgenden Abwägungs- und Ermessensentscheidungen berücksichtigen; der in § 17 Abs. 2 ROG geregelte Raumordnungsplan deckt sich mit der Bundesverkehrswegeplanung.[116]

(2) Die Landesplanung

Die Landesplanung als „hochstufige Raumordnungsplanung“[117] bezieht sich auf die Gebietsabschnitte jedes Landes. Die Raumordnung in den Ländern, d.h. die Landesplanung, wird durch ein vorgegebenes Recht im bundesrechtlichen Rahmen determiniert, weil infolge der Föderalismusreform[118] jedes Land gemäß Art. 72 Abs. 3 Nr. 4 GG davon abweichende Regelungen erlassen kann.[119] Gemäß § 8 Abs. 1 Satz 1 ROG ist für die Flächen jedes Landes ein umfassender und übergeordneter Raumordnungsplan aufzustellen. Form und Inhalt der Landesplanung bestimmen sich jeweils nach den Landesplanungsgesetzen.[120]

---

113 Vgl. *Koch/Hendler*, Baurecht, Raumordnungs- und Landesplanungsrecht, § 6 Rn. 1.

114 Seit 2008 werden die in § 17 Abs. 1 und 2 ROG geregelten Raumordnungspläne eingeführt.

115 *Koch/Hendler*, Baurecht, Raumordnungs- und Landesplanungsrecht, § 6 Rn. 1.

116 *Hoppe/Bönker/Grotefels*, Öffentliches Baurecht, § 4 Rn. 70 ff.; *Durner*, NuR 2009, S. 373 (377).

117 *Koch/Hendler*, Baurecht, Raumordnungs- und Landesplanungsrecht, § 4 Rn. 1; *Durner*, Konflikte räumlicher Planungen, S. 48.

118 Das Gesetz zur Änderung des Grundgesetzes vom 28.8.2006 (BGBl I, 2034).

119 *Schulze-Fielitz*, NVwZ 2007, S. 249 (258); *Kment*, NuR 2006, S. 217 (220); *Hoppe*, DVBl 2007, S. 144 (145); *Battis/Kersten*, DVBl 2007, S. 152 (156); *Durner*, NuR 2009, S. 373 f.; *Scheidler*, NVwZ 2010, S. 19 (22).

120 Die gegenwärtig geltende Landesplanung wird entsprechend der jeweiligen Landesplanungsgesetze als „Landesentwicklungsplan“ (§ 7 LPlG BW; Art. 8 LPlanV

(3) Die Regionalplanung

Die Regionalplanung als niederstufige Planung der Raumordnung[121] konkretisiert die Landesplanung in räumlicher Hinsicht[122], um die Vorgaben der Landesplanung für die zentralen Orte räumlich und sachlich zu präzisieren und zu ergänzen.[123] Als Rechtsgrundlage für die Regionalplanung dient § 8 Abs. 1 Satz 1 Nr. 2 ROG, wonach Raumordnungspläne für die Teilräume der Länder (Regionalpläne) aufzustellen sind. Folglich ist die Regionalplanung in den jeweiligen Landesplanungsgesetzen geregelt. Die Länder Berlin, Bremen, Hamburg und Saarland müssen keinen Regionalplan aufstellen (§ 8 Abs. 1 Satz 3 ROG). Außerdem sind bei Regionalplänen nach Maßgabe des Gegenstromprinzips die auf kommunaler Ebene erlassenen Flächennutzungspläne zu berücksichtigen.[124] Überdies besagt § 8 Abs. 4 Satz 1 ROG, dass dann, wenn die Regionalplanung durch Zusammenschlüsse von Gemeinden und Gemeindeverbänden zu regionalen Planungsgemeinschaften erfolgt, ein Regionalplan zugleich die Funktion eines gemeinsamen Flächennutzungsplans nach § 204 BauGB übernehmen könne, sofern er den Vorschriften des Abschnitts 2 dieses Gesetzes und den Vorschriften des Baugesetzbuchs entspreche (regionaler Flächennutzungsplan).

b) Bauleitplanung

Als verfassungsrechtliche Grundlage für die Bauleitplanung als örtliche Gesamtplanung dient Art. 28 Abs. 2 GG. Der Begriff der „Bauleitplanung" ist jedoch gesetzlich nicht definiert. Gemäß § 1 Abs. 1 BauGB vollzieht sich die Bauleitplanung in der Gemeinde, um die Grundstücke räumlich zu nutzen. Die Gemeinden haben außerdem Bauleitpläne gemäß § 1 Abs. 3 BauGB aufzustellen, sobald und soweit es für die städtebauliche Entwicklung und Ordnung erforderlich ist.[125]

Bei Bauleitplänen wird zwischen Flächennutzungsplan und Bebauungsplan unterschieden (§ 1 Abs. 2 BauGB). Der Flächennutzungsplan als vorbereitender Bauleitplan gilt räumlich für das gesamte Gemeindegebiet. Gemäß § 5 Abs. 1 Satz 1 BauGB stellt er in den Grundzügen die beabsichtigte städtebauliche Entwicklung und die sich daraus ergebende Art der Bodennutzung dar. Den Darstellungen des Flächennutzungsplans kommt dabei grundsätzlich nur verwaltungsinterne

Bln/Bbg; § 7 LPlG H; § 17 LPlG NRW; § 2 Saarl LPlG; § 3 LPlG Sachs; § 3 LPlG SaAn), „Landesraumordnungsplan" (§ 5 LPlG SH), „Landesraumentwicklungsprogramm" (§ 6 LPlG MV), „Landesraumordnungsprogramm" (§ 7 NROG) oder „Landesentwicklungsprogramm" (Art. 16 LPlG Bay; Art. 7 LplanV Bln/Bbg; § 16a LPlG NRW; § 7 LPlG RP; § 13 LPlG TH) bezeichnet.

121 *Schlarmann/Krappel*, NordÖR 2009, S. 143 (144).

122 *Battis*, Öffentliches Baurecht und Raumordnungsrecht, S. 37.

123 Vgl. *Durner*, Konflikte räumlicher Planungen, S. 49; *Peine*, Öffentliches Baurecht, Rn. 278.

124 Vgl. *Goppel*, in: Spannowsky/Runkel/Goppel, ROG, § 8 Rn. 6; *Battis*, Öffentliches Baurecht und Raumordnungsrecht, S. 37.

125 *Koch/Hendler*, Baurecht, Raumordnungs- und Landesplanungsrecht, § 13 Rn. 2.

Bindungswirkung zu.[126] Dagegen entfalten nach der Rechtsprechung des BVerwG die Darstellungen im Flächennutzungsplan auf der Ebene der Vorhabenzulassung rechtliche Außenwirkung, wenn der Flächennutzungsplan sich auf den Anwendungsbereich von §§ 35 Abs. 3 Satz 3 und Satz 1 Nr. 1 BauGB bezieht.[127] § 1 Abs. 2 BauGB bezeichnet den Bebauungsplan als verbindlichen Bauleitplan, der die rechtsverbindlichen Festsetzungen für die städtebauliche Ordnung gemäß § 8 Abs. 1 Satz 1 BauGB enthält und aus dem Flächennutzungsplan zu entwickeln ist (§ 8 Abs. 2 Satz 1 BauGB). Der Bebauungsplan gilt dabei räumlich nur für Gemeindeteilgebiete.[128] Nach § 9 Abs. 7 BauGB setzt der jeweilige Bebauungsplan die Grenzen seines räumlichen Geltungsbereiches fest.

c) Verhältnis zwischen Raumordnung und Bauleitplanung im Planungssystem

Die Raumordnung als überörtliche Gesamtplanung und die Bauleitplanung als örtliche Gesamtplanung sind nicht nur Bestandteile der Gesamtplanung, sondern auch unmittelbar miteinander verbunden. Hierzu stellen manche Teile der Literatur voran, dass die Bauleitplanung in systematischer Hinsicht der Raumordnung unterfällt.[129] Insbesondere die Anpassungspflicht an die Raumordnungsziele nach § 1 Abs. 4 BauGB spricht für sie als unterste Stufe des Planungssystems.[130] Das BVerwG äußert sich dazu wie folgt[131]: „Vor diesem Hintergrund liegt der Regelungszweck des § 1 Abs. 4 BauGB in der 'Gewährleistung umfassender materieller Konkordanz' zwischen der übergeordneten Landesplanung und der gemeindlichen Bauleitplanung. Die Pflicht zur Anpassung, die § 1 Abs. 4 BauGB statuiert, zielt nicht auf

---

126 Vgl. *Hoppe/Bönker/Grotefels*, Öffentliches Baurecht, § 5 Rn. 83 ff.

127 BVerwGE 128, 382 (387); 117, 287 (292f., 303f.); 122, 109 (115 f.).

128 *Erbguth/Schubert*, Öffentliches Baurecht, § 5 Rn. 6; *Hoppe/Bönker/Grotefels*, Öffentliches Baurecht, § 5 Rn. 78.

129 *Hoppe*, Grundfragen des Planungsrechts, S. 17. In diesem Zusammenhang gliedert sich die räumliche Gesamtplanung in vier Planungsebene, nämlich die Bundesplanung, die Landesplanung, die Regionalplanung und die Bauleitplanung (*Stüer*, Handbuch des Bau- und Fachplanungsrechts, Rn. 249; *Durner*, Konflikte räumlicher Planungen, S. 47 ff.). Und hierauf wird die europäische Planung der Bundesebene als fünfte Planungsebene durch die Literatur teilweise eingesetzt (*Sparwasser/Engel/Voßkuhle*, Umweltrecht, § 2 Rn. 105; *Battis*, Öffentliches Baurecht und Raumordnungsrecht, S. 20 f.; *ders.*, in: Erbguth u. a. (Hrsg.), Planung-FS für Hoppe, S. 304 ff.). Aber die Vorgaben der europäischen Planung als bundesrechtliche Rechtsquellen sind im deutschen Planungsrecht einzubauen und zu integrieren (*Hoppe/Bönker/Grotefels*, Öffentliches Baurecht, § 1 Rn. 19 ff.).

130 Vgl. *Battis*, in: Battis/Krautzberger/Löhr, BauGB, § 1 Rn. 32 ff.; *Stüer*, Handbuch des Bau- und Fachplanungsrechts, Rn. 251f.; *Durner*, Konflikte räumlicher Planungen, S. 51 ff.

131 BVerwGE 119, 25 (31) – Vgl. auch *Schmidt-Aßmann*, Fortentwicklung des Rechts im Grenzbereich zwischen Raumordnung und Städtebau, S. 21; *Füßer*, SächsVBl 2013, S. 1 (2 f.).

'punktuelle Kooperation', sondern auf dauerhafte Übereinstimmung der beiden Planungsebenen." Die Bauleitplanung bezieht sich ebenso wie die Raumordnung auf das horizontale und vertikale Gefüge im Planungssystem.[132]

2. *Fachplanung*

Die Gesamtplanung ist „querschnittsorientiert durch die Koordination zwischen den Raumansprüchen und Belangen"[133] konzipiert. Dagegen steht in der Fachplanung ein bestimmter Sachzweck im Vordergrund. Die Fachplanung selbst unterliegt einer Systematisierung, wobei in der Literatur[134] von einem zwei-[135], drei-[136] und viergliedrigen System[137] ausgegangen wird. Jedenfalls bezieht sich die engste Lesart der Fachplanung in der Regel auf die Feststellung und Durchführung eines bestimmten Großvorhabens, wie etwa der Planung und des Baus von Bundesfernstraßen (§§ 16 ff. FStrG), Flughäfen (§§ 8 ff. LuftVG), der Eisenbahn (§ 18 AEG) sowie sonstigen öffentlichen Infrastrukturanlagen. Diese wird typischerweise den Planfeststellungen zugeschrieben.

Darüber hinaus fungiert die Fachplanung auch als Umweltplanung.[138] Sie dient dann der Bewältigung der umweltschutzspezifischen Aufgaben, vor allem der

---

132 Vgl. *Battis*, in: Battis/Krautzberger/Löhr, BauGB, § 1 Rn. 32; *Kümper*, ZfBR 2012, S. 631.

133 *Hoppe/Beckmann/Kauch*, Umweltrecht, § 7 Rn. 82.

134 Dazu Näheres in: *Dörries*, Das Verhältnis der Bauleitplanung zur raumbeanspruchenden Fachplanung, S. 37 ff.

135 *Breuer*, Die hoheitliche raumgestaltende Planung, S. 43; *Müller*, Umweltschutz und kommunale Bauleitplanung, S. 209; *Forsthoff*, Lehrbuch des Verwaltungsrechts, S. 304: Das zweigliedrige System der Fachplanungen wird als „die Planfeststellungen und Nutzungsregelungen durch Schutzgebietsfestlegelungen" von älteren Literaturstimmen erläutert. Denn die Definition über das zweigliedrige System der Fachplanungen wurde verwendet, bevor die Landschafts-, Abfall- Abwasserbeseitigungs- und Bewirtschaftungsplanung usw. noch nicht durch den Gesetzgeber geschaffen waren.

136 *Peine*, Öffentliches Baurecht, Rn. 28 f.; *Koch/Hendler*, Baurecht, Raumordnungs- und Landesplanungsrecht, § 1 Rn. 20 ff.: Das zweigliedrige System wird als „Planfeststellungen zum Bau bestimmter Anlagen und die diese Planfeststellungen ersetzenden Plangenehmigungen und Nutzungsregelungen durch die Festsetzung von Schutzgebieten sowie sonstige Fachplanungen" definiert.

137 *Brohm*, Öffentliches Baurecht, § 2 Rn. 2 ff.: Als Alternative zum dreigliedrigen System werden die Fachplanungen durch das viergliedrige System differenzierter unterteilt. Das wird „nichtförmliche und unverbindliche Fachplanungen, abwägungsrelevante förmliche Fachplanungen, rechtsverbindliche förmliche Fachplanungen in Form der Planfeststellung sowie rechtsverbindliche förmliche Fachplanung in Form der Schutzgebietsfestlegung" bezeichnet.

138 Die Umweltplanung im engeren Sinne kann durch „die umweltspezifische Fachplanung" (*Erbguth/Schlacke*, Umweltrecht, § 5 Rn. 16; *Kloepfer*, Umweltrecht, § 5 Rn. 21; *Hoppe/Beckmann/Kauch*, Umweltrecht, § 7 Rn. 84) gebildet werden, wenn

Landschaftsplanung (§§ 8 ff. BNatSchG), der Luftreinhalte- und Aktionsplanung (§ 47 BImSchG), der Lärmminderungsplanung (§ 47a ff. BImSchG), der Gewässerschutzplanung (§§ 82 ff. WHG) sowie der Abfallwirtschaftsplanung (§§ 30 ff. KrWG). Bei der Feststellung und Durchführung eines bestimmten Großvorhabens wird die Umwelt beeinträchtigt. Deshalb sollen dabei möglichst alle relevanten Umweltbelange berücksichtigt und in eine Abwägung einbezogen werden.

3. *Das Verhältnis zwischen Gesamtplanung und Fachplanung*

Die Raumordnung hat als Gesamtplanung bei der infrastrukturellen Fachplanung gegebenenfalls die Aufgabe der ausschließlichen Sicherung von Flächen.[139] Insofern enthält die Raumordnung die planerischen Vorgaben für die Fachplanung. So regelt § 4 Abs. 1 Satz 1 ROG, dass die Ziele der Raumordnung von den öffentlichen Stellen bei ihren raumbedeutsamen Planungen und Maßnahmen, bei den behördlichen Zulassungsentscheidungen über die Zulässigkeit raumbedeutsamer Maßnahmen sowie bei den Planfeststellungen und den Genehmigungen zu beachten sind. In den unterschiedlichen Gesetzen der Fachplanung ist die Anordnung über die Beachtung der raumordnerischen Festlegung, sog. Raumordnungsklauseln, normiert.[140] Dadurch lassen sich die öffentlichen Planungen und Maßnahmen mit den Vorgaben der Raumordnung in Übereinstimmung bringen.[141] Ziel der Raumordnung kann es unter Umständen auch sein, die Fachplanung überfachlich zu koordinieren.[142] Dies gilt unter der Voraussetzung des § 4 Abs. 2 ROG auch für Private.

Die Fachplanung, namentlich das Planfeststellungsverfahren, lässt sich nach projektbezogenen Aufgabenstellungen einteilen. Demgegenüber soll die Bauleitplanung als örtliche Gesamtplanung die überfachliche und gebietsbezogene Planung konzipieren[143], um die bauliche und sonstige Raum- und Bodennutzung in der Gemeinde nach § 1 Abs. 1 BauGB vorzubereiten und zu leiten. Im Verhältnis zwischen der Fachplanung und der Bauleitplanung sollen nach § 7 Satz 1 BauGB

---

der Zweck bei der Fachplanung bestimmt wird, um ein raumbeanspruchendes Vorhaben zu verwirklichen oder um die Qualität von Boden, Luft oder Gewässern usw. zu verbessern (Vgl. *Kloepfer*, Umweltrecht, § 5 Rn. 21; *Hoppe/Beckmann/Kauch*, Umweltrecht, § 7 Rn. 82 f.). Diese Sicht des Umweltschutzes beschränkt sie sich daher in der Regel auf die Feststellung und Durchführung eines bestimmten Großvorhabens.

139 *Stüer/Hönig*, UPR 2002, S. 333.

140 *Goppel/Runkel*, in: Spannowsky/Runkel/Goppel, ROG, § 4 Rn. 121; *Koch/Hendler*, Baurecht, Raumordnungs- und Landesplanungsrecht, § 3 Rn. 39; *Wahl*, in: Hoppe/Kauch (Hrsg.), Raumordnungsziele nach Privatisierung öffentlicher Aufgaben, S. 14; *Stüer/Hönig*, UPR 2002, S. 333 (334); *Goppel*, UPR 2000, S. 431 (432); *Wagner*, DVBl 1990, S. 1024 (1025).

141 *Kment*, NuR 2010, S. 392.

142 *Stüer/Hönig*, UPR 2002, S. 333 (336).

143 *Erbguth/Schubert*, Öffentliches Baurecht, § 3 Rn. 7; *Forsthoff/Blümel*, Raumordnungsrecht und Fachplanungsrecht, S. 21.

Fachplanungsträger unter bestimmten Voraussetzungen ihre Fachplanungen dem Flächennutzungsplan als Bestandteil der Bauleitplanung anpassen.[144] Daher soll die Fachplanung auch auf die Bauleitplanung als örtliche Gesamtplanung Rücksicht nehmen, wobei die privilegierten Fachplanungen nach § 38 BauGB materiellen Vorrang vor der Bauleitplanung genießen.[145] Diese Vorschrift führt jedoch nicht dazu, dass Fachplanung und Bauleitplanung miteinander kollidieren, sondern bestimmt vielmehr das Rangverhältnis der verschiedenen Planungen.[146] Insofern schränkt die Gemeinde im Rahmen der in § 38 BauGB genannten Fachplanungen die Entscheidungskompetenz über die Zulässigkeit ein[147], wobei die städtebaulichen Belange zu berücksichtigen sind.[148] Diese zeitliche und sachliche Vorrangstellung der Fachplanung wird allerdings vom konkreten Einzelfall bestimmt.[149]

IV. Zwischenergebnis

Die Planung ist begrifflich durch planerische Gestaltungsfreiheit und planerisches Abwägungsgebot geprägt. Insbesondere entwickelt sie sich als Instrument im Sinne des Umweltschutzes gesetzlich weiter. Grundsätzlich umfasst das deutsche Planungssystem die Gesamtplanung und die Fachplanung. Die im ROG und BauGB enthaltene Gesamtplanung koordiniert verschiedene Nutzungsansprüche und überfachliche Interessen. Im Unterschied dazu betrifft die Fachplanung unter bestimmtem Sachzweck die Feststellung und Durchführung eines Großvorhabens, zu dem vornehmlich die Verkehrsinfrastrukturprojekte gehören. Dabei bedarf es der Koordination zwischen der raumrelevanten Fachplanung und der Gesamtentwicklung.

B. Das Realisierungssystem

Bei der Umsetzung der Planung müssen ebenfalls einschlägige rechtliche Regelwerke berücksichtigt werden. Zu diesem Zweck wird zunächst auf die Definition der Realisierung (I) eingegangen und anschließend auf diese für die Realisierung notwendigen rechtlichen Anforderungen (II).

---

144 *Mitschang*, in: Battis/Krautzberger/Löhr, BauGB, § 7 Rn. 3; *Hoppe/Bönker/Grotefels*, Öffentliches Baurecht, § 5 Rn. 83 f.; *Kühling/Herrmann*, Fachplanungsrecht, Rn. 210; *Kümper*, ZfBR 2012, S. 631 (636); *Stüer*, UPR 1998, S. 408 (411).

145 Vgl. *Reidt*, in: Battis/Krautzberger/Löhr, BauGB, § 38 Rn. 7; *Hoppe/Bönker/Grotefels*, Öffentliches Baurecht, § 5 Rn. 83; *Stüer*, Handbuch des Bau- und Fachplanungsrechts, Rn. 3226; *ders.*, UPR 1998, S. 408 (409).

146 *Mitschang*, in: Battis/Krautzberger/Löhr, BauGB, § 38 Rn. 2; *Stüer*, Handbuch des Bau- und Fachplanungsrechts, Rn. 3272; *Peine*, Öffentliches Baurecht, Rn. 390.

147 *Peine*, Öffentliches Baurecht, Rn. 390; *Stüer*, UPR 1998, S. 408 (409).

148 Vgl. *Battis*, in: Erbguth u. a. (Hrsg.), Planung-FS für Hoppe, S. 311; *Götze/Boelling/Löscher*, ZUR 2010, S. 245 (247 f.).

149 *Erbguth*, ZUR 2013, S. 643 (647).

I. Definition der Realisierung

Die Realisierung eines Vorhabens verfolgt vor allem das Ziel, im Anschluss an die jeweilige Planung die Voraussetzungen für die bauliche Nutzung der in Anspruch genommenen Grundstücke zu schaffen und den Bau zu leiten. Dementsprechend kann die Realisierung eines Vorhabens als Gesamtheit aller Aufgaben definiert werden, die in Bezug auf den Bau und die Unterhaltung eines Projekts im öffentlich-rechtlichen Sinne anfallen. Der Baubegriff umfasst dabei alle baulich-technischen Maßnahmen, die mit dem Neu-, Um- oder Ausbau im Rahmen des Vorhabens verbunden sind. Die Unterhaltung beinhaltet nicht nur die verschiedenen baulich-technischen Maßnahmen der Instandsetzung bzw. Instandhaltung, sondern auch die verwaltungsrechtlichen Aufgaben nach den jeweils einschlägigen Gesetzen.[150]

Entsprechend dieser Definition ist die Realisierung von Verkehrsvorhaben so zu verstehen, dass diese alle Aufgaben in Bezug auf den Bau und die Unterhaltung im öffentlich-rechtlichen Sinne umfasst und ihre Umsetzung regelt. Im Hinblick auf die Realisierung von Verkehrsvorhaben gelten in erster Linie einfachgesetzliche Regelungen aus dem Bundesfernstraßengesetz (FStrG)[151], Allgemeinen Eisenbahngesetz (AEG)[152], Bundeswasserstraßengesetz (WaStrG)[153] sowie Luftverkehrsgesetz (LuftVG)[154].[155] Darüber hinaus sind diverse allgemeine umweltrechtliche Vorschriften wie z. B. das Bundes-Bodenschutzgesetz (BBodSchG)[156], Bundesnaturschutzgesetz

---

150 Vgl. *Witting*, in: Müller/Schulz, FStrG, § 3 Rn. 11.

151 Das FStrG wurde erst am 6.8.1953 (BGBl. I S. 903) erlassen. Zuletzt ist das Gesetz vom 31.8.2015 (BGBl. I S. 1474) geändert worden. Siehe auch 1. Teil, § 2, D, I, 1.

152 Das AEG wurde in seiner ursprünglichen Fassung am 29.3.1951 (BGBl. I S. 225) beschlossen. Aufgrund „der europarechtlich determinierten Öffnung des Eisenbahnmarktes“ entstand die Deutsche Bahn AG und unter Einfluss der verbindlichen Rechtsakte von europäischen Gemeinschaft änderte sich das AEG vom 27.12.1993 (BGBl. I S. 2378 (2396)). Zuletzt änderte sich das AEG vom 28.5.2015 (BGBl. I S. 824). Siehe auch 1. Teil, § 2, D, I, 2.

153 Das WaStrG wurde in seiner ursprünglichen Fassung am 2.4.1968 (BGBl. II S. 173) festgesetzt. Danach lag das WaStrG in der Neufassung am 23.5.2007 (BGBl. I S. 962; ber. BGBl. I 2008 S. 1980) vor. Zuletzt ändert sich das Gesetz vom 15.1.2016 (BGBl. I S. 156). Siehe auch 1. Teil, § 2, D, I, 3.

154 Das LuftVG trat am 1.8.1922 (RGBl. 1992 I S. 681) in Kraft. Seitdem hat das LuftVG sieben Neufassungen und vierzehn Änderungsgesetze erfahren. Zuletzt ändert sich das LuftVG am 19.2.2016 (BGBl. I S. 254). Siehe auch 1. Teil, § 2, D, I, 4.

155 *Steiner*, in: Steiner (Hrsg.), Besonderes Verwaltungsrecht, Teil IV Rn. 5 ff.

156 Das Gesetz zum Schutz vor schädlichen Bodenveränderungen und zur Sanierung von Altlasten (BBodSchG) wurde vom 17.3.1998 (BGBl. I S. 502) erlassen. Es ist zuletzt durch Artikel 101 der Verordnung vom 31.8.2015 (BGBl. I S. 1474) geändert worden.

(BNatSchG)[157], Bundes-Immissionsschutzgesetz (BImSchG)[158], Wasserhaushaltsgesetz (WHG)[159] zu beachten.

II. Rechtliche Anforderungen zur Realisierung

Um ein geplantes Vorhaben zu realisieren, muss es den rechtlichen Anforderungen genügen. Als die zentralen rechtlichen Anforderungen zur Realisierung können die Zulassung (1), die Aufsicht der Behörden (2) und die Durchführung seitens der Vorhabenträger (3) gelten.

1. Zulassung

Die Raumnutzung zur Realisierung eines geplanten Vorhabens[160] fällt wegen der vielfältigen Interessen, die dadurch berührt werden, und wegen des Flächenbedarfs der öffentlichen Hand unter den Gesetzesvorbehalt (Art. 20 Abs. 3 GG)[161]. Um ein solches Vorhaben zu realisieren, bedarf es in der Regel einer öffentlich-rechtlichen Zulassung, wie etwa einer Genehmigung. Diese stellt eine Verwaltungshandlung dar und dient dazu, die beabsichtigte Tätigkeit eines Vorhabenträgers zu kontrollieren.[162] Der Zulassung des geplanten Vorhabens zugrunde liegt dabei ein „präventives Kontrollverfahren“[163], in dem geprüft wird, ob das Projekt den geltenden öffentlich-rechtlichen Vorschriften entspricht.[164]

---

157 Das Gesetz über Naturschutz und Landschaftspflege (BNatSchG) wurde ursprünglich vom 20.12.1976 (BGBl. I S. 3574) erlassen. Es ist vom 29.7.2009 (BGBl. I S. 2542) neugefasst und zuletzt durch Artikel 4 Absatz 100 des Gesetzes am 7.8.2013 (BGBl. I S. 3154) geändert worden.

158 Das Gesetz zum Schutz vor schädlichen Umwelteinwirkungen durch Luftverunreinigungen, Geräusche, Erschütterungen und ähnliche Vorgänge (BImSchG) wurde in seiner ursprünglichen Fassung am 15.3.1974 (BGBl. I S. 721) beschlossen. Danach ist das BImSchG in der Neufassung der Bekanntmachung vom 17.5.2013 (BGBl. I S. 1274) geändert worden und zuletzt änderte es sich am 31.8.2015 (BGBl. I S. 1474).

159 Das Gesetz zur Ordnung des Wasserhaushalts (WHG) wurde vom 31.7.2009 (BGBl I S. 2585) erlassen. Zuletzt ändert sich es am 13.8.2015 (BGBl. I S. 1474).

160 Siehe dazu den 1. Teil, § 1, A.

161 In diesem Zusammenhang verlangt der Gesetzesvorbehalt, „dass der Gesetzgeber in grundlegenden normativen Bereichen alle wesentlichen Entscheidungen selbst treffen muss“(BVerfGE 84, 212 (226)). Dabei bezieht sich die Wesentlichkeit auf grundrechtsrelevante Bereiche und bestimmte Aktivitäten der Exekutive. Dazu Näheres in *Herzog/Grzeszick*, in: Maunz/Dürig, GG, Art. 20 Rn. 97 ff.; *Jarass/Pieroth*, GG, Art. 20 Rn. 47 ff.

162 *Peine*, Franz-Joseph, Allgemeines Verwaltungsrecht, § 7 Rn. 469.

163 *Hoppe/Bönker/Grotefels*, Öffentliches Baurecht, § 16 Rn. 10.

164 Vgl. *Stüer*, Handbuch des Bau- und Fachplanungsrechts, Rn. 2649.

Bei der Zulassung ist der Umweltschutz als öffentlicher Belang zu berücksichtigen, wozu vor allem der Bodenschutz (z. B. § 7 BBodSchG[165]), der Naturschutz und die Landschaftspflege (z. B. die §§ 13 ff. BNatSchG[166] und die §§ 31 ff. BNatSchG[167]), der Gewässerschutz (z. B. die §§ 6 ff. WHG[168]) sowie der Immissionsschutz (z. B. § 50 BImSchG[169]) zählen.[170]

Der Vorhabenträger – für gewöhnlich die öffentliche Hand – ist insoweit an Recht und Gesetz gebunden (Art. 20 Abs. 3 GG), d. h. er muss die jeweils geltenden Rechtsvorschriften beachten. Soweit es sich ausnahmsweise um einen privaten Vorhabenträger handelt, findet zudem Art. 14 GG Anwendung. Insoweit sind vornehmlich unter Berücksichtigung der Einschränkung (Art. 14 Abs. 1 Satz 2 GG)[171]

---

165 § 7 BBodSchG enthält allgemeine Pflichten zur Vorsorge gegen schädliche Bodenveränderungen. Dazu Näheres in *Kloepfer*, Umweltrecht, § 12 Rn. 140 ff.; siehe auch 1. Teil, § 2, D, III, 5, a).

166 § 13 BNatSchG regelt den allgemeinen Grundsatz des Naturschutzes, der in §§ 14 ff. BNatSchG detailliert konkretisiert wird. Dazu Näheres in *Koch*, in: Schlacke (Hrsg.), GK-BNatSchG, § 13 Rn. 1 ff.; siehe auch 1. Teil, § 2, D, III, 5, c), (1).

167 §§ 31 bis 36 BNatSchG regeln den Schutz von Natura 2000-Gebieten. Nach § 7 Abs. 1 Nr. 8 BNatSchG i. V. m. Art. 3 FFH-Richtlinie wird „Natura 2000“ als die Einrichtung eines kohärenten europäischen ökologischen Netzes besonderer Schutzgebiete bezeichnet, zu denen auch die Vogelschutzgebiete gehören. Insbesondere vor der Zulassung des jeweiligen Projekts muss nach § 34 Abs. 1 Satz 1 BNatSchG geprüft werden, ob es mit den Erhaltungszielen eines Natura 2000-Gebiets, nämlich der FFH-Gebiete und der Vogelschutzgebiete verträglich ist. Dazu Näheres in *Wolf*, in: Schlacke (Hrsg.), GK-BNatSchG, § 34 Rn. 1 ff.; siehe auch 1. Teil, § 2, D, III, 5, c), (2).

168 § 6 WHG regelt allgemeine Grundsätze der Gewässerbewirtschaftung. In den darauffolgenden §§ 8, 9 WHG ist die Erlaubnis- oder Bewilligungspflicht der Gewässerbenutzung enthalten. Sie ist nach § 12 WHG nur unter strengen Voraussetzungen zu erteilen. Dazu Näheres in *Laskowski/Ziehm*, in: Koch (Hrsg.), Umweltrecht, § 5 Rn. 66 ff.; *Kloepfer*, Umweltrecht, § 13 Rn. 107 ff.; siehe auch 1. Teil, § 2, D, III, 5, d).

169 § 50 BImSchG regelt, dass schädliche Umwelteinwirkungen auf Gebiete, die ausschließlich oder überwiegend dem Wohnen dienen, sowie auf sonstige schutzbedürftige Gebiete so weit wie möglich vermieden werden sollen und die bestmögliche Luftqualität bewahrt werden soll. Auf diese können die immissionsschutzrechtlichen Belange unter Abwägung aller betroffenen Belange ausreichend berücksichtigt und ausgeglichen werden. Dazu Näheres in *Schoen*, in: Landmann/Rohmer (Hrsg.), Umweltrecht, Bd. III, BImSchG § 50 Rn. 18 ff.; siehe auch 1. Teil, § 2, D, III, 5, b), (1).

170 Vgl. *Erbguth/Schubert*, Öffentliches Baurecht, § 8 Rn. 74 ff.

171 In diesem Zusammenhang findet sich auch die Auffassung, dass die bauliche Nutzungsbefugnis von Grundstücken als „öffentlich-rechtliche Nutzungszuweisung“ und zugleich als „durch staatlichen Planungsakt verliehenes subjektiv-öffentliches Recht“ zu verstehen sei. Dazu Näheres in *Papier*, in: Maunz/Dürig, GG, Art. 14 Rn. 59 ff.; *Oldiges*, in: Steiner (Hrsg.), Besonderes Verwaltungsrecht, Rn. 163.

und der sog. Sozialbindung (Art. 14 Abs. 2 GG) des Eigentums nach Maßgabe des jeweiligen geltenden Rechts insbesondere Grundstücke baulich nutzbar.[172] Der private Vorhabenträger hat einen rechtlichen Anspruch auf die öffentlich-rechtliche Zulassung, wenn das geplante Vorhaben die gesetzlichen Zulassungsvoraussetzungen erfüllt.[173] Abgesehen von dieser Zulassung des Vorhabens bedürfen mit dem Vorhaben verbundene Gewässerbenutzungen der Erlaubnis oder Bewilligung nach § 8 Abs. 1 WHG im Sinne des § 9 WHG.[174] Grundsätzlich ist die Planung und Realisierung von Verkehrsvorhaben also eine staatliche Aufgabe der Daseinsvorsorge[175].[176] In diesem Rahmen ist die in den §§ 17 FStrG, 18 AEG, 14 WaStrG und 6 Abs. 1 Satz 1 LuftVG als Zulassungsvoraussetzung vorgeschriebene Planfeststellung durchzuführen.[177] Im Ergebnis dient die Planfeststellung als „Planungs- und Genehmigungsentscheidung" (Planfeststellungsbeschluss)[178]. Der Planfeststellungsbeschluss fungiert als umfassende Entscheidung über die öffentlich-rechtliche Zulässigkeit des Vorhabens und entfaltet Konzentrationswirkung (§§ 17c FStrG, 18c AEG, 14c WaStrG, 8 Abs. 1 LuftVG i. V. m. § 75 Abs. 1 Satz 1 VwVfG)[179].[180] Dementsprechend bedarf ein Verkehrsvorhaben als planfeststellungsbedürftiges Projekt keiner weiteren Verwaltungsentscheidung, wie etwa sonstiger öffentlich-rechtlicher Genehmigungen, Verleihungen, Zustimmungen und Planfeststellungen nach anderen Gesetzen.

---

172 *Papier*, in: Maunz/Dürig, GG, Art. 14 Rn. 402 ff.; *Oldiges*, in: Steiner (Hrsg.), Besonderes Verwaltungsrecht, Teil III Rn. 167 f.

173 *Erbguth/Schubert*, Öffentliches Baurecht, § 8 Rn. 73.

174 Dazu Näheres in 1. Teil, § 2, D, III, 5, d), (2).

175 Daseinsvorsorge bedeutet, dass die öffentliche Sicherheit und Ordnung zu wahren und die Rechtsordnung umfassend zu gestalten ist. Es handelt sich dabei um Aktivitäten, bei denen der Staat und die öffentliche Verwaltung gezielt „zur Versorgung der Bürger mit den erforderlichen Gütern und Leistungen" (*Rünfner*, in: Isensee/Kirchhof (Hrsg.), HStR IV, § 96 Rn. 6) tätig werden. Dazu zählen Energie- und Wasserversorgung sowie Abwasser- und Abfallbeseitigung, die Gewährleistung der öffentlichen Verkehrsinfrastruktur, Post- und Telekommunikationsdienste sowie Gesundheitsdienste. Dazu Näheres in *Rünfner*, in: Isensee/Kirchhof (Hrsg.), HStR IV, § 96 Rn. 6 ff.

176 *Uerpmann-Wittzack*, in: Isensee/Kirchhof (Hrsg.), HStR IV, § 89 Rn. 1 f.; *Steiner*, in: Steiner (Hrsg.), Besonderes Verwaltungsrecht, Teil IV Rn. 2.

177 Vgl. *Peine*, Öffentliches Baurecht, Rn. 1164 ff; dazu in 1. Teil, § 1, A, III, 3.

178 *Hoppe* u. a., Rechtsschutz bei der Planung von Verkehrsanlagen und anderen Infrastrukturvorhaben, Rn. 22.

179 Dazu Näheres in 1. Teil, § 2, D, III, 6.

180 *Dürr*, in: Knack/Henneke, VwVfG, § 75 Rn. 14; *ders.*, in: Kodal (Hrsg.), Straßenrecht, Kap. 36 Rn. 19.21; *Neumann*, in: Stelkens/Bonk/Sachs, VwVfG, § 75 Rn. 13; *Steiner*, in: Steiner (Hrsg.), Besonderes Verwaltungsrecht, Teil IV Rn. 13.

2. *Aufsicht der Behörden*

Nach Erteilung des Planfeststellungsbeschlusses obliegt es der zuständigen Behörde, die ordnungsgemäße Durchführung des Projekts zu beaufsichtigen. D. h. die jeweilige Behörde hat die Einhaltung der öffentlich-rechtlichen Vorschriften und die auf Grund dieser Vorschriften erlassenen Anordnungen insofern zu kontrollieren,[181] dass der Vorhabenträger alle mit dem Bau und der Unterhaltung der Vorhaben zusammenhängenden Aufgaben wahrnimmt und erfüllt.[182] Dies gilt naturgemäß auch für die hier in Rede stehenden Verkehrsvorhaben (vgl. die §§ 20 FStrG, 5 AEG, 29 LuftVG).[183]

Bei der Aufsicht über Verkehrsvorhaben handelt es sich um eine Fachaufsicht[184].[185] Sie erstreckt sich vor allem auf die Recht- und Zweckmäßigkeit.[186] Dementsprechend müssen die zuständigen Behörden die Überwachung gemäß den geltenden gesetzlichen Vorschriften (vgl. die §§ 20 FStrG, 5 AEG, 29 LuftVG) vornehmen. Sie haben darauf zu achten, dass alle mit dem Bau und der Unterhaltung der Verkehrsvorhaben zusammenhängenden Verpflichtungen von den Vorhabenträgern wahrgenommen und erfüllt werden.[187] Zu diesem Zweck müssen die Anordnungen die jeweiligen Maßnahmen bezüglich der Durchführung der Verkehrsvorhaben mit genügender Bestimmtheit darstellen.[188] Somit müssen die zuständigen Behörden regelmäßig kontrollieren, ob die geeigneten Baumaßnahmen, wie etwa Ausschachtungen, Aufschüttungen, Verwendung geeigneter Baustoffe, Baumaterialien, Bauelemente für Kunstbauten, wie Brücken oder Tunnel sowie die entsprechenden Umweltschutzmaßnahmen (z. B. Einrichtungen von Wällen und Lärmschutzwänden zum Verkehrslärmschutz) durchgeführt werden.[189] Darüber hinaus kann die zuständige Behörde zur Durchführung der für das jeweilige Verkehrsvorhaben notwendigen Maßnahmen gegebenenfalls eine angemessene Frist setzen (vgl. § 20 Abs. 2 Satz 1 FStrG). Durch die Aufsicht der Behörden wird somit sichergestellt, dass die geplanten Vorhaben recht- und zweckmäßig realisiert werden können.

---

181 Vgl. *Grupp*, in: Marschall/Schroeter/Kastner, FStrG, § 20 Rn. 1; *Groß*, DVBl 2002, 793 f.

182 Vgl. *Grupp*, in: Marschall/Schroeter/Kastner, FStrG, § 20 Rn. 1; *Kröner*, in: Terwiesche (Hrsg.), Verwaltungsrecht, Kap. 49 Rn. 31 ff.

183 Näheres dazu unten 1. Teil, § 2, E.

184 *Steiner*, in: Steiner (Hrsg.), Besonderes Verwaltungsrecht, Teil IV Rn. 30; *Groß*, DVBl 2002, 793 ff.

185 Vgl. *Grupp*, in: Marschall/Schroeter/Kastner, FStrG, § 20 Rn. 3; *Hermes/Schweinsberg*, in: Hermes/Sellner (Hrsg.), AEG, § 5 Rn. 6 ff.

186 *Röhl*, in: Schoch (Hrsg.), Besonderes Verwaltungsrecht, Kap. 1 Rn. 71.

187 Vgl. *Grupp*, in: Marschall/Schroeter/Kastner, FStrG, § 20 Rn. 1; *Kröner*, in: Terwiesche (Hrsg.), Verwaltungsrecht, Kap. 49 Rn. 31 ff.

188 *Rinke*, in: Kodal (Hrsg.), Straßenrecht, Kap. 18 Rn. 24.1.

189 Vgl. *Rinke*, in: Kodal (Hrsg.), Straßenrecht, Kap. 18 Rn. 24.1 f.

3. *Durchführung der Vorhabenträger*

Zur tatsächlichen oder rechtlichen Realisierung des geplanten Vorhabens ist in erster Linie die Vorbereitung der vorhabenbezogenen Flächen erforderlich, d. h. die betroffenen Grundstücke sind freizulegen und freizuhalten. Dementsprechend ist die Beseitigung von natürlichem Bewuchs oder künstlichen Objekten (z. B. eventuell noch vorhandene bauliche Altanlagen) durch den Vorhabenträger vorzunehmen. Anschließend werden dort Baustellen zur Realisierung des geplanten Vorhabens einzurichten sein. In diesem Zusammenhang gehören beispielsweise das Heranschaffen von Geräten und Maschinen, das Herstellen von Verkehrsflächen, die Einrichtung der Versorgung mit Energie (Strom, Gas und Wärme), Wasser sowie Vorkehrungen zur Abfall- und Abwasserentsorgung.[190]

Auch die anschließende Verwirklichung der Vorhaben mit den entsprechenden Baumaßnahmen liegt beim Vorhabenträger. Dieser hat in Abhängigkeit von den Erfordernissen die jeweiligen geplanten Verkehrsvorhaben in einem Zustand zu errichten, zu unterhalten, zu erweitern oder sonst zu verbessern, der das regelmäßige Verkehrsbedürfnis deckt (vgl. § 3 Abs. 1 FStrG). Im Allgemeinen führen die Vorhabenträger als erste Baumaßnahme Erdbauarbeiten durch. Dabei werden mit dem Maschineneinsatz Bodenmassen bewegt und Veränderungen von Grundstücken herbeigeführt,[191] um zunächst die Gründung für die jeweiligen Verkehrsanlagen zu schaffen. Danach erfolgen die Befestigung der Verkehrswege mit geeigneten Baustoffen (z. B. Asphalt, Beton und Pflaster, Schienen)[192] und die Herstellung erforderlicher künstlicher Bauten, wie beispielsweise Brücken und Tunnel zur Überwindung natürlicher Hindernisse. Bei den Bauarbeiten haben die Vorhabenträger – selbstverständlich unter Berücksichtigung der wasserwirtschaftlichen Funktion von Gewässern[193] im Sinne des § 6 WHG[194] – auch die Aufgabe, Maßnahmen zur Entwässerung zu ergreifen.[195] Hierzu gehören als technische Einrichtungen etwa Rohrdurchlässe zur Durchleitung von Gewässern sowie Dämme und Kanäle zur Wasserableitung bzw. Beseitigung von Abwässern.[196] Darüber hinaus sind Vorkehrungen für den Schutz von Menschen und Umwelt zu treffen (wie z. B. Lärmschutzmaßnahmen im

---

190 In diesem Zusammenhang kann die bauliche Nutzbarkeit der Grundstücke im Sinne der Erschließung der §§ 123 bis 135 BauGB einbezogen werden. Dazu Näheres in *Löhr*, Battis/Krautzberger/Löhr, BauGB, Vorbemerkung zu den §§ 123 bis 135, Rn. 1.

191 Im Allgemeinen handelt es sich sowohl um den Aushub von Baugruben für Bauwerke als auch um den Bodenabtrag (Einschnitte) und den Bodenauftrag (Dämme) beim Bau von Verkehrswegen und -anlagen. Dazu Näheres in: *Zilch* u. a., Handbuch für Bauingenieure, S. 874 ff.

192 Dazu Näheres in: *Zilch* u. a., Handbuch für Bauingenieure, S. 2132 und S. 2200.

193 Nach § 2 Abs. 1 WHG gilt das WHG für oberirdische Gewässer, Küstengewässer sowie Grundwasser als Gewässer.

194 Siehe auch den § 2, D, 5, d), (1).

195 Vgl. *Herber*, in: Kodal (Hrsg.), Straßenrecht, Kap. 7 Rn. 8 ff.

196 Vgl. *Herber*, in: Kodal (Hrsg.), Straßenrecht, Kap. 7 Rn. 8 ff.

Sinne der §§ 41 bis 43 BImSchG[197]), oder den Naturschutz und die Landschaftspflege betreffende Vorkehrungen nach den §§ 13 ff. BNatSchG[198] und §§ 31 ff. BNatSchG[199].

Im Übrigen schreiben die jeweiligen vorhabenbezogenen Regelungen generell vor, dass bei der Bauausführung den an die öffentliche Sicherheit und Ordnung gestellten Anforderungen genügt werden muss (vgl. die §§ 4 Satz 1 FStrG, 4 Abs. 1 AEG, 48 WaStrG sowie §§ 27c bis 27f LuftVG).[200] Im Rahmen der öffentlichen Sicherheit und Ordnung muss sichergestellt sein, dass durch die Realisierung der Verkehrsvorhaben kein Schaden an Leben und Gesundheit oder Eigentum Beteiligter oder Dritter (Betroffener) entsteht.[201] Zur Realisierung der Verkehrsvorhaben sind die Anforderungen der öffentlichen Sicherheit und Ordnung als wesentlicher Belang in die Abwägung[202] einzubeziehen.[203]

III. Zwischenergebnis

Die Realisierung eines Vorhabens erfolgt nach Maßgabe einschlägiger rechtlicher Regelwerke entsprechend ihrer Planung. Damit umfasst sie alle Aufgaben in Bezug auf die Errichtung und die Unterhaltung des Vorhabens. Die Anforderungen an die Realisierung der Verkehrsvorhaben richten sich primär unter Berücksichtigung der spezifisch umweltrechtlichen Vorschriften (z.B. BBodSchG, BNatSchG, BImSchG, WHG) nach dem FStrG, AEG, WaStrG und dem LuftVG. Darauf wird im Rahmen des „§ 2 Umweltschutz bei der Planung und Realisierung von Verkehrsinfrastrukturprojekten"[204] näher einzugehen sein.

---

197 Siehe auch den 1. Teil, § 2, D, 5, b).
198 Siehe auch den 1. Teil, § 2, D, 5, c), (1).
199 Siehe auch den 1. Teil, § 2, D, 5, c), (2).
200 Siehe auch den 1. Teil, § 2, E.
201 Vgl. BVerfGE 54, 143 (145 f.); 69, 315 (352).
202 Dazu in 1. Teil, § 1, A, I, 1, b).
203 Vgl. *Bender*, in: Müller/Schulz, FStrG, § 4 Rn. 44.
204 Dazu Näheres unter 1. Teil, § 2, D und E.

§ 2 Umweltschutz bei der Planung und Realisierung von Verkehrsinfrastrukturprojekten

Umweltschutz ist nicht nur „erstrangige staatliche und gesellschaftliche Aufgabe“[205], sondern wird auch als zentrales Anliegen des Rechts, nämlich des Umweltrechts, behandelt. In diesem Rahmen sind bei der Planung und Realisierung von Verkehrsinfrastrukturprojekten auch die Belange des Umweltschutzes zu beachten. Im Folgenden soll daher der Umweltschutz bei der Planung und Realisierung von Verkehrsinfrastrukturen näher untersucht werden. Dabei wird zunächst auf die verfassungsrechtlichen Grundlagen (A) und die rechtlichen Vorgaben der Europäischen Union (B) eingegangen, bevor die einfachgesetzlichen Regelungen (C) Gegenstand der Erörterung ist.

A. Verfassungsrechtliche Grundlagen

Um den Umweltschutz bei der Planung und Realisierung von Verkehrsinfrastrukturprojekten rechtlich einordnen zu können, sollen vorab die dafür maßgeblichen verfassungsrechtlichen Grundlagen herausgearbeitet werden. Hierfür kommen insbesondere die Staatszielbestimmung zum Umweltschutz des Art. 20a GG (I), grundrechtliche Aspekte (II) und der Umweltschutz unter dem Aspekt der Gesetzgebungskompetenzen (III) in Betracht.

I. Art. 20a GG als Staatszielbestimmung zum Umweltschutz

Art. 20a wurde als Staatszielbestimmung zum Schutz der natürlichen Lebensgrundlagen am 27.10.1994[206] in das Grundgesetz eingefügt. Damit ist der Umweltschutz auf verfassungsrechtlicher Ebene verankert.[207] Jedenfalls ist nach der Formulierung des Art. 20a GG der „Staat“ – gemeint ist die öffentliche Hand – befugt und verpflichtet, die natürlichen Lebensgrundlagen zu schützen.[208] Nach herrschender Auffassung ist der dort erwähnte „Schutz der natürlichen Lebensgrundlagen“ gleichbedeutend mit Umweltschutz.[209]

---

205 *Kloepfer*, Umweltrecht, § 1 Rn. 1.

206 BGBl. I S. 3146. Dazu Näheres in: *Henneke*, NuR 1995, S. 325 ff.

207 *Salzwedel*, in: Isensee/Kirchhof (Hrsg.), HStR IV, § 97 Rn. 25; *Scholz*, in: Maunz/Dürig, GG, Art. 20a Rn. 5 f.; *Kloepfer*, Umweltrecht, § 1 Rn. 1; *Appel*, in: Koch (Hrsg.), Umweltrecht, § 2 Rn. 111; *Kotulla*, Umweltrecht, 1. Teil Rn. 49.

208 *Jarass/Pieroth*, GG, Art. 20a Rn. 5.

209 Vgl. *Scholz*, in: Maunz/Dürig, GG, Art. 20a Rn. 36; *Jarass/Pieroth*, GG, Art. 20a Rn. 3 f.; *Kloepfer*, Umweltrecht, § 3 Rn. 12; *Appel*, in: Koch (Hrsg.), Umweltrecht,

Art. 20a GG vermittelt dem Einzelnen kein subjektives Recht.[210] Er wendet sich ausschließlich an den Staat bzw. die öffentliche Hand und ist von diesem im Rahmen von allgemeinen Abwägungs- und Optimierungsprozessen lediglich angemessen zu berücksichtigen.[211] Das BVerwG ist ebenfalls der Auffassung, dass der Umweltschutz von Verfassungswegen keinen absoluten Vorrang vor anderen Werten mit Verfassungsrang genieße, sondern in Ausgleich mit anderen Verfassungsprinzipien und -rechtsgütern zu bringen sei.[212] Allerdings führt Art. 20a GG regelmäßig zu einer Schutzgutverstärkung.[213] Er schreibt vor, dass die Umwelt „in Verantwortung für die künftigen Generationen" zu schützen ist. Diese Aufgabe beinhaltet das Gebot von Vorsorge und nachhaltiger Entwicklung.[214] Auf diese Weise sollen Umweltschädigungen möglichst vermieden werden.[215]

Im Rahmen von Verkehrsinfrastrukturprojekten können Fragen des Immissionsschutzes, des Naturschutzes und der Landschaftspflege, des Schutzes des Naturhaushaltes, des Bodenschutzes und des Gewässerschutzes wegen ihrer erheblichen Auswirkungen für die Umwelt bedeutsam sein.[216] Im Zusammenhang mit dem Umweltschutz bei der Planung und Realisierung von Verkehrsinfrastrukturprojekten dient Art. 20a GG dazu, ein möglichst hohes Umweltschutzniveau zu erreichen, indem geeignete Maßnahmen zur Vermeidung von Umweltbelastungen ergriffen werden.

II. Grundrechtliche Aspekte

Im Grundrechtekatalog des Grundgesetzes findet der Umweltschutz keine ausdrückliche Erwähnung.[217] Dennoch können mit Blick auf den Umweltschutz im Rahmen der Planung und Realisierung von Verkehrsprojekten auch grundrechtliche Aspekte bedeutsam sein. Im Folgenden handelt es sich dabei um das in Art. 2 Abs. 2 Satz 1 GG verankerte Grundrecht auf Leben und körperliche Unversehrtheit (1) sowie um das Grundrecht auf Eigentum in Art. 14 GG (2).

---

§ 2 Rn. 111; *Kotulla*, Umweltrecht, 1. Teil Rn. 49; *ders.*, KJ 2000, S. 22 (25); *Murswiek*, NVwZ 1996, S. 222 (224).

210 *Scholz*, in: Maunz/Dürig, GG, Art. 20a Rn. 33; *Jarass/Pieroth*, GG, Art. 20a Rn. 2; *Kloepfer*, Umweltrecht, § 3 Rn. 9.

211 *Appel*, in: Koch (Hrsg.), Umweltrecht, § 2 Rn. 111; *Kotulla*, Umweltrecht, 1. Teil Rn. 49 f.

212 BVerwG, Urt. vom 23.11.2005 – 8 C 14/04 –, NVwZ 2006, S. 595 (597).

213 *Scholz*, in: Maunz/Dürig, GG, Art. 20a Rn. 5; *Herrmann/Hofmann*, in: Koch (Hrsg.), Umweltrecht, § 14 Rn. 43.

214 Vgl. *Jarass/Pieroth*, GG, Art. 20a Rn. 6; *Appel*, in: Koch (Hrsg.), Umweltrecht, § 2 Rn .112; *Murswiek*, NVwZ 1996, S. 222 (225).

215 BVerwG, Beschl. vom 11.3.1998 – 8 BN 6/97 –, NVwZ 1998, S. 952 f.; *Jarass/Pieroth*, GG, Art. 20a Rn. 8.

216 *Steinberg/Wickel/Müller*, Fachplanung, § 7 Rn. 92.

217 *Kotulla*, Umweltrecht, 1. Teil Rn. 47.

1. *Grundrecht auf Leben und körperliche Unversehrtheit (Art. 2 Abs. 2 Satz 1 GG)*

In Schrifttum[218] und Rechtsprechung[219] wird der Umweltschutzaspekt vornehmlich im Recht auf Leben und körperliche Unversehrtheit (Art. 2 Abs. 2 Satz 1 GG) verortet. In diesem Zusammenhang ist dieses Grundrecht für den Schutz vor schädigenden Umweltauswirkungen wie Lärmbelastung oder Luftverschmutzung bedeutsam.[220] Denn es wird angewendet, um „die biologisch-physische Existenz"[221] und die physische und psychische Gesundheit von Menschen vor Beeinträchtigungen zu schützen.[222] Davon umfasst ist auch das psychische Wohlbefinden, soweit Einwirkungen körperliche Schmerzen zur Folge haben oder mit körperlichen Beeinträchtigungen gleichgesetzt werden können.[223]

Darüber hinaus dient Art. 2 Abs. 2 Satz 1 GG nicht nur als Abwehrrecht gegenüber staatlichen Maßnahmen,[224] sondern begründet auch staatliche Schutzpflichten.[225] Dies gilt nicht zuletzt für den Umweltschutz bei der Planung und Realisierung von Verkehrsinfrastrukturprojekten. D. h. der Grundrechtsträger – in der Regel der vom Projekt (private) Betroffene – hat gegen den Staat einen Anspruch auf die Abwehr der mit der Planung und Realisierung von Verkehrsinfrastrukturprojekten verbundenen Umweltbelastungen, wenn seine Gesundheit im Sinne des Grundrechtes aus Art. 2 Abs. 2 Satz 1 GG beeinträchtigt oder gefährdet wird.[226] Demgemäß ist der Staat aufgrund von Art. 2 Abs. 2 Satz 1 GG etwa dazu verpflichtet, geeignete Maßnahmen zum Umweltschutz zu ergreifen.[227]

2. *Grundrecht auf Eigentum (Art. 14 GG)*

Art. 14 GG ist als Eigentumsgarantie vor allem eine verfassungsrechtliche Darstellung der Freiheitssicherung.[228] Im Rahmen des Schutzbereiches des Art. 14 Abs. 1 GG und somit derjenigen des Art. 14 Abs. 3 GG werden alle Vermögensrechte des

---

218 *Lorenz*, in: Isensee/Kirchhof (Hrsg.), HStR VI (1989), § 128 Rn. 16 ff.; *Jarass/Pieroth*, GG, Art. 2 Rn. 91.
219 BVerfGE 56, 54 (73 ff.); 77, 381 (402 ff.); BVerwGE 101, 1 (10).
220 Vgl. *Di Fabio*, in: Maunz/Dürig, GG, Art. 2 Abs. 2 Satz 1 Rn. 55.
221 BVerfGE 115, 118 (139); *Jarass/Pieroth*, GG, Art. 2 Rn. 81.
222 BVerfGE 115, 118 (139); *Jarass/Pieroth*, GG, Art. 2 Rn. 83 f.
223 BVerfGE 56, 54 (75); *Di Fabio*, in: Maunz/Dürig, GG, Art. 2 Abs. 2 Satz 1 Rn. 55; *Jarass/Pieroth*, GG, Art. 2 Rn. 81.
224 Vgl. *Di Fabio*, in: Maunz/Dürig, GG, Art. 2 Abs. 2 Satz 1 Rn. 5 f.; *Kloepfer*, Umweltrecht, § 3 Rn. 43 f.; *Kotulla*, Umweltrecht, 1. Teil Rn. 47; *Appel*, in: Koch (Hrsg.), Umweltrecht, § 2 Rn .124 f.
225 Dazu Näheres in: BVerfGE 79, 174 (201 f.); *Hömig*, GG, Art. 2 Rn. 12.
226 Vgl. BVerfGE 51, 324 (346 f.); 66, 39 (58); *Jarass/Pieroth*, GG, Art. 2 Rn. 90.
227 Vgl. *Jarass/Pieroth*, GG, Art. 20a Rn. 16.
228 Vgl. *Maurer*, Allgemeines Verwaltungsrecht, § 27 Rn. 42.

Privatrechts erfasst.[229] Dabei reicht die verfassungsrechtliche Interpretation des Eigentums wesentlich weiter als diejenige des bürgerlichen Rechts[230].[231] Des Weiteren kommt nach der Rechtsprechung des BVerfG der Eigentumsgewährleistung als elementares Grundrecht die Aufgabe zu, „dem Träger des Grundrechts einen Freiheitsraum im vermögensrechtlichen Bereich zu sichern und ihm damit eine eigenverantwortliche Gestaltung des Lebens zu ermöglichen".[232] Dabei werden der Inhalt und die Schranken des Eigentums gemäß Art. 14 Abs. 1 Satz 2 GG ebenfalls durch die öffentlich-rechtlichen und die privatrechtlichen Gesetze bestimmt.[233] Zur Planung und Realisierung von Verkehrsinfrastrukturprojekten werden vor allem Grundstücke benötigt. Soweit diese im Eigentum Dritter stehen, müssen sie den Personen zuerst entzogen werden, was jedoch nur unter den strikten Voraussetzungen des Art. 14 Abs. 3 GG möglich ist, in denen festgelegt ist, dass die verfassungsrechtlichen Anforderungen an die Rechtmäßigkeit der Enteignung „in der Form eines dreifach-qualifizierten Gesetzesvorbehalts, nämlich der Gemeinwohlbindung, des Übermaßverbots sowie der Junktimklausel"[234] erfüllt werden.[235] Dies geschieht im Wege der Enteignung[236],[237] die jedoch nur gegen eine angemessene Entschädigung erfolgen darf.[238]

---

229 *Papier*, in: Maunz/Dürig, GG, Art. 14 Rn. 55.

230 Das Eigentum ist vornehmlich im §§ 903 ff. BGB geregelt. Insbesondere das bürgerlich-rechtliche Eigentum nach § 903 BGB beinhaltet nur Sachen, also bewegliche Gegenstände und Grundstücke. Dazu Näheres in: *Lemke*, in: Prütting/Wegen/Weinreich (Hrsg.), BGB, § 903 Rn. 7.

231 *Maurer*, Allgemeines Verwaltungsrecht, § 27 Rn. 42; *Papier*, in: Maunz/Dürig, GG, Art. 14 Rn. 55.

232 BVerfGE 24, 367 (389); 68, 293 (222); dazu in: *Maurer*, Allgemeines Verwaltungsrecht, § 27 Rn. 42; *Papier*, in: Maunz/Dürig, GG, Art. 14 Rn. 1 f.; *Jarass/Pieroth*, GG, Art. 14 Rn. 3.

233 BVerfGE 58, 300 (335).

234 *Schmidt-Aßmann*, JuS 1986, S. 833. Im Hinblick darauf werden die Enteignungsvoraussetzungen wie folg dargestellt: „(a) ein Eigentum als Eingriffsobjekt, (b) zielgerichteter hoheitlicher Eingriff, (c) vollständiger oder teilweiser Entzug des Eigentums, (d) zur Erfüllung öffentlicher Aufgaben, (e) Gemeinwohlbindung, (f) Verhältnismäßigkeit sowie (g) Entschädigungsregelung. (*Sproll*, JuS 1995, S. 1080 (1085))."

235 *Papier*, in: Maunz/Dürig, GG, Art. 14 Rn. 547 ff.; *Jarass/Pieroth*, GG, Art. 14 Rn. 78 f.

236 Im Hinblick auf die Form der Enteignung hat das BVerfG festgestellt, dass „das Gesetz im Sinne des Art. 14 Abs. 3 Satz 2 GG nicht nur die verwaltungsrechtliche Grundlage für konkrete Eingriffe in das Eigentum der Betroffenen (sog. Administrativenteignung) bildet, sondern zugleich die Enteignungsbefugnis auf die in der jeweiligen Regelung vom Gesetzgeber bestimmten Vorhaben und Zwecke (sog. Legalenteignung) beschränkt (dazu Näheres in: BVerfGE 56, 249 (262); 58, 300 (331), 74, 264 (284 f.)).

237 *Jarass/Pieroth*, GG, Art. 14 Rn. 69.

238 In diesem Zusammenhang sind die verkehrsvorhabenbezogenen gesetzlichen Regelungen der Enteignungsentschädigung §§19 ff. FStrG, § 22 AEG, § 44 WaStrG sowie § 28 LuftVG zu nennen.

Darüber hinaus kann ein Eigentümer gegen den Staat einen in Art. 14 GG i. V. m. Art. 20a GG begründeten Anspruch auf die Abwehr von Umweltbeeinträchtigungen haben, wenn sein Eigentum bei der Planung und Realisierung von Verkehrsinfrastrukturprojekten durch Umweltbelastungen sachlich oder finanziell beeinträchtigt.[239] Im Rahmen der Eigentumsgarantie des Art. 14 GG muss dabei der Staat ebenso wie im Rahmen des Art. 2 Abs. 2 GG[240] sicherstellen, dass geeignete Maßnahmen zum Umweltschutz in Bezug auf die Planung und Realisierung von Verkehrsinfrastrukturprojekten ergriffen werden, um Eigentumsverletzungen zu vermeiden. So gesehen ist Art. 14 GG als verfassungsrechtliche Vorgabe auch für den Umweltschutz im Rahmen von Verkehrsinfrastrukturvorhaben von Bedeutung.[241]

III. Umweltschutz unter dem Aspekt der Gesetzgebungskompetenzen

Ebenfalls von Bedeutungen für den Umweltschutz im Grundgesetz sind die in den Artt. 70 ff. GG verankerten Gesetzgebungskompetenzen. Es geht dabei vor allem um die verfassungsrechtliche Verteilung der Gesetzgebungszuständigkeiten zwischen dem Bund und den Ländern.[242] Art. 70 Abs. 1 GG bestimmt als „Grundregel der bundesstaatlichen Verfassung“[243], dass grundsätzlich die Länder das Recht der Gesetzgebung haben, soweit das Grundgesetz nicht dem Bund Gesetzgebungsbefugnisse verleiht. Der Bund hat die Befugnis zur Gesetzgebung im Rahmen der ausschließlichen (Art. 71 GG sowie Art. 73 GG) und der konkurrierenden Gesetzgebung (Art. 72 GG sowie Art. 74 GG).

Insbesondere in Art. 74 Abs. 1 GG werden als Gegenstände der konkurrierenden Bundesgesetzgebung für den Umweltschutz bedeutsame Sachbereiche dargestellt.[244] Dazu zählen das Bodenrecht (Art. 74 Abs. 1 Nr. 18 GG), die Abfallwirtschaft, die Luftreinhaltung und die Lärmbekämpfung (Art. 74 Abs. 1 Nr. 24 GG), der Naturschutz und die Landschaftspflege (Art. 74 Abs. 1 Nr. 29 GG) sowie der Wasserhaushalt (Art. 74 Abs. 1 Nr. 32 GG).[245] Daher ist anzumerken, dass dem Bund insoweit die Gesetzgebungskompetenz für den Umweltschutz zusteht. Außerdem steht dem Bund auch die Gesetzgebung über bestimmte Verkehrsinfrastrukturprojekte bezüglich Landstraßen (Art. 74 Abs. 1 Nr. 22 GG), Schienenwegen (Artt. 73 Abs. 1 Nr. 6a GG,

239 Vgl. *Jarass/Pieroth*, GG, Art. 20a Rn. 16 f.
240 Siehe hierzu oben 1. Teil, § 2, A, II, 1.
241 *Jarass/Pieroth*, GG, Art. 14 Rn. 58 ff.; *Kloepfer*, Umweltrecht, § 3 Rn. 44; *Kotulla*, Umweltrecht, 1. Teil Rn. 48.
242 Dazu ausführlich in: *Pietzcker*, in: Isensee/Kirchhof (Hrsg.), HStR VI, § 134 Rn. 1 ff.
243 BVerfGE 16, 64 (79).
244 *Appel*, in: Koch (Hrsg.), Umweltrecht, § 2 Rn. 103; *Kotulla*, Umweltrecht, 1. Teil Rn. 52; *ders.*, NVwZ 2007, S. 489 (490).
245 Dazu umfassende die Übersicht bei *Kotulla*, Umweltrecht, 1. Teil Rn. 55 f.

74 Abs. 1 Nr. 23 GG), Wasserstraßen (Art. 74 Abs. 1 Nr. 21 GG) und Luftverkehr (Art. 73 Abs. 1 Nr. 6 GG) zu.[246]

Insbesondere im Hinblick auf die Umweltschutzkompetenz der Länder sieht Art. 72 Abs. 3 GG vor, dass die Länder das Recht haben, den Naturschutz und die Landschaftspflege (Nr. 2), die Raumordnung (Nr. 4) sowie den Wasserhaushalt (Nr. 5) abweichend vom Bund zu regeln, wenn der Bund von seiner Gesetzgebungszuständigkeit Gebrauch gemacht hat („Abweichungsgesetzgebung").[247] Dementsprechend dürfen die Länder in einem bestimmten Rahmen eigene Naturschutz-, Raumordnungs- und Wassergesetze erlassen.[248] Der Bund kann wiederum daraufhin erneut eigene Gesetze erlassen. Weil sowohl der Bund als auch die Länder hier eine jeweils gleichberechtigte Gesetzgebungszuständigkeit haben, spricht man insoweit von „einer doppelten Vollkompetenz"[249], bei der das jeweils zuletzt erlassene Gesetz Anwendungsvorrang genießt.[250] Beide Gesetzgebungen unterliegen allerdings allen EU- und verfassungsrechtlichen Vorgaben.[251] Ungeachtet dessen kommt der Erlass von Regelungen über allgemeine Grundsätze des Naturschutzes, des Artenschutzes und des Meeresnaturschutzes sowie über stoffliche und anlagenbezogene Gewässergefährdungen für die Länder nicht in Betracht (vgl. Klammerzusätze des Art. 72 Abs. 3 Satz 1 Nr. 2 und Nr. 5 GG).[252] Sie sind als „abweichungsfeste Kernbereiche" des Naturschutzes und der Landschaftspflege sowie des Gewässerschutzes darzustellen[253]; insoweit ist es allein Aufgabe des Bundes, gestützt auf Art. 74 Abs. 1 Nr. 29 und Nr. 32 GG entsprechende gesetzliche Normierungen, etwa im BNatSchG oder WHG, zu erlassen.[254]

Der Bund verfügt somit im Wesentlichen über die Gesetzgebungskompetenzen für den im Zusammenhang mit der Planung und Realisierung von Verkehrsinfrastrukturprojekten stehenden Umweltschutz.

---

246 Siehe auch den 1. Teil, § 2, D, I.

247 *Uhle*, in: Maunz/Dürig, GG, Art. 72 Rn. 52; *Kotulla*, NVwZ 2007, S. 489 (491).

248 *Erbguth/Schlacke*, Umweltrecht, § 4 Rn. 51.

249 *Jarass/Pieroth*, GG, Art. 72 Rn. 29.

250 *Jarass/Pieroth*, GG, Art. 72 Rn. 29; *Kotulla*, NVwZ 2007, S. 489 (491).

251 *Appel*, in: Koch (Hrsg.), Umweltrecht, § 2 Rn. 105; *Kotulla*, NVwZ 2007, S. 489 (492); *Schulze-Fielitz*, NVwZ 2007, 249 (254).

252 BT-Drucks. 16/813, S. 11; *Kotulla*, **Wasserhaushaltsgesetz zwischen Hochwasserschutz, strategischer Umweltprüfung und Föderalismusreform, S. 44;** *ders.*, NVwZ 2007, S. 489 (493).

253 Vgl. *Kotulla*, **Wasserhaushaltsgesetz zwischen Hochwasserschutz, strategischer Umweltprüfung und Föderalismusreform, S. 44.**

254 Vgl. BT-Drucks. 16/813, S. 11; *Kotulla*, NVwZ 2007, S. 489 (492 f.).

B. Rechtliche Vorgaben der Europäischen Union

In der Tat verbleibt die Zuständigkeit für die Planung und Realisierung von Verkehrsinfrastrukturprojekten in den Mitgliedstaaten.[255] Im Hinblick auf den Umweltschutz sind dabei umweltschutzrechtliche Vorgaben der EU zu berücksichtigen. Der Umweltschutz ist als eine der wichtigsten Aufgaben der EU anerkannt.[256] Umweltschutzrechtlichen Vorgaben enthalten sowohl das primäre als auch das sekundäre Recht der EU. Im Folgenden sollen die rechtlichen Vorgaben der EU hinsichtlich des Umweltschutzes bei der Planung und Realisierung der Verkehrsinfrastrukturprojekte dargestellt werden, wobei sich zunächst dem Primärrecht (I) und dann dem Sekundärrecht (II) zugewandt wird.

I. Primärrecht

Das auf den verschiedenen europäischen Verträgen beruhende Primärrecht präsentiert nicht nur die maßgeblichen Aufgaben und Ziele der EU, sondern es enthält auch die kompetenziellen umweltpolitischen Grundlagen der EU.[257] Im Primärrecht wird das Umweltschutzerfordernis vor allem zur Förderung einer nachhaltigen Entwicklung als Ziel der EU in Art. 3 Abs. 3 des Vertrags über die Europäische Union (EUV) verankert, zugleich werden dort „ein hohes Maß an Umweltschutz und Verbesserung der Umweltqualität" ausdrücklich genannt.[258] In diesem Zusammenhang wird in Art. 11 des Vertrags über die Arbeitsweise der Europäischen Union (AEUV) zudem erwähnt, dass die Erfordernisse des Umweltschutzes bei der Festlegung und Durchführung der Unionspolitik und -maßnahmen einbezogen werden müssen, und zwar insbesondere, um eine nachhaltige Entwicklung zu fördern. Damit enthalten die Artt. 191 bis 193 AEUV unter dem Titel XX „Umwelt" die wesentlichen Kompetenzgrundlagen für den Umweltschutz mit den ausdrücklichen Aussagen über seine Ziele[259],

---

255 *Herber*, in: Kodal (Hrsg.), Straßenrecht, Kap. 3 Rn. 29; *Ronellenfitsch*, in: Rengeling (Hrsg.), EUDUR, Bd. II, § 83 Rn. 64.

256 In diesem Zusammenhang ist die Rechtsprechung des Europäischen Gerichtshofs (EuGH) (EuGH. Urt. vom 7.2.1985, Rs. 240/83; EuGH. Urt. vom 20.9.1988, Rs. 302/86; EuGH. Urt. vom 19.5.1992, Rs. C-195/90) festzustellen. Dazu Näheres in: *Kloepfer*, Umweltrecht, § 9 Rn. 77; *Appel*, in: Koch (Hrsg.), Umweltrecht, § 2 Rn .13.

257 Vgl. *Appel*, Umweltrecht, § 2 Rn. 7; *Kotulla*, Umweltrecht, 2. Teil Rn. 6 ff.

258 Vgl. *Kloepfer*, Umweltrecht, § 9 Rn. 78; *Epiney*, Umweltrecht der Europäischen Union, Teil. 1 Kap. 3 Rn. 3; *Meßerschmidt*, Europäisches Umweltrecht, § 2 Rn. 11; *Kotulla*, Umweltrecht, 2. Teil Rn. 6.

259 Art. 191 Abs. 1 AEUV regelt bestimmte umweltpolitische Ziele der EU, die „die Erhaltung und den Schutz der Umwelt sowie Verbesserung ihrer Qualität, den Schutz der menschlichen Gesundheit, umsichtige und rationelle Verwendung der natürlichen Ressourcen und die Förderung von Maßnahmen auf internationaler Ebene zur Bewältigung regionaler oder globaler Umweltprobleme und insbesondere zur Bekämpfung des Klimawandels" umfassen. Näheres dazu in *Breier*, in: Lenz/Borchardt (Hrsg.), Art. EU-Verträge: Art. 191 Rn. 3 ff.

Handlungsgrundsätze[260] und Kriterien.[261] Insbesondere Art. 192 AEUV enthält die Kompetenzgrundlage für europäische Umweltschutzmaßnahmen entsprechend den in Art. 191 Abs. 1 AEUV geregelten Zielen.[262] Dementsprechend werden Sekundärrechtsakte im Bereich der Umweltschutzmaßnahmen nach dem Verfahren des Art. 294 AEUV erlassen.[263]

II. Sekundärrecht

Im Rahmen der Planung und Realisierung von Verkehrsprojekten sind umweltschutzrechtliche Vorgaben nicht zuletzt im Bereich des sekundären Rechts der EU zu berücksichtigen.

Das europäische Sekundärrecht wird nach Art. 288 AEUV in Form von Verordnungen, Richtlinien, Beschlüssen, Empfehlungen und Stellungnahmen erlassen und beeinflusst unmittelbar bzw. mittelbar die Umweltgesetzgebung der einzelnen Mitgliedstaaten.

Die Verordnungen haben gemäß Art. 288 UAbs. 2 AEUV allgemeine Geltung. Sie sind unmittelbar in dem Mitgliedstaat anwendbar und in allen Teilen verbindlich, ohne der gesetzlichen Umsetzung durch die Mitgliedstaaten zu bedürfen.[264] Die Richtlinien sind für die Mitgliedstaaten ebenfalls hinsichtlich des zu erreichenden Ziels verbindlich, überlassen jedoch den innerstaatlichen Stellen die Wahl der Form und der Mittel. Die Mitgliedstaaten sind verpflichtet, alle geeigneten Maßnahmen zu ergreifen, um die Geltung und die Wirksamkeit der Richtlinien zu gewährleisten.[265] Grundsätzlich entfalten die Richtlinien in den Mitgliedstaaten keine unmittelbare Rechtswirkung.[266] Damit dies der Fall ist, müssen sie erst noch in das jeweilige nationale Rechtssystem transformiert werden.[267] Nur unter eng begrenzten Voraussetzungen können die Richtlinien in den Mitgliedstaaten unmittelbare Wirkung entfalten[268]: So wenn die in der Richtlinie festgelegte Umsetzungsfrist abgelaufen ist

---

260 In Art. 191 Abs. 2 AEUV sind umweltpolitische Handlungsgrundsätze enthalten. Dazu gehören die Schutzniveauklausel (hohes Schutzniveau), das Vorsorge- und Vorbeugeprinzip, das Ursprungsprinzip, das Verursacherprinzip und die Schutzklauselbestimmung. Näheres dazu in: Lenz/Borchardt (Hrsg.), Art. EU-Verträge: Art. 191 Rn. 12 ff.

261 *Meßerschmidt*, Europäisches Umweltrecht, § 2 Rn. 37.

262 *Epiney*, Umweltrecht der Europäischen Union, Teil. 1 Kap. 3; *Erbguth/Schlacke*, Umweltrecht, § 7 Rn. 12.

263 *Erbguth/Schlacke*, Umweltrecht, § 7 Rn. 12.

264 Vgl. *Hetmeier*, in: Lenz/Borchardt (Hrsg.), EU-Verträge: AEUV, Art. 288 Rn. 8; *Appel*, in: Koch (Hrsg.), Umweltrecht, § 2 Rn. 18.

265 Vgl. EuGH. Urt. vom 21.9.1989, Rs. 68/88; *Jarass*, DVBl. 1995, S. 954.

266 *Hetmeier*, in: Lenz/Borchardt (Hrsg.), EU-Verträge: AEUV, Art. 288 Rn. 10; *Kotulla*, Umweltrecht, 2. Teil Rn. 34.

267 *Hetmeier*, in: Lenz/Borchardt (Hrsg.), EU-Verträge: AEUV, Art. 288 Rn. 10.

268 *Hetmeier*, in: Lenz/Borchardt (Hrsg.), EU-Verträge: AEUV, Art. 288 Rn. 13; *Appel*, in: Koch (Hrsg.), Umweltrecht, § 2 Rn. 82 ff; *Jarass*, DVBl. 1995, S. 954 (956 f.).

und die einzelnen Richtlinienvorschriften nicht nur inhaltlich unbedingt, sondern auch hinreichend bestimmt und klar sein.[269]

Im Rahmen der hier behandelten Umweltschutzregelungen zur Planung und Realisierung von Verkehrsinfrastrukturprojekten in Deutschland sind zunächst die Vorgaben der Richtlinie des Rates über die Umweltverträglichkeitsprüfung vom 27.6.1985 bei bestimmten öffentlichen und privaten Projekten (85/337/EWG)[270], also der sog. UVP-Richtlinie, bedeutsam. Sie geht von „einem umfassenden und medienübergreifenden Ansatz"[271] aus und schreibt auf diese Weise eine Umweltverträglichkeitsprüfung (UVP) als Verfahren zur Verwirklichung des Vorsorgeprinzips[272] vor. Die UVP dient dazu, unmittelbare und mittelbare Auswirkungen eines Projekts auf die Umwelt zu identifizieren, zu beschreiben und zu bewerten (Art. 3 UVP-Richtlinie).[273] Die UVP-Richtlinie bildet nicht nur den Kern des entstandenen europäischen Umweltverfahrensrechts, sondern legte seinerzeit auch die inhaltlichen Anforderungen an die UVP für die Mitgliedstaaten verbindlich fest, sodass Umweltbelastungen in den Mitgliedstaaten bereits von vornherein vermieden werden können, statt erst nachträglich ihre Auswirkungen auf die Umwelt zu bekämpfen. Die UVP-Richtlinie wurde im Jahr 1990 als „reines Verfahrensinstrument"[274] mit dem deutschen Gesetz über die Umweltverträglichkeitsprüfung (UVPG) umgesetzt.[275] Außerdem wurden die Inhalte der UVP-Richtlinie durch die sog. Änderungsrichtlinien, nämlich die Richtlinien des 97/11/EG[276], 2003/35/EG[277], 2009/31/EG[278] sowie

---

269 EuGH. Urt. vom 10.4.1984, Rs. C- 14/83; EuGH. Urt. vom 19.11.1991, Rs. C- 6/90.

270 ABl. EG. 1985 Nr. L 175, S. 40 ff.

271 *Epiney*, Umweltrecht der Europäischen Union, Teil. 2 Kap. 6 Rn. 70. Hierzu etwa in: *Jarass*, Auslegung und Umsetzung der EG-Richtlinie zur Umweltverträglichkeitsprüfung, S. 29 ff.; *Feldmann*, in: Rengeling (Hrsg.), EUDUR, Bd. I, § 34 Rn. 5; *Schink*, NuR 1998, 173 (179 f); *Erbguth/Stollman*, ZUR 2000, S. 379 ff.; *Erguth*, UPR 2003, S. 321.

272 Vgl. *Cupei*, Umweltverträglichkeitsprüfung (UVP), S. 103.

273 *Epiney*, Umweltrecht der Europäischen Union, Teil. 2 Kap. 6 Rn. 69.

274 *Schink*, in: Kennweg (Hrsg.), Risikoregulierung und Risikokommunikation, S. 100.

275 Siehe auch den 1. Teil, § 2, C, I.

276 Richtlinie 97/11/EG des Rates zur Änderung der Richtlinie 85/337/EWG über die Umweltverträglichkeitsprüfung bei bestimmten öffentlichen und privaten Projekten vom 3.3.1997 (ABl. EU Nr. L 73, S. 5 ff.).

277 Richtlinie 2003/35/EG des europäischen Parlaments und des Rates über die Beteiligung der Öffentlichkeit bei der Ausarbeitung bestimmter umweltbezogener Pläne und Programme und zur Änderung der Richtlinien 85/337/EWG und 96/61/EG des Rates in Bezug auf die Öffentlichkeitsbeteiligung und den Zugang zu Gerichten vom 26.5.2003 (ABl. EU Nr. L 156, S. 17 ff.).

278 Richtlinie 2009/31/EG des europäischen Parlaments und des Rates über die geologische Speicherung von Kohlendioxid und zur Änderung der Richtlinie 85/337/EWG des Rates sowie der Richtlinien 2000/60/EG, 2001/80/EG, 2004/35/EG, 2006/12/EG und 2008/1/EG des Europäischen Parlaments und des Rates sowie der Verordnung (EG) Nr. 1013/2006 vom 23.4.2009 (ABl. EG. 2009 Nr. L. 140, S. 114 ff.).

2011/92/EU[279], ergänzt. Zugleich wurde durch die Richtlinie 2001/42/EG als sog. SUP-Richtlinie[280] eine strategische Umweltprüfung (SUP) eingeführt, die die Regelungen einer Umweltprüfung auf Plan- und Programmebene enthält und ein „reines Verfahrensinstrument wie die UVP-Richtlinie“[281] darstellt. Sie wurde im deutschen UVPG im Jahr 2005 umgesetzt.[282] Die im UVPG geregelten UVP und SUP sind als Verfahrensinstrument im Rahmen des Umweltschutzes bei der Planung von Verkehrsinfrastrukturprojekten in Deutschland zu berücksichtigen.

In diesem Zusammenhang sind auch die Richtlinie 92/43/EWG vom 21.5.1992 zur Erhaltung der natürlichen Lebensräume sowie der wildlebenden Tiere und Pflanzen[283] sowie die Richtlinien 2009/147/EG vom 30.11.2009 über die Erhaltung der wildlebenden Vogelarten[284] als jeweils sog. FFH-Richtlinie (Fauna-Flora-Habitat-Richtlinie) und Vogelschutzrichtlinie zu nennen. Die beiden Rechtsakten hierzu erstrecken sich auf den Schutz der natürlichen Lebensräume und der Arten[285] und zielen dabei auf die Errichtung eines kohärenten europäischen ökologischen Netzes besonderer Schutzgebiete mit der Bezeichnung „Natura 2000“ (Art. 3 FFH-Richtlinie) ab.[286] „Natura 2000“ wurde im deutschen BNatSchG umgesetzt.[287] Die Regelungen des Schutzes von Natura 2000-Gebieten nach den §§ 31 ff. BNatSchG sind bei der Planung und Realisierung von Verkehrsinfrastrukturprojekten zu beachten.

C. Einfachgesetzliche Grundlage

Aus den verfassungsrechtlichen und europäischen Vorgaben für den Umweltschutz resultiert das deutsche Umweltrecht. Im Folgenden werden die einfachgesetzlichen Grundlagen für den Umweltschutz bei der Planung und Realisierung von Verkehrsinfrastrukturprojekten untersucht.

I. Allgemeine Umweltschutzregelung: das UVPG

Bei der Planung von Verkehrsinfrastrukturprojekten sind in Bezug auf den Umweltschutz Umweltprüfungen als Verfahrensinstrument, nämlich UVP und SUP nach § 1

---

279 Richtlinie 2011/92/EU des Europäischen Parlaments und des Rates über die Umweltverträglichkeitsprüfung bei bestimmten öffentlichen und privaten Projekten vom 13.12.2011 (ABl. EU Nr. L. 26, S. 1 ff.).
280 Richtlinie 2001/42/EG des Europäischen Parlaments und der Rates über die Prüfung der Umweltauswirkungen bestimmter Pläne und Programme vom 27.7.2001 (ABl. EG Nr. L. 197, S. 30 ff.).
281 *Schink*, in: Kennweg (Hrsg.), Risikoregulierung und Risikokommunikation, S. 100.
282 Siehe auch den 1. Teil, § 2, C, I.
283 ABl. EG Nr. L 206, S. 7 ff.
284 ABl. EU Nr. L 20, S. 7 ff.
285 *Epiney*, Umweltrecht der Europäischen Union, Teil. 2 Kap. 9 Rn. 35.
286 *Gellermann*, in: Rengeling (Hrsg.), EUDUR, Bd. II, § 78 Rn. 10.
287 Siehe auch den 1. Teil, §2, C, II, 2.

UVPG, zu beachten, die im UVPG enthalten sind. Diese Umweltprüfungen treten nicht als eigenes Zulassungsverfahren in Erscheinung, sondern wurden aufgrund der Bedeutung des Umweltschutzes in das bestehende Planungssystem integriert.[288] Insbesondere Verkehrsinfrastrukturprojekte sind mit erheblichen ökologischen Eingriffen verbunden, daher werden Umweltprüfungen grundsätzlich benötigt.[289] In diesem Zusammenhang werden im Folgenden die rechtliche Entwicklung der Umweltprüfungen (1), ihre Grundsätze (2) und die Integration im Planungssystem von Verkehrsinfrastrukturprojekten (3) untersucht.

1. *Rechtliche Entwicklung der Umweltprüfungen*

In der zweiten Hälfte der sechziger Jahre nahm der öffentliche Druck auf die Entscheidungsträger in der Umweltpolitik stark zu.[290] Infolgedessen entstand im Jahre 1969 auf der Grundlage des US-amerikanischen Rechts der *National Environmental Policy Act* (NEPA), der in § 102 NEPA[291] den Begriff der „Umweltverträglichkeitsprüfung"[292] verwendete. Die damit implizierte Konzeption diente als Vorbild für das europäische und deutsche Recht.[293]

Als Folge dieser Entwicklung erging später die EG-UVP-Richtlinie[294], zu deren Umsetzung in Deutschland das UVPG vom 12.2.1990[295] erlassen wurde, das wiederholt Änderungen erfuhr[296]. Infolge der Umsetzung der EU-SUP-Richtlinie[297] wurde

---

288 Vgl. *Ramsauer*, in: Koch (Hrsg.), Umweltrecht, § 3 Rn. 64.

289 *Ronellenfitsch*, in: Rengeling (Hrsg.), EUDUR, Bd. II, § 83 Rn. 185.

290 Meinungsumfragen in den Jahren zwischen 1965 und 1970 hatten ergeben, dass in der amerikanischen Bevölkerung der Wunsch nach wirkungsvollen politischen Maßnahmen bezüglich der Luft- und Wasserverschmutzung bestand. In diesem Zeitraum stiegen die Mitgliederzahlen von Naturschutzorganisationen an und auch eine starke Welle von neugegründeten regionalen und lokalen Bürgerinitiativen spiegelte den Beginn der sog. Umweltbewegung wider (Dazu in: *Jörissen/Coenen/Franz*, Die Umweltverträglichkeitsprüfung in den USA: Analyse US-amerikanischer Erfahrungen und deren Relevanz für die Implementation der UVP-Richtlinie der EG in der Bundesrepublik Deutschland, S. 1; *Tomerius*, ZvglRWiss 1992, S. 424).

291 42 United States Code (U. S. C.), 4321–4347.

292 *Environmental Impact Statement* (EIS) wird in der Bundesrepublik Deutschland mit „Umweltverträglichkeitsprüfung" übersetzt.

293 *Steinberg*, in: Erbguth u. a. (Hrsg.), Planung, S. 494.

294 Siehe hierzu oben 1. Teil, §2, B, II.

295 BGBl. I S. 209.

296 Hier sind das Investitionserleichterungs- und Wohnbaulandgesetz vom 22.4.1993 (BGBl. I S. 1466), das Bau- und Raumordnungsgesetz vom 18.08.1997 (BGBl. I S. 2081), insbesondere das Artikelgesetz vom 27.7.2001 (BGBl. I S. 209), das Öffentlichkeitsbeteiligungsgesetz vom 9.12.2006 (BGBl. I S. 2819) und das Gesetz zur Neufassung des Raumordnungsgesetzes vom 22.12.2008 zu erwähnen. Dazu Näheres in: *Appold*, in: Hoppe/Beckmann (Hrsg.), UVPG, § 1 Rn. 2 f.

297 Siehe hierzu oben 1. Teil, § 2, B, II.

zudem die Strategische Umweltprüfung (SUP) vom 25.6.2005 in das UVPG integriert. Die Neufassung des UVPG vom 22.2.2010[298] enthielt sämtliche bis dahin erfolgten Änderungen des UVPG. Bei bestimmten öffentlichen und privaten Vorhaben sowie bei bestimmten Plänen und Programmen dienen die Umweltprüfungen im UVPG, die entweder als UVP oder SUP dargestellt sind, zur wirksamen Umweltvorsorge, nämlich zu einer frühzeitigen und umfassenden Ermittlung, Beschreibung und Bewertung der Auswirkungen auf die Umwelt (vgl. § 1 UVPG).

2. *Grundsätze der Umweltprüfungen*

Die Umweltprüfungen sind ein wichtiges Instrument des vorsorgenden Umweltschutzes.[299] Maßgebende Grundsätze sind die Frühzeitigkeit (a), der integrative und medienübergreifende Prüfungsansatz (b) sowie die Kooperation (c).

a) Frühzeitigkeit

Der Grundsatz der Frühzeitigkeit zeigt die große Bedeutung der Umweltvorsorge für die Umweltprüfungen.[300] Gemäß § 1 UVPG sollen bestimmte Projekte, Pläne sowie Programme in Bezug auf ihre Auswirkungen auf die Umwelt möglichst frühzeitig einer Prüfung unterzogen werden. Nach der Rechtsprechung des BVerwG soll durch den Grundsatz der Frühzeitigkeit zugleich sichergestellt werden, dass bei allen Beteiligten von Anfang an das Bewusstsein für die Bedeutung der Umweltbelange geschärft wird.[301] Die Ergebnisse der Umweltprüfungen sollen außerdem bereits in den Zulassungsentscheidungsprozess mit einbezogen und nicht erst dann erwähnt werden, wenn eine Entscheidung über die Zulassung längst getroffen wird. Weiterhin ist es möglich, ein Vorhaben oder einen Plan entsprechend den Ergebnissen der Umweltprüfungen zu modifizieren, um die damit verbundenen Umweltbelastungen zu minimieren oder vollständig zu verhindern.[302]

b) Integrativer und medienübergreifender Ansatz

Der integrative und medienübergreifende Ansatz im Rahmen der UVP § 1 UVPG zu entnehmen.[303] Demnach geht es bei der UVP darum, die unmittelbaren und mittelbaren Auswirkungen eines Projekts auf Mensch, Fauna und Flora, Boden,

---

298 Das Gesetz ist durch Bekanntmachung vom 24.2.2010 (BGBl I S. 94) neugefasst und es ist zuletzt durch Artikel 10 des Gesetzes vom 25.7.2013 (BGBl. I S. 2749) durch Art. 3 des Gesetzes vom 6.10.2011 (BGBl I S. 1986 ff.) geändert worden.

299 Vgl. *Hoppe/Beckermann/Kauch*, Umweltrecht, § 8 Rn. 71.

300 Vgl. *Steinberg*, in: Erbguth u. a. (Hrsg.), Planung, S. 495.

301 BVerwGE 100, 238 (245).

302 Vgl. *Steinberg*, in: Erbguth u.a. (Hrsg.), Planung, S. 495 ff.; *Hoppe/Beckermann/Kauch*, Umweltrecht, § 8 Rn. 73.

303 *Hoppe/Beckermann/Kauch*, Umweltrecht, § 8 Rn. 72; *Kment*, in: Hoppe/Beckmann (Hrsg.), UVPG, Einleitung Rn. 5.

Wasser, Luft, Klima und Landschaft sowie die Wechselwirkungen zwischen diesen genannten Faktoren und den Auswirkungen auf Sachgüter und das kulturelle Erbe[304] nach Maßgabe des Einzelfalls zu identifizieren, zu beschreiben und zu bewerten. Die Prüfung der Umweltauswirkungen von Projekten, Plänen und Programmen soll nicht sektoral, sondern integrativ und medienübergreifend in einer bereichsübergreifenden Gesamtschau aller Umweltauswirkungen durchgeführt werden, einschließlich der jeweiligen Wechselwirkungen zwischen den Schutzgütern.[305] Dadurch erweitert sich der Umfang der Umweltprüfungen, denn die einzelnen Umweltgüter und Umweltmedien stehen nicht isoliert nebeneinander, sondern haben Interdependenzen. Nur durch einen ganzheitlichen Prüfungsansatz ist es möglich, die verschiedenen Ursachen- und Wirkungszusammenhänge der Eingriffe in die Umwelt zu erkennen. Gegenstände der Umweltprüfungen sind also auch die Folgen der einzelnen Belastungen, die sich durch ihr Zusammentreffen addieren („Kumulationseffekte") oder sich gegenseitig verstärken und damit über die Summe ihrer einzelnen Wirkungen hinausgehen („synergetische Reaktion").[306]

c) *Kooperation*

Als Verfahrenskonzept sollen die Umweltprüfungen „mit den Mitteln der Interessenartikulation, der Transparenz, der Partizipation und der Publizität"[307] die Ziele des Umweltschutzes fördern. In diesem Zusammenhang hat die Einführung der Umweltprüfungen im Planungssystem die Rollenverteilung von Behörden, Öffentlichkeit sowie Vorhabenträgern, wie etwa mit den §§ 5 ff. UVPG, beeinflusst.[308] Bei der Durchführung eines Vorhabens ist unter Zugrundelegung Verursacherprinzips[309] der

---

304 In der UVP-Änderungsrichtlinie 97/11/EG werden die Kultur- und Sachgüter auch von dem Begriff der Wechselwirkungen ergänzt.

305 *Hoppe/Beckermann/Kauch*, Umweltrecht, § 8 Rn. 72; *Kloepfer*, Umweltschutzrecht, § 4 Rn. 17 f.; *Appold*, in: Hoppe/Beckmann (Hrsg.), UVPG, § 2 Rn. 47.

306 *Schmidt-Aßmann*, in: *Kay/Ress/Stein* (Hrsg.), Staat und Völkerrechtsordnung – FS für Doehring, S. 890; *Prelle*, Die Umsetzung der UVP-Richtlinie in nationales Recht und ihre Koordination mit dem allgemeinen Verwaltungsrecht, S. 69; *Appold*, in: Hoppe/Beckmann (Hrsg.), UVPG, § 2 Rn. 48.

307 *Schmidt-Aßmann*, in: *Kay/Ress/Stein* (Hrsg.), Staat und Völkerrechtsordnung, S. 890.

308 *Kment*, in: Hoppe/Beckmann (Hrsg.), UVPG, § 5 Rn. 2.

309 Das Verursacherprinzip ist als Ausdruck des Bemühens, die Verantwortung für den Umweltschutz und die Folgelasten unterlassenen Umweltschutzes möglichst dem Verursacher, also demjenigen, der die Umwelt belastet hat, aufzuerlegen. Der Verursacher soll die Kosten dafür tragen, dass Umweltbelastungen primär vermeiden oder vermindert, zumindestens aber die daraus resultierenden Schäden beseitigt werden: ausführlich siehe dazu *Hoppe/Beckermann/Kauch*, Umweltrecht, § 1 Rn. 144 ff.; *Kloepfer*, Umweltrecht, § 4 Rn. 74; *Peters*, Umweltrecht, Rn. 18 ff.; *Meßerschmidt*, Europäisches Umweltrecht, § 3 Rn. 140 ff.; *Erbguth/Schlacke*, Umweltrecht, § 3 Rn. 11 ff.

Vorhabenträger für die Auswirkungen des Vorhabens verantwortlich. Dieses Prinzip knüpft an die Begründung der Vorlage- und Unterrichtungspflichten hinsichtlich der Umweltverträglichkeitsprüfung nach § 6 UVPG an. Der Träger des Vorhabens soll seine Aufmerksamkeit nicht nur auf die Frage der ökonomischen Rentabilität sowie der technischen oder finanziellen Durchführbarkeit des Projekts richten, sondern auch bei der Klärung der ökologischen Fragen aktiv mitwirken.[310] Dadurch trägt er dazu bei, die Informationsgrundlagen zu verbessern. Die Information ist die Voraussetzung für eine Kooperation, denn sie ermöglicht eine sachliche Partizipation.[311] Des Weiteren spielt sie bei der Beteiligung der Öffentlichkeit eine wichtige Rolle. Die Öffentlichkeitsbeteiligung in den Umweltprüfungen zielt darauf ab, die Angaben über mögliche schädliche Umwelteinwirkungen durch Projekte, Pläne und Programme zu vervollständigen, um eine verbesserte Entscheidungsgrundlage für die Genehmigungsbehörde zu schaffen.[312] Durch den gegenseitigen Meinungs- und Informationsaustausch zwischen der Öffentlichkeit und dem Entscheidungsträger ist gleichzeitig ein transparenteres Verwaltungsverfahren gewährleistet.[313]

Schließlich kann die Kooperation von Vorhabenträger, Behörden und Öffentlichkeit als Grund(an)satz der Umweltverträglichkeitsprüfung dazu beitragen, durch Einbringen von Sachverstand und Verantwortung den Entscheidungsprozess über ein Vorhaben, einen Plan bzw. ein Programm in Gang zu setzen und deren Akzeptanz zu erreichen bzw. zu verbessern.

3. *Integration der Umweltprüfungen im Planungssystem von Verkehrsinfrastrukturprojekten*

Aus dem Grundsatz der Frühzeitigkeit ergibt sich die Integration der Umweltprüfungen im Planungssystem von Verkehrsinfrastrukturprojekten.[314] Dabei werden die Umweltprüfungen im UVPG als „unselbständiger Teil verwaltungsbehördlicher Verfahren" im Sinne von § 2 Abs. 1 und 4 UVPG bezeichnet.[315]

Zur gesetzlichen Bedarfs- und Aufbauplanung von Verkehrsinfrastrukturprojekten war die Durchführung einer UVP nicht erforderlich, denn sie ist weder im UVPG noch in den jeweiligen Fachplanungsgesetzen geregelt.[316] Für Fernstraßenausbauvorhaben erklärt sich dies daraus, dass die gesetzliche Bedarfsplanung noch keine Bestimmung der Linienführung im Sinne von § 16 FStrG, sondern lediglich eine

---

310 BVerwG, Urt. vom 25.1.1996 – 45 C 5/95 (Koblenz) –, NVwZ 1996, S. 788 (790).

311 Vgl. *Meßerschmidt*, Europäisches Umweltrecht, § 3 Rn. 164.

312 Vgl. *Wagner*, in: Hoppe/Beckmann (Hrsg.), UVPG, § 9 Rn. 6; *Kloepfer*, NVwZ 2002, S. 645 (651); *v. Danwitz*, NVwZ 2004, S. 272 (274); *Schink*, NuR 2005, S. 143 (147).

313 Vgl. den 15. Erwägungsgrund der SUP-Richtlinie.

314 Vgl. BVerwG, Urteil vom 19.5.1998 – 4 C 11/96 (München) -, NVwZ 1999, S. 528 (529); *Steinberg/Wickel/Müller*, Fachplanung, § 7 Rn. 33 f.

315 *Appold*, in: Hoppe/Beckmann (Hrsg.), UVPG, § 2 Rn. 16.

316 *Hoppe* u. a., Rechtsschutz bei der Planung von Verkehrsanlagen und anderen Infrastrukturvorhaben, Rn. 402; *Steinberg/Wickel/Müller*, Fachplanung, § 7 Rn. 85.

Darstellung des zusammenhängenden Verkehrsnetzes enthält, das dem weiträumigen Verkehr dienen sollte.[317] Entsprechendes gilt für Betriebsanlagen für Eisenbahnen, Wasserstraßen und Verkehrsflughäfen als Standortplanung.[318] Allerdings ist nach §14b Abs. 1 Nr. 1 i. V. m. Anlage 3 Nr. 1 UVPG eine SUP für die Bedarfs- und Aufbauplanung von Verkehrsinfrastrukturprojekten als Plan und Programm durchzuführen.

Im Hinblick auf die Umsetzung der EU-UVP-Richtlinie in deutsches Recht wurde die UVP schon früh in das Raumordnungsverfahren eingeführt[319] (siehe § 6a ROG 1989[320]). Gemäß § 15 ROG wird sie mit dem bisher geregelten Raumordnungsverfahren in Verbindung gebracht. Davon sind in hohem Maße Verkehrsinfrastrukturvorhaben betroffen.[321] Folglich sind sie als raumbedeutsame Planung und Maßnahme gemäß § 3 Abs. 1 Nr. 6 ROG daraufhin zu prüfen, ob sie mit den Erfordernissen der Raumordnung übereinstimmen. Falls sie sich jedoch auf UVP-pflichtige Vorhaben im Sinne von §§ 3b oder 3c UVPG anwenden lassen, sind gemäß § 16 Abs. 1 UVPG ihre Auswirkungen auf die Umwelt im Raumordnungsverfahren zu prüfen, soweit dies im Landesrecht nicht anderes geregelt ist.[322] Bei UVP-pflichtigen Vorhaben ist des Weiteren im nachfolgenden Zulassungsverfahren die UVP auf zusätzliche oder andere erhebliche Umweltauswirkungen des Vorhabens zu beschränken (vgl. § 16 Abs. 2 UVPG). Dies entlastet die UVP für das anschließende Zulassungsverfahren[323] und gilt folglich insbesondere für die Linienbestimmung, wie etwa bei Bundesfernstraßen nach § 16 FStrG.

Gemäß § 15 UVPG soll für die Linienbestimmung nach § 16 Abs. 1 FStrG und § 13 Abs. 1 WaStrG eine UVP durchgeführt werden, deren Ergebnisse nach § 12 UVPG von den zuständigen Behörden bei der Entscheidung zu berücksichtigen sind.[324] In § 15 Abs. 1 UVPG wird klargestellt, dass die inhaltlichen Anforderungen an diese Prüfung sich nach dem verschiedenen Konkretisierungsgrad der Planung richten

---

317 BVerwG, Beschl. vom 22.9.1977 – 4 B 147/97 (Koblenz) -, UPR 1998, S. 72.

318 *Steinberg/Wickel/Müller*, Fachplanung, § 7 Rn. 85.

319 *Goppel*, in: Spannowsky/Runkel/Goppel, ROG, § 15 Rn. 10 ff.; *Wagner*, in: Hoppe/Beckmann (Hrsg.), UVPG, § 16 Rn. 11.

320 Insbesondere in § 6a Abs. 1 Satz 2 ROG 1989 hieß es, dass „das Raumordnungsverfahren die Ermittlung, Beschreibung und Bewertung der raumbedeutsamen Auswirkungen der Planung oder Maßnahme auf
1. Menschen, Tiere und Pflanzen, Boden, Wasser, Luft, Klima und Landschaft einschließlich der jeweiligen Wechselwirkungen,
2. Kultur- und sonstige Sachgüter entsprechend dem Planungsstand einschließt".
Diese Vorschrift entsprach dabei den Vorgaben im Hinblick auf den Prüfungsrahmen des Art. 3 UVP-Richtlinie (85/337/EWG). Dazu Näheres in: BT-Drucks. 11/3916, S. 8 ff.

321 *Sanden*, in: Koch (Hrsg.), Umweltrecht, § 13 Rn. 34.

322 *Steinberg/Wickel/Müller*, Fachplanung, § 7 Rn. 68; *Sanden*, in: Koch (Hrsg.), Umweltrecht, § 13 Rn. 34.

323 *Wagner*, in: Hoppe/Beckmann (Hrsg.), UVPG, § 16 Rn. 96.

324 *Steinberg/Wickel/Müller*, Fachplanung, § 7 Rn. 120.

müssen.[325] Falls jedoch bereits im Raumordnungsverfahren eine UVP durchgeführt wurde, ist sie nun nicht mehr erforderlich.[326]

Entsprechend dem Grundsatz der Subsidiarität des § 4 UVPG haben die Regelungen des UVPG Vorrang gegenüber den Regelungen der jeweiligen Fachrechte zu den Umweltprüfungen, soweit sie nicht in anderen Rechtsnormen des Bundes oder der Länder festgelegt sind.[327] Im Planfeststellungsverfahren ist die UVP, die im Rahmen des planerischen Abwägungsgebots Berücksichtigung findet, grundsätzlich Bestandteil des Trägerverfahrens nach § 2 Abs. 1 i. V. m. Abs. 3 Nr. 1 UVPG.[328] Gemäß § 12 UVPG sind ihre Ergebnisse bei der Entscheidung über die Zulässigkeit des Vorhabens im Hinblick auf die Umweltauswirkungen zu berücksichtigen. Auf diese Weise wird die UVP in das Planfeststellungsverfahren von Verkehrsinfrastrukturprojekten integriert.

II. Besondere Umweltschutzregelungen

Bei der Planung und Realisierung von Verkehrsinfrastrukturprojekten sind die berührten öffentlichen und privaten Belange einschließlich der Umweltschutzbelange zu berücksichtigen.[329] Die Umweltschutzbelange sind nach den zu schützenden Gegenständen oder nach dem durchsetzenden Maßnahmenansatz gesetzlich bestimmt[330], und dienen als wichtige Grundlage für die materiell-rechtlichen Anforderungen an den Umweltschutz bei der Planung und Realisierung von Verkehrsinfrastrukturprojekten. Im Folgenden handelt es sich im Hinblick auf den Boden-, den Immissions- und den Naturschutz sowie die Landschaftspflege und den Gewässerschutz vornehmlich um das BBodSchG (1), das BImSchG (2), das BNatSchG (3) und das WHG (4).

1. Das BBodSchG

Der Bodenschutz ist in erster Linie im BBodSchG geregelt. Entsprechend dem Zweck des § 1 BBodSchG sind darin die nachhaltige Sicherung der Bodenfunktionen und ihre Wiederherstellung enthalten.[331] In diesem Rahmen sind schädliche Bodenveränderungen abzuwehren, der Boden und Altlasten sowie hierdurch verursachte Gewässerverunreinigungen zu sanieren und Vorsorge gegen nachteilige Einwirkungen auf den Boden zu treffen.

---

325 *Leue*, in: Kodal (Hrsg.), Straßenrecht, Kap. 35, Rn. 15.

326 *Leue*, in: Kodal (Hrsg.), Straßenrecht, Kap. 35, Rn. 15.3; *Steinberg/Wickel/Müller*, Fachplanung, § 7 Rn. 120; *Wagner*, in: Hoppe/Beckmann (Hrsg.), UVPG, § 15 Rn. 12.

327 *Appold*, in: Hoppe/Beckmann (Hrsg.), UVPG, § 4 Rn. 6.

328 Vgl. *Kopp/Ramsauer*, VwVfG, § 72 Rn. 35; *Sanden*, in: Koch (Hrsg.), Umweltrecht, § 13 Rn. 144 ff.

329 *Sanden*, in: Koch (Hrsg.), Umweltrecht, § 13 Rn. 128.

330 *Kotulla*, Umweltrecht, 1. Teil, Rn. 15 f.

331 *Kloepfer*, Umweltrecht, § 12 Rn. 82.

Im Rahmen der Planung und Realisierung von Verkehrsinfrastrukturprojekten sollen dabei Beeinträchtigungen der natürlichen Bodenfunktionen und der Bodennutzungsfunktionen im Sinne des § 2 Abs. 2 BBodSchG soweit wie möglich vermieden bzw. minimiert werden.[332] Dementsprechend sind die schädlichen Bodenveränderungen zu verhindern und Abwehrmaßnahmen gegen drohende schädliche Bodenveränderungen zu ergreifen (vgl. § 4 BBodSchG). Darüber hinaus sind nach § 7 BBodSchG Vorsorgemaßnahmen gegen Bodenverunreinigungen zu treffen.

2. *Das BImSchG*

Im Hinblick auf die Immissionen existieren einige wichtige Vorschriften im BImSchG. Diese Immissionen können sich auf Menschen, Tiere und Pflanzen, den Boden, das Wasser, die Atmosphäre sowie Kultur- und sonstige Sachgüter einwirkende Luftverunreinigungen, Geräusche, Erschütterungen, Licht, Wärme, Strahlen und ähnliche Umwelteinwirkungen im Sinne des § 3 Abs. 2 BImSchG beziehen. Bei Immissionen handelt es sich um „physische Einwirkungen mittels unwägbarer Stoffe auf die Schutzgüter"[333]. Das BImSchG zielt darauf ab, vor solchen schädlichen Umwelteinwirkungen schützen und ihrem Entstehen vorzubeugen (vgl. § 1 Abs. 1 BImSchG).

Bei den verkehrsbezogenen immissionsschutzrechtlichen Belange handelt es sich vor allem um den verkehrsanlagenbezogenen Immissionsschutz (§ 2 Abs. 1 Nr. 1 BImSchG) und den Schutz vor den Verkehrsfahrzeugen (§ 2 Abs. 1 Nr. 3 BImSchG) und den Verkehrswegen, insbesondere öffentliche Straßen und Schienenwege (§ 2 Abs. 1 Nr. 4 BImSchG).[334] Im Rahmen der hier behandelten Immissionsschutzregelungen zur Planung und Realisierung von Verkehrsinfrastrukturprojekten dient dabei die Vorschrift des § 50 BImSchG sowohl als Planungsleitsatz als auch als Instrument der rechtsverbindlichen Entscheidung über die geeignete Flächenzuordnung.[335] Insbesondere § 50 und die §§ 41 bis 43 BImSchG sind in Bezug auf den Schutz vor Lärmbelastungen strukturiert. Nach § 2 Abs. 2 BImSchG gelten diese Vorschriften nicht für die Planung und Realisierung von Verkehrsflughäfen. Insoweit wird der Schutz vor Fluglärm in dem Gesetz zum Schutz gegen Fluglärm (FluglSchG)[336] speziell behandelt.

3. *Das BNatSchG*

Der Naturschutz und die Landschaftspflege sind in erster Linie im BNatSchG geregelt. Entsprechend den Zielsetzungen des § 1 BNatSchG sind die Gefahrenabwehrmaßnahmen gegen Beeinträchtigungen von Natur und die positiv gestalterischen

332 Vgl. *Kloepfer*, Umweltrecht, § 12 Rn. 84.

333 *Kotulla*, in: Kotulla (Hrsg.), BImSchG, Bd. 1, § 3 Rn. 15.

334 *Jarass*, BImSchG, § 2 Rn. 9 f.

335 Vgl. *Springe*, in: Kodal (Hrsg.), Straßenrecht, Kap. 33 Rn. 8.4.

336 Das Gesetz zum Schutz gegen Fluglärm wurde vom 30.3.1971 erlassen und ist vom 31.10.2007 (BGBl. I S. 2550) neugefasst geworden.

Entwicklungs- und Wiederherstellungsmaßnahmen von Natur und Landschaft im BNatSchG enthalten.[337] Ungeachtet der Vorschrift des § 1 Abs. 1 BNatSchG ist bei Maßnahmen des Naturschutzes und der Landschaftspflege auf Flächen zur Erfüllung der öffentlichen Zwecke gemäß § 4 BNatSchG die bestimmungsgemäße Nutzung zu gewährleisten. Dies gilt auch für die Planung und Realisierung von Verkehrsinfrastrukturprojekten.[338] Daher müssen zwar die Belange des Naturschutzes und der Landschaftspflege aufgrund der Sicherstellung von bestimmungsgemäßen Flächennutzungen für die Planung und Realisierung von Verkehrsinfrastrukturprojekten zurückstehen, jedoch müssen sie dabei in der Abwägung umfassend berücksichtigt werden.[339]

Insbesondere die Eingriffsregelungen der §§ 13 ff. BNatSchG, die Regelungen des Schutzes von Natura 2000-Gebieten nach §§ 31 ff. BNatSchG sowie des Artenschutzes nach §§ 39 ff. BNatSchG dienen der Grundlage für den Naturschutz und die Landschaftspflege bei der Planung und Realisierung von Verkehrsinfrastrukturprojekten.

4. Das WHG

Der Gewässerschutz ist in erster Linie im WHG geregelt. Zweck des WHG ist es nach dessen § 1, durch eine nachhaltige Gewässerbewirtschaftung die Gewässer im Sinne des § 2 Abs. 1 Satz 1 WHG als Bestandteil des Naturhaushalts, als Lebensgrundlage des Menschen, als Lebensraum für Tiere und Pflanzen sowie als nutzbares Gut zu schützen. Dies bedeutet nicht nur, konkrete Gefahrenabwehrmaßnahmen gegen nachteilige Einflussnahmen durch Menschen auf Gewässern zu ergreifen, sondern auch, Gewässer unter dem Aspekt der Vorsorge zu bewahren.[340]

Im Rahmen der Planung und Realisierung von Verkehrsinfrastrukturprojekten müssen vor allem die Belange des Gewässerschutzes als gewichtige Aspekte berücksichtigt werden (§ 6 WHG).[341] Außerdem bedürfen nach § 8 Abs. 1 WHG Gewässerbenutzungen im Sinne des § 9 WHG einer Erlaubnis oder einer Bewilligung (§ 10 Abs. 1 WHG). Im Hinblick auf den Gewässerschutz sind auch die Regelungen über die Bewirtschaftungsziele oberirdischer Gewässer nach den §§ 27 ff. WHG, des Grundwassers gemäß § 47 WHG und die Bewirtschaftungsziele von Küstengewässern nach § 44 WHG zu beachten.

337 *Rengeling*, in: Isensee/Kirchhof (Hrsg.), HStR VI, § 135 Rn. 305; *Kotulla*, Umweltrecht, 7. Teil Rn. 4.
338 Vgl. *Kotulla*, Umweltrecht, 7. Teil Rn. 7.
339 Vgl. *Krohn*, in: Schlacke (Hrsg.), GK-BNatSchG, § 4 Rn. 1 ff.; *Sanden*, in: Koch (Hrsg.), Umweltrecht, § 13 Rn. 131; *Storost*, DVBl 2012, S. 457 (461).
340 Vgl. *Kotulla*, WHG, § 1 Rn. 5.
341 *Kopp/Ramsauer*, VwVfG, § 74 Rn. 92.

D. Umweltschutz bei der Planung von Verkehrsinfrastrukturprojekten

Planung wird als „ein mehrstufiger Prozess, der in der Erfassung gegenwärtiger Lagen, der Prognose künftiger Entwicklung und der Gestaltung von Ziel- und Interessenkonflikten besteht“[342] dargestellt. Insbesondere die Fachplanung beinhaltet fachspezifische Planungsziele. Verkehrsinfrastrukturprojekte sind als typische Fachplanung in der Regel in die räumliche Gesamtplanung zu integrieren und mit anderen Fachplanungen abzustimmen. Dementsprechend erfolgt auch die Planung von Fern- und Wasserstraßen und Schienenwegen von Eisenbahnen in mehreren Stufen nach dem rechtlichen Planungssystem.[343] Dies gilt auch für die Planung von Flughäfen. Die Durchführung der Planung kann lange dauern, wodurch auch die Wahrscheinlichkeit einer ausreichenden Berücksichtigung der Belange des Umweltschutzes steigt. Im Folgenden wird der Umweltschutz im Planungssystem von Verkehrsinfrastrukturprojekten näher untersucht.

I. Vorüberlegung: Rechtliche Grundlagen der Planung von Verkehrsinfrastrukturprojekten

Die Planung und der Bau der bestimmten Verkehrsvorhaben erfolgen im Rahmen der verschiedenen Fachplanungsgesetze. Im Folgenden werden vor allem die rechtlichen Grundlagen der Verkehrsvorhaben dargestellt.

1. Rechtliche Grundlagen in Bezug auf öffentliche Straßen

Was unter einer öffentlichen Straße zu verstehen ist, ist gesetzlich in den jeweils einschlägigen Gesetzen bestimmt.[344] Zu diesen Straßen gehören Bundesfernstraßen, Landes-, Kreis- und Gemeindestraßen. Dabei sind die Bundesfernstraßen im Bundesfernstraßengesetz (FStrG) geregelt, die Landes-, Kreis- und Gemeindestraßen wiederum in den Straßengesetzen (StrG) der Länder enthalten. Die Straßenplanung auf Gemeindeebene ist indessen auch über die Bauleitplanung möglich, sobald und soweit dies für die städtebauliche Entwicklung und Ordnung erforderlich ist (vgl. § 1 Abs. 3 BauGB).[345] Wie bereits dargestellt,[346] bestehen Bauleitpläne aus dem Flächennutzungsplan als vorbereitendem Bauleitplan und dem Bebauungsplan als verbindlichem Bauleitplan (§ 1 Abs. 2 BauGB). Nach § 5 Abs. 2 Nr. 3 BauGB können die Flächen für die Straßenplanung in den Gemeinden als Flächennutzungsplan

342 *Hoppe* u. a., Rechtsschutz bei der Planung von Verkehrsanlagen und anderen Infrastrukturvorhaben, Rn. 2.
343 *Sauthoff/ Witting*, in Müller/Schulz, § 16 Rn. 2.
344 Vgl. *Herber*, in: Kodal (Hrsg.), Straßenrecht, Kap. 4 Rn. 5; *Sauthoff*, in: Müller/ Schulz, FStrG, § 1 Rn. 7.
345 Siehe hierzu oben 1. Teil, § 1, A, III, 3.
346 Siehe hierzu oben 1. Teil, § 1, A, III, 1, b).

dargestellt[347] und gemäß § 9 Abs. 1 Nr. 11 BauGB im Bebauungsplan festgesetzt werden.[348]

Grundgesetzliche Vorgaben zur Planung und zum Bau von Bundesfernstraßen finden sich vor allem in Art. 90 Abs. 2 und 3 GG. Zur Konkretisierung des verfassungsrechtlichen Rahmens erließ der Gesetzgeber bereits 1953 das FStrG[349].[350] Begrifflich sind Bundesfernstraßen in § 1 Abs. 1 FStrG als „Bundesautobahnen und sonstige Bundesstraßen des Fernverkehrs" umschreiben (Art. 90 Abs. 2 und 3 GG). Darüber hinaus weist Art. 74 Abs. 1 Nr. 22 GG den Regelungsbereich „Bau und Unterhaltung von Landstraßen für den Fernverkehr" als Gegenstand der konkurrierenden Gesetzgebung aus. Diesbezüglich bezeichnet das Fernstraßenausbaugesetz (FStrAbG) in der Fassung vom 1.10.1974[351] die „Landstraßen für den Fernverkehr" als Bundesstraßen und Bundesfernstraßen[352] und § 1 Abs. 1 Satz 1 FStrAbG regelt ihren Bau als Hoheitsaufgaben des Bundes.

Außerdem sind die Planung und der Bau der Landes-, Kreis- und Gemeindestraßen in dem StrG der Länder geregelt.[353] Für NRW gilt insofern das Straßen- und Wegegesetz (StrWG). Landes- und Kreisstraßen sind Straßen mit regionaler bzw. überörtlicher Verkehrsbedeutung, Gemeindestraßen dienen vorwiegend dem Verkehr und der Erschließung innerhalb des Gemeindegebietes (z.B. § 3 StrWG NRW).[354] Bei der Planung der Landes-, Kreis- und Gemeindestraßen ist jedoch darauf zu achten, dass geplante Bundesfernstraßenvorhaben realisierbar bleiben oder für bereits bestehende Bundesfernstraßen nachteilige Auswirkungen vermieden werden,[355] denn nach § 16 Abs. 3 Satz 3 FStrG hat die Bundesfernstraßenplanung grundsätzlich Vorrang vor den Verkehrswegeplanungen der Länder.

---

347 Vgl. *Mitschang*, in: Battis/Krautzberger/Löhr, BauGB, § 5 Rn. 18.

348 Vgl. *Mitschang/Reidt*, in: Battis/Krautzberger/Löhr, BauGB, § 9 Rn. 58.

349 BGBl. I S. 903.

350 *Grupp*, in: Marschall/Schroeter/Kastner, FStrG, § 1 Rn. 1.

351 Vgl. BGBl I S. 2413, S. 2908.

352 *Maunz*, in: Maunz/Dürig, GG, Art. 74 Rn. 241.

353 In diesem Zusammenhang wurden das Straßengesetzen (StrG) in Baden-Wüttenberg (BW), Berlin (Bln), Brandenburg (Bdg), Bremen, Hessen (H), Niedersachsen (Nds), Rheinland-Pfalz (RP), Saarland (Saarl), Sachsen (Sachs), Sachsen-Anhalt (SaAn), Thüringen (TH) und das Straßen- und Wegegesetz (StrWG) in Bayen (Bay), Mecklenburg-Vorpommern (MV), Nordrhein-Westfalen (NRW), Schleswig-Holstein (SH) sowie das Wegegesetz (WG) in Hamburg erlassen.

354 In diesem Zusammenhang werden Straßen I und Straßen II nach ihrer Verkehrsbedeutung nach § 20 StrG Bln eingeteilt.

355 *Sauthoff/Witting*, in: Müller/Schulz, FStrG, § 16 Rn. 56; *Grupp*, in: Marschall/Schroeter/Kastner, FStrG, § 16 Rn. 69.

2. *Rechtliche Grundlagen der Betriebsanlagen für Eisenbahnen des Bundes*

Nach Art. 73 Abs. 1 Nr. 6a GG besitzt der Bund die ausschließliche Gesetzgebungskompetenz für den Bau, die Unterhaltung und den Betrieb von Schienenwegen seiner Eisenbahnen. Davon hat er mit dem Allgemeinen Eisenbahngesetz (AEG) Gebrauch gemacht. Das AEG wurde in seiner ursprünglichen Fassung am 29.3.1951[356] beschlossen.[357] Es wird gemäß Art. 87e Abs. 1 und 2 GG auch durch den Bund vollzogen.[358]

3. *Rechtliche Grundlagen der Bundeswasserstraßen*

Die „Bundeswasserstraßen" sind verfassungsrechtlich zunächst grundsätzlich in Art. 89 Abs. 2 und 3 GG verankert. Überdies weist Art. 74 Abs. 1 Nr. 21 GG die konkurrierende Gesetzgebungskompetenz dem Bund für Seewasserstraßen und die dem allgemeinen Verkehr dienenden Binnenwasserstraßen zu. Darauf bezogen ist das Bundeswasserstraßengesetz (WaStrG)[359] erlassen worden. Hierin wird der Regelungsbereich der Planung und des Baus von Bundeswasserstraßen konkretisiert.[360]

4. *Rechtliche Grundlagen der Verkehrsflughäfen*

Gemäß Art. 73 Abs. 1 Nr. 6 GG hat der Bund die ausschließliche Gesetzgebungskompetenz für den Luftverkehr. Außerdem erfolgt gemäß Art. 87d Abs. 1 Satz 1 GG die Luftverkehrsverwaltung in bundeseigener Verwaltung. Der Begriff des Luftverkehrs im Sinne von Art. 73 Abs. 1 Nr. 6 GG und Art. 87d GG beinhaltet sämtliche mit dem Flugwesen unmittelbar zusammenhängende Anlagen und Tätigkeiten.[361] Zu der Luftverkehrsverwaltung im Sinne des Art. 87d GG gehören dabei die Regelungen bezüglich der Flughäfen, wie z. B. die luftverkehrsrechtliche Planfeststellung und die Genehmigung von Flughäfen.[362] Näheres zur Planung und zum Bau von Flughäfen

---

356 BGBl. I S. 225.

357 Aufgrund „der europarechtlich determinierten Öffnung des Eisenbahnmarktes" entstand die Deutsche Bahn AG und unter Einfluss der verbindlichen Rechtsakte von europäischen Gemeinschaft änderte sich das AEG vom 27.12.1993 (BGBl. I S. 2378 (2396)). Zuletzt änderte sich das AEG vom 28.5.2013 (BGBl. I S. 824).

358 *Kramer*, AEG, Einleitung Rn. 7.

359 Das WaStrG wurde in seiner ursprünglichen Fassung am 2.4.1968 (BGBl. II S. 173) festgesetzt. Danach lag das WaStrG in der Neufassung am 23.5.2007 (BGBl. I S. 962; ber. BGBl. I 2008 S. 1980) vor. Zuletzt ändert sich das Gesetz vom 15.1.2016 (BGBl. I S. 156).

360 Vgl. *Maunz*, in: Maunz/Dürig, GG, Art. 74 Rn. 235; *Jarass/Pieroth*, GG, Art. 74 Rn. 59; *Reinhardt/Schäfer*, WaStrG, Einleitung Rn. 1 ff.

361 *Maunz*, in: Maunz/Dürig, GG, Art. 87d Rn. 15.

362 *Maunz*, in: Maunz/Dürig, GG, Art. 87d Rn. 18; *Jarass/Pieroth*, GG, Art. 87d Rn. 1 f.

regelt das auf Art. 73 Abs. 1 Nr. 6 GG gestützte Luftverkehrsgesetz (LuftVG)[363]. Nach § 6 Abs. 1 LuftVG dürfen Flughäfen nur mit Genehmigung angelegt und betrieben werden.

II. Umweltschutz in der mehrstufigen Planung

Im Folgenden wird der Umweltschutz in der Planung von Bundesfernstraßen (1), von Betriebsanlagen für Eisenbahnen des Bundes (2), von Bundeswasserstraßen (3) und von Verkehrsflughäfen (4) in den einzelnen Ausprägungen dargestellt.

1. Bundesfernstraßen

a) Die Bedarfsplanung

In Bezug auf Bundesfernstraßen wird die Bundesverkehrswegeplanung von der Bundesregierung[364] aufgestellt und beschlossen. Diese Planung stellt gleichsam eine „Investitionsrahmenplan“[365] dar und ist nicht gesetzlich geregelt.[366] Sie kann jedoch „durch die Aufnahme der Projekte in die Haushaltspläne sowie durch die erfolgreiche Durchführung des mehrstufigen förmlichen Planungsverfahrens“[367] verwirklicht werden.[368] Folglich dient sie als Grundlage für Entwürfe von Bedarfsplänen der Ausbaugesetze hinsichtlich der Verkehrswege.[369] Indem die Länder ihren Bedarf an Fernstraßen bei der Bundesregierung anmelden, wird der Bedarfsplan in den Bundesverkehrswegeplan integriert.[370] Anschließend wird die Bedarfsplanung als erste Stufe der Fernstraßenplanung bei Fernstraßenbau und -ausbauvorhaben in

363 Das LuftVG trat am 1.8.1922 (RGBl. 1992 I S. 681) in Kraft. Seitdem hat das LuftVG sieben Neufassungen und vierzehn Änderungsgesetze erfahren. Zuletzt ändert sich das LuftVG am 7.8.2013 (BGBl. I S. 3154). Dazu näher in: *Schwenk/Giemulla,* Handbuch des Luftverkehrsrechts, Kap. 1 Rn. 76 ff.

364 In diesem Zusammenhang wurde der Bundesverkehrswegeplan 2003 von der Bundesregierung am 2.7.2003 beschlossen und für einen Zeithorizont bis 2015 ausgelegt. Dabei gilt der Bundesverkehrswegeplan 2030 auch für Bundeswasserstraßen und Bundesschienenwege (Dazu Näheres in: BMV, Bundesverkehrswegeplan 2003, S. 3 ff.). Allerdings wird er durch den Beschluss über den Bundesverkehrswegeplan 2030 abgelöst. Siehe dazu http://www.bmvi.de/DE/VerkehrUndMobilitaet/Verkehrspolitik/Verkehrsinfrastruktur/Bundesverkehrswegeplan2030/Inhalte-Herunterladen/inhalte_node.html.

365 BMV, Bundesverkehrswegeplan 2003, S. 4.

366 *Groß*, VerwArch 2013, S. 1 (2).

367 *Groß*, VerwArch 2013, S. 1 (2).

368 Vgl. *Ronellenfitsch*, in: Marschall/Schroeter/Kastner, FStrG, Vorbemerkung §§ 16 ff. Rn. 49 f.; *Sauthoff/Witting*, in Müller/Schulz, § 16 Rn. 7 f.

369 Vgl. BMV, Bundesverkehrswegeplan 2003, S. 4; *Lewin*, Gestufte Planung von Bundesverkehrswegen, S. 46; *Wulfhorst*, DVBl 2012, S. 466 (467).

370 *Durner*, Konflikte räumlicher Planungen, S. 69.

Gesetzesform festgeschrieben, nämlich im FStrAbG.[371] Der Bedarf an dem einzelnen Vorhaben wird nach § 1 Abs. 2 FStrAbG für die nachgeordneten Linienbestimmungen und Planfeststellungen verbindlich festgestellt.

Im Hinblick auf den Umweltschutz ist eine strategische Umweltprüfung (SUP) durchzuführen. Nach § 14b Abs. 1 Nr. 1 UVPG ist bestimmt, dass die Bundesverkehrswegeplanung als SUP-pflichtige Pläne und Programme in Anlage 3 Nr. 1. 1 die SUP durchführen müssen. Dadurch sind die Auswirkungen auf die Umwelt frühzeitig und umfassend im Rahmen der SUP zu prüfen, vgl. § 1 Nr. 1 UVPG. Außerdem legt § 4 FStrAbG fest, dass bei der Bedarfsplanung der Fernstraßen die berührten Belange der Raumordnung, des Umweltschutzes und des Städtebaus einzubeziehen sind.[372]

b) *Die Ausbauplanung*

Um den Ausbau nach dem Bedarfsplan zu verwirklichen, stellt das Bundesministerium für Verkehr und digitale Infrastruktur gemäß § 5 Abs. 1 FStrAbG für die künftige Verkehrsentwicklung Fünfjahrespläne auf. Diese bilden anschließend den Rahmen für die Aufstellung der Straßenbaupläne, die in der Regel jährlich aktualisiert und gemäß Art. 3 StrFinG[373] dem Bundeshaushaltsplan als Anlage beigefügt werden.[374]

c) *Das Raumordnungsverfahren*

Im Rahmen der konkreten Fachplanung sind, wie oben erwähnt[375], die gesamträumlichen Belange zu berücksichtigen, wozu auch die Umweltschutzbelange gehören. Bei Fernstraßenvorhaben sind vor allem gemäß § 4 Abs. 1 Satz 1 ROG die Ziele der Raumordnung zu beachten sowie die Grundsätze und sonstigen Erfordernisse der Raumordnung in Abwägungs- und Ermessensentscheidungen zu berücksichtigen.[376] Diese Bindungswirkungen können auch durch das Raumordnungsverfahren hervorgerufen werden.[377] § 15 ROG regelt die Durchführung des Raumordnungsverfahrens, die Raumordnungsverordnung (ROV)[378] beinhaltet zudem einen Katalog

---

371 Vgl. *Ronellenfitsch*, in: Marschall/Schroeter/Kastner, FStrG, Vorbemerkung §§ 16 ff. Rn. 50; *Durner*, Konflikte räumlicher Planungen, S. 69.

372 *Steinberg/Wickel/Müller*, Fachplanung, § 7 Rn. 92.

373 Das Straßenbaufinanzierungsgesetz vom 28.3.1960 (BGBl I S. 201), zuletzt geändert durch Art. 285 der Verordnung vom 31.10.2006 (BGBl. I S. 2407).

374 *Steinberg/Wickel/Müller*, Fachplanung, § 7 Rn. 106; *Durner*, Konflikte räumlicher Planungen, S. 70.

375 Dazu oben in 1. Teil, § 1, A, III, 2.

376 Vgl. *Schink*, DÖV 2011, S. 905 (906).

377 *Kühling/Herrmann*, Fachplanungsrecht, Rn. 253; *Sauthoff/Witting*, in Müller/Schulz, § 16 Rn. 18 f.

378 Raumordnungsverordnung vom 13.12.1990 (BGBl. I S. 2766), zuletzt geändert durch Art. 5 III des Gesetzes vom 24.2.2012 (BGBl. I S. 212).

der insoweit raumbedeutsamen Planungen und Maßnahmen.[379] Bei der Bundesfernstraßenplanung ist nach § 1 Nr. 8 ROV das Raumordnungsverfahren selbst durchzuführen.[380]

Die Ergebnisse des Raumordnungsverfahrens entfalten zwar keine unmittelbare Rechtswirkung nach außen, sind jedoch bei der Planungsentscheidung von den öffentlichen Planungsträgern und den Fachplanungsbehörden zu berücksichtigen.[381] Diesbezüglich stellt auch das BVerwG fest, dass das Ergebnis des Raumordnungsverfahrens weder gegenüber dem Träger der Planung oder Maßnahme noch gegenüber Einzelnen unmittelbare Rechtswirkung habe und dabei die raumordnerische Entscheidung von den in § 4 Abs. 2 und 3 ROG genannten Stellen nach Maßgabe der dafür geltenden Vorschriften zu berücksichtigen sei.[382] Außerdem sind bei der Bestimmung der Linienführung als nächste Stufe der Fernstraßenplanung die Ergebnisse des Raumordnungsverfahrens im Rahmen der Abwägung zu berücksichtigen, § 16 Abs. 2 FStrG.

d) Die Linienbestimmung

Nach dem Raumordnungsverfahren oder parallel dazu erfolgt in den Planungsstufen die Linienbestimmung. Durch sie werden „die vorgesehenen Anfangs- und Endpunkte sowie der grundsätzliche Verlauf der Trasse"[383] festgelegt und die Fernstraßen in den vorhandenen Fernstraßennetzen miteinander verknüpft.[384] Die Linienbestimmung erfolgt durch das Bundesministerium für Verkehr und digitale Infrastruktur. Die Straßenbaubehörden der einzelnen Länder sind durch das Bundesverkehrsministerium an der Linienbestimmung zu beteiligen (§ 16 Abs. 1 Satz 1 FStrG). Eine Ausnahme bildet der Neubau einer Ortsumgehung, der der Linienbestimmung nicht unterliegt (§ 16 Abs. 1 Satz 2 FStrG).

Im Hinblick auf den Umweltschutz ist in erster Linie eine UVP nach § 15 UVPG i. V. m. § 2 Abs. 3 Nr. 2 UVPG durchzuführen.[385] Die UVP muss gemäß § 15 Abs. 1 Satz 1 UVPG nach dem jeweiligen Planungsstand vorgenommen werden. Dadurch lässt sich eine umweltunverträgliche Trasse frühzeitig erkennen und unter Berücksichtigung des Umweltschutzes aus dem weiteren Planungsverfahren ausscheiden.[386] Darüber hinaus sind in Bezug auf die Linienbestimmung

---

379 *Hoppe/Bönker/Grotefels*, Öffentliches Baurecht, § 4 Rn. 68 ff.

380 *Appold*, in: Erbguth u. a. (Hrsg.), Planung-FS für Hoppe, S. 28.

381 Vgl. *Kühling/Herrmann*, Fachplanungsrecht, Rn. 253; *Sauthoff/Witting*, in Müller/Schulz, § 16 Rn. 20 f.; *Ronellenfitsch*, in: Marschall/Schroeter/Kastner, FStrG, § 16 Rn. 50.

382 BVerwGE 135, 209 (216 f.).

383 *Leue*, in: Kodal (Hrsg.), Straßenrecht, Kap. 35 Rn. 2.

384 Vgl. *Kühling/Herrmann*, Fachplanungsrecht, Rn. 248; *Leue*, in: Kodal (Hrsg.), Straßenrecht, Kap. 35 Rn. 2 ff.; *Ronellenfitsch*, in: Marschall/Schroeter/Kastner, FStrG, § 16 Rn. 55; *Sauthoff/Witting*, in Müller/Schulz, § 16 Rn. 27 ff.

385 *Ronellenfitsch*, in: Marschall/Schroeter/Kastner, FStrG, § 16 Rn. 37.

386 *Wagner*, in: Hoppe/Beckmann (Hrsg.), UVPG, § 15 Rn. 3.

für Bundesfernstraßen § 16 Abs. 2 Satz 1 FStrG als materielle Anforderungen die von dem Vorhaben berührten öffentlichen Belange einschließlich der UVP und des Ergebnisses des Raumordnungsverfahrens im Rahmen der Abwägung zu berücksichtigen. Hinsichtlich des Umweltschutzes spielt dabei § 50 BImSchG eine wichtige Rolle als Abwägungsbelang.[387] Dementsprechend müssen die Straßen so trassiert werden, dass schädliche Umwelteinwirkungen, insbesondere unter immissionsschutzrechtlichen Aspekten, in den dem Wohnen dienenden und sonstigen schutzbedürftigen Gebieten „soweit wie möglich" vermieden werden.[388] Obendrein sind im Rahmen der Abwägung Naturschutz und Landschaftspflege zu berücksichtigen (§ 1 BNatSchG).[389] Insoweit verlangt § 36 Nr. 1 BNatSchG i. V. m. § 34 Abs. 1 bis 5 BNatSchG die Durchführung einer sog. FFH-Verträglichkeitsprüfung. Allerdings ist diese nur insoweit möglich, wie es die Genauigkeit der Planung bei der Linienbestimmung gestattet.[390] In der Regel werden daher die Details der Untersuchung über die FFH-Verträglichkeitsprüfung dem Planfeststellungsverfahren vorbehalten bleiben.[391]

Die Linienbestimmung hat keine Rechtswirkung nach außen, sondern nur verwaltungsinterne Bindungswirkung gegenüber „allen Orts- und Landesplanungen"[392].[393] Im Hinblick darauf hat das BVerwG charakterisiert, dass die Linienbestimmung und die Planfeststellung als nachfolgende Planungsstufe ineinandergreifen.[394]

2. *Betriebsanlagen für Eisenbahnen des Bundes*

a) *Die Bedarfsplanung*

Die Planung von Betriebsanlagen für Eisenbahnen des Bundes erfolgt ebenso wie die Planung der Bundesfernstraßen in mehreren Stufen. Diesbezüglich enthält die Bundesverkehrswegeplanung der Bundesregierung[395] auch die Schienenwege der Eisenbahnen des Bundes. Im Anschluss an sie wird die gesetzliche Bedarfsplanung für den Aus- und Neubau der Betriebsanlagen für Eisenbahnen des Bundes im Bundesschienenwegeausbaugesetz (SchwAbG)[396] geregelt. Gemäß § 1 Abs. 1 SchwAbG

387 Vgl. *Schoen*, in: Landmann/Rohmer (Hrsg.), Umweltrecht, Bd. III, BImSchG § 50 Rn. 69.
388 *Ronellenfitsch*, in: Marschall/Schroeter/Kastner, FStrG, § 16 Rn. 52.
389 *Springe*, in: Kodal (Hrsg.), Straßenrecht, Kap. 33 Rn. 4.2.
390 *Springe*, in: Kodal (Hrsg.), Straßenrecht, Kap. 33. Rn. 5.10.
391 *Springe*, in: Kodal (Hrsg.), Straßenrecht, Kap. 33. Rn. 5.10.
392 *Ronellenfitsch*, in: Marschall/Schroeter/Kastner, FStrG, § 16 Rn. 62.
393 Vgl. *Sauthoff/ Witting*, in Müller/Schulz, § 16 Rn. 48.
394 BVerwGE 104, 236 (251); *Kühling/Herrmann*, Fachplanungsrecht, Rn. 250; *Kupfer/ Wurster*, Verw 40, S. 239 (243).
395 Siehe hierzu oben 1. Teil, § 2, D, II, 1. a).
396 Das Gesetz über den Ausbau der Schienenwege des Bundes vom 15.11.1993 (BGBl. I S. 1874), zuletzt geändert durch Artikel 520 der Verordnung vom 31.8.2015 (BGBl. I S. 1474).

wird das Schienenwegenetz der Eisenbahnen des Bundes nach dem Bedarfsplan für Bundesschienenwege ausgebaut, der dem Gesetz als Anlage beigefügt ist. § 3 Abs. 1 Satz 1 SchwAbG schreibt als Gegenstand des gesetzlichen Bedarfsplans die Schienenverkehrsstrecken des Fern- und Nahverkehrs, Schienenverkehrsknoten und Schienenverkehrsanlagen vor, die dem kombinierten Verkehr Schiene/Straße/Wasserstraße sowie der direkten Verknüpfung von Fernverkehrsstrecken mit internationalen Verkehrsflughäfen dienen.

Der Aus- und Neubau der Betriebsanlagen für Eisenbahnen sind gemäß § 3 Abs. 2 SchwAbG im Rahmen der Bundesverkehrswegeplanung aufeinander abzustimmen. Dabei sind auch die Belange des Umweltschutzes mit Ausbauplänen für den europäischen Eisenbahnverkehr und kombinierten Verkehr sowie die Zielsetzungen der Raumplanung maßgeblich zu berücksichtigen. Diese Bedarfsplanung ist ebenso wie diejenige der Bundesfernstraßen Gegenstand der SUP-pflichtigen Pläne und Programme i. V. m. Anlage 3 Nr. 1.1 Deswegen ist die SUP nach § 14b Abs. 1 Nr. 1 UVPG durchzuführen.

b) Die Ausbauplanung

Anschließend erstellt das Bundesministerium für Verkehr und digitale Infrastruktur nach § 5 Abs. 1 SchwAbG Fünfjahrespläne für die Bundesschienenwege als konkrete Ausbaupläne, die den Bedarfsplan präzisieren. Wie die Straßenbaupläne der Bundesfernstraßen, werden auch die Fünfjahrespläne in der Regel jährlich dem Bundeshaushaltsplan als Anlage beigefügt.[397] Durch ihre Verabschiedung mit dem Haushaltsgesetz haben sie zudem wie dieses Gesetzescharakter.[398]

c) Das Raumordnungsverfahren

Die Planung von Betriebsanlagen für Eisenbahnen des Bundes soll sich an das gesamträumliche System anpassen und die Vorgaben der Raumordnung erfüllen.[399] Bei einem Neubau und wesentlichen Trassenänderungen von Schienenstrecken der Eisenbahnen des Bundes sowie bei einem Neubau von Rangierbahnhöfen und von Umschlagseinrichtungen für den kombinierten Verkehr (§ 1 Nr. 9 ROV) ist das Raumordnungsverfahren nach § 15 ROG durchzuführen.

Das Raumordnungsverfahren nimmt eine Mittelstellung zwischen der Raumordnungsplanung und der projektbezogenen Zulassungsentscheidung ein.[400] Es soll mit seiner Hilfe ermittelt werden, ob das Vorhaben, Betriebsanlagen einer Eisenbahn zu errichten oder zu verändern, mit den Erfordernissen der Raumordnung zusammenpasst, und wie umweltschützende Raumbelange miteinander koordiniert

397 *Steinberg/ Wickel/Müller*, Fachplanung, § 7 Rn. 106.
398 *Steinberg/ Wickel/Müller*, Fachplanung, § 7 Rn. 106.
399 Vgl. *Kühling/Herrmann*, Fachplanungsrecht, Rn. 202 f.
400 *Ramsauer*, NVwZ 2004, S. 1041 (1045).

werden können.[401] Des Weiteren haben die Ergebnisse des Raumordnungsverfahrens keine unmittelbare Rechtswirkung nach außen, wie bereits im Fernstraßenvorhaben erwähnt.[402] Bei der Planungsentscheidung der öffentlichen Planungsträger und der Fachplanungsbehörden sind sie jedoch zu berücksichtigen.

d) Die Linienbestimmung

Das Verfahren der Linienbestimmung erfolgt in der Regel auf einer „vierten Stufe" oder parallel zum Raumordnungsverfahren.[403] Während bei der Planung von Bundesfernstraßen in § 16 FStrG und von Bundeswasserstraßen in § 13 WaStrG die Linienbestimmung als eigene Stufe vorgeschrieben ist, ist die Linienbestimmung der Eisenbahntrassen nicht geregelt.[404] Hier dient das Raumordnungsverfahren, dem sich dann das Planfeststellungsverfahren anschließt.[405]

3. Bundeswasserstraßen

a) Die Bedarfs- und Ausbauplanung

Die Planung von Bundeswasserstraßen, die dem allgemeinen Verkehr dienen,[406] wird ebenfalls in der Verkehrswegeplanung der Bundesregierung behandelt.[407] Die gesetzliche Bedarfs- und Ausbauplanung erfolgt nur für Bundesfernstraßen und Schienenwege von Eisenbahnen des Bundes entsprechend den gesetzlichen Regelungen (§ 1 Abs. 2 FStrAbG und § 1 Abs. 1 SchwAbG bzw. § 5 Abs. 1 FStrAbG und § 5 Abs. 1 SchwAbG). Demgegenüber gibt es keine Regelungen für die Bedarfs- und Ausbauplanung der Wasserstraßen.[408] Die gesetzliche Aufstellung der Bedarfs- und Ausbauplanung von Bundesfernstraßen sowie Schienenwegen von Eisenbahnen des Bundes wird mit Rücksicht auf die anderen staatlichen Aufgaben im Bereich politischer Aufgabenplanungen gewichtet.[409] Demgemäß lässt sich nach Auffassung des BVerwG eine verkehrspolitische Grundentscheidung des Gesetzgebers zur Vollendung des Rhein-Main-Donau-Kanals in § 56 Abs. 3 und 4 WaStrG als gesetzliche Bedarfs- und Ausbauplanung interpretieren.[410]

---

401 Vgl. *Durner*, Konflikte räumlicher Planungen, S. 70; *Kment*, NuR 2010, S. 392 (393); *Schink*, DÖV 2011, S. 905 (909).
402 Vgl. *Kühling/Herrmann*, Fachplanungsrecht, Rn. 253.
403 Siehe hierzu oben 1. Teil, § 2, D, II, 1, d).
404 Vgl. *Ronellenfitsch*, in: Rengeling (Hrsg.), EUDUR, Bd. II, § 83 Rn. 99.
405 Vgl. *Kramer*, AEG, Vorbemerkung §§ 17 ff.
406 BVerfGE 15, 1 (8).
407 Vgl. BMV, Bundesverkehrswegeplan 2003, S. 3 ff.
408 *Steinberg/Wickel/Müller*, Fachplanung, § 7 Rn. 85; *Groß*, VerwArch 2013, S. 1 (4).
409 Vgl. *Kühling/Herrmann*, Fachplanungsrecht, Rn. 244.
410 BVerwGE 72, 15 (21 ff.); *Groß*, VerwArch 2013, S. 1 (4).

b) Das Raumordnungsverfahren

Vor der Linienbestimmung oder parallel dazu wird das Raumordnungsverfahren durchgeführt, um die Umweltschutzbelange mit den gesamträumlichen Belangen zu berücksichtigen.[411] Dementsprechend gehören zu den Anwendungsbereichen der Durchführung eines Raumordnungsverfahrens nach § 1 Nr. 11 ROV der Ausbau, der Neubau und die Beseitigung der Bundeswasserstraßen, die jeweils der Planung und Linienführung nach § 13 WaStrG bedürfen. Nach § 15 Abs. 1 Satz 2 ROG wird daher im Rahmen des Raumordnungsverfahrens ermittelt, ob das jeweilige Vorhaben, eine Wasserstraße zu bauen oder zu verändern, mit den Erfordernissen der Raumordnung übereinstimmt und wie es mit den anderen räumlichen Belangen auf die Umweltschutzbelange abzustimmen ist. Die Ergebnisse des Raumordnungsverfahrens haben zwar keine unmittelbare Rechtswirkung nach außen,[412] trotzdem sind sie von den öffentlichen Planungsträgern und den Fachplanungsbehörden bei der Planungsentscheidung zu berücksichtigen.[413]

c) Die Linienbestimmung

§ 13 WaStrG regelt die Linienbestimmung für Bundeswasserstraßen. Dabei gibt es im Vergleich zu der fernstraßenrechtlichen Linienbestimmung keine Besonderheiten.[414] Das Bundesministerium für Verkehr und digitale Infrastruktur bestimmt nach § 13 Abs. 1 Satz 1 WaStrG die Planung und Linienführung der Bundeswasserstraßen, wobei die UVP nach § 15 Abs. 1 Satz 1 UVPG entsprechend dem jeweiligen Planungsstand wie ebenso bei Linienbestimmung nach § 16 FStrG durchzuführen ist. Dies geschieht im Rahmen der Landeskultur und der Wasserwirtschaft und im Einvernehmen mit der zuständigen Landesbehörde.[415]

Wie die Linienbestimmung für Bundesfernstraßen hat auch die Linienbestimmung nach § 13 WaStrG verwaltungsinterne Bindungswirkung.[416] Dies widerspricht der Auffassung, es handle sich um „eine die Sachentscheidung vorbereitende Maßnahme“[417], der zufolge die vorgelagerte Linienbestimmung nach § 13 WaStrG keine erforderliche Voraussetzung für die nachfolgende Planfeststellung sei, sondern lediglich eine Frage der Zweckmäßigkeit.[418]

---

411 Vgl. *Spannowsky*, UPR 2000, S. 418 (421); *Appel*, UPR 2011, S. 161 (165).

412 *Steinberg/Wickel/Müller*, Fachplanung, § 7 Rn. 73.

413 Vgl. *Kühling/Herrmann*, Fachplanungsrecht, Rn. 253; *Durner*, Konflikte räumlicher Planungen, S. 70; *Steinberg/Wickel/Müller*, Fachplanung, § 7 Rn. 73.

414 *Steinberg/Wickel/Müller*, Fachplanung, § 7 Rn. 122.

415 Vgl. *Reinhardt/Schäfer*, WaStrG, § 13 Rn. 2; *Ronellenfitsch*, in: Rengeling (Hrsg.), EUDUR, Bd. II, § 83 Rn. 112.

416 BVerwGE 72, 15 (17); *Reinhardt/Schäfer*, WaStrG, § 13 Rn. 2.

417 *Friesecke*, WaStrG, § 13 Rn. 4; *Reinhardt/Schäfer*, WaStrG, § 13 Rn. 2.

418 Vgl. *Friesecke*, WaStrG, § 13 Rn. 2; *Ronellenfitsch*, in: Marschall/Schroeter/Kastner, FStrG, § 16 Rn. 6; *Steinberg/Wickel/Müller*, Fachplanung, § 7 Rn. 119.

4. *Verkehrsflughäfen*

Flughäfen bedürfen für die Wahl des Standorts in erster Linie einer raumordnerischen Entscheidung,[419] um das Starten und das Landen der Luftfahrzeuge zu ermöglichen. Ein Verkehrsflughafen dient dem allgemeinen Verkehr (vgl. § 38 Abs. 2 Nr. 1 Luft der Luftverkehrs-Zulassungs-Ordnung (LuftVZO)[420]). Demgemäß muss sein Standort in der Regel bodenseitig durch andere Verkehrsanlagen – nämlich Straßen, Schienenwege und öffentliche Nahverkehrsmittel – erreichbar sein.[421] Dabei sind die Erfordernisse des Naturschutzes und der Landschaftspflege, des Städtebaus und des Fluglärmschutzes angemessen zu berücksichtigen (vgl. § 6 Abs. 2 Satz 1 LuftVG). Dementsprechend gehen der Bau und die Erweiterung eines Flughafens ebenfalls in mehreren Planungsstufen vonstatten.

a) Die Bedarfs- und Ausbauplanung

Im Hinblick auf die Bedarfs- und Ausbauplanung von Verkehrsflughäfen gibt es keine rechtlichen Regelungen. Trotzdem ist im ersten Schritt zunächst zu entscheiden, ob Bedarf an einem Flughafen besteht und gegebenenfalls der Standort zu bestimmen.[422] Die Planung von Verkehrsflughäfen ist daher in den derzeit geltenden „Bundesverkehrswegeplan 2030"[423] einbeziehen.[424] Dabei spielen die Umweltschutzbelange im Rahmen des rechtlichen Planungssystems eine wichtige Rolle.[425]

b) Das Raumordnungsverfahren

Bei der Planung eines Flughafens als raumbedeutsame Planung ist ein Raumordnungsverfahren nach § 15 ROG durchzuführen. Vornehmlich die Anlage und die wesentliche Änderung eines bereits bestehenden Flugplatzes bedürfen einer Planfeststellung nach § 8 LuftVG, § 1 Nr. 12 ROV. Durch das Raumordnungsverfahren wird sichergestellt, dass die Planung für den Flughafen mit den Erfordernissen

---

419 Vgl. BVerwGE 125, 116 (130).

420 Die Luftverkehrs-Zulassungs-Ordnung (LuftVZO) wurde vom 19.6.1964 (BGBl. I S. 370) erlassen und zuletzt durch Artikel 2 der Verordnung vom 29.10.2015 (BGBl. I S. 1894) geändert.

421 Vgl. Wissenschaftlicher Beirat beim Bundesminister für Verkehr, Bau und Stadtentwicklung (zurzeit Bundesministerium für Verkehr und digitale Infrastruktur), ZfV 2011, S. 91 (111).

422 Vgl. *Schwenk/Giemulla*, Handbuch des Luftverkehrsrechts, Kap. 9 Rn. 29.

423 Siehe dazu „http://www.bmvi.de/DE/VerkehrUndMobilitaet/Verkehrspolitik/Verkehrsinfrastruktur/Bundesverkehrswegeplan2030/InhalteHerunterladen/inhalte_node.html".

424 In diesem Zusammenhang galt auch für den „Bundesverkehrswegeplan 2003". Dazu Näheres in: BMV, Bundesverkehrswegeplan 2003, S. 29 ff.; *Köck/Salzborn*, ZUR 2012, S. 203 (206); *Groß*, VerwArch 2013, S. 1 (14 f.).

425 BMV, Bundesverkehrswegeplan 2003, S. 13.

der Raumordnung übereinstimmt sowie mit anderen raumbedeutsamen Planungen und Maßnahmen abgestimmt wird. Die Erfordernisse der Raumordnung sind nach § 3 Abs. 1 Nr. 1 ROG die Ziele der Raumordnung, ihre Grundsätze und sonstige Erfordernisse.

Die Ergebnisse des Raumordnungsverfahrens haben, wie oben erwähnt,[426] zwar keine unmittelbare Rechtswirkung nach außen, müssen jedoch bei der Planungsentscheidung von den öffentlichen Planungsträgern und den Fachplanungsbehörden berücksichtigt werden.[427]

c) Luftverkehrsrechtliche Genehmigung

Gemäß § 6 Abs. 1 des Luftverkehrsgesetzes (LuftVG) und § 38 Abs. 2 Nr. 2 LuftVZO ist die luftverkehrsrechtliche Genehmigung seitens der zuständigen Behörden für die Anlage und den Betrieb der Verkehrsflughäfen erforderlich. Dabei wird im Rahmen des jeweiligen Planungsstands eine UVP durchgeführt (§ 15 Abs. 1 Satz 1 UVPG). Diese Regelung gilt nicht, wenn eine UVP bereits im Raumordnungsverfahren erfolgt ist und dabei die Anforderung der Öffentlichkeitsbeteiligung erfüllt worden sind (§ 15 Abs. 1 Satz 2 UVPG).

Nach § 6 Abs. 2 Satz 1 LuftVG ist zudem im Rahmen der luftverkehrsrechtlichen Genehmigung zu prüfen, ob ein geplantes Vorhaben den Erfordernissen der Raumordnung entspricht und ob insbesondere die Erfordernisse des Naturschutzes und der Landschaftspflege sowie des Städtebaus und der Schutz vor Fluglärm angemessen berücksichtigt sind. Die zuständige Behörde kann die Genehmigung für Verkehrsflughäfen versagen, wenn das in Aussicht genommene Gelände ungeeignet ist oder die Annahme rechtfertigen, dass die öffentliche Sicherheit oder Ordnung gefährdet wird (§ 6 Abs. 2 LuftVG), sowie dann, wenn die Anlegung und der Betrieb von Verkehrsflughäfen die öffentlichen Interessen in unangemessener Weise beeinträchtigen (§ 6 Abs. 3 LuftVG).

Diese luftverkehrsrechtliche Genehmigung hat als Verwaltungsakt im Sinne des § 35 VwVfG eine Doppelnatur als Unternehmergenehmigung sowie als Planungs- und Zulassungsentscheidung.[428] Sofern die Genehmigung im Rahmen eines nachfolgenden Planfeststellungsverfahrens erfolgt, fungiert sie nach Auffassung des BVerwG als reine Unternehmergenehmigung.[429]

---

426 Oben in 1. Teil, § 2, D, II, 1, c).

427 Vgl. *Kühling/Herrmann*, Fachplanungsrecht, Rn. 253; *Hoppe* u. a., Rechtsschutz bei der Planung von Verkehrsanlagen und anderen Infrastrukturvorhaben, Rn. 367 ff.; *Schwenk/Giemulla*, Handbuch des Luftverkehrsrechts, Kap. 9 Rn. 56.

428 *Deutsch*, in: Hobe/von Ruckteschell (Hrsg.), Kölner Kompendium des Luftrechts, Bd. 2, Teil. 1, B, Rn. 10.

429 BVerwGE 56, 110 (135).

III. Umweltschutz und Planfeststellung von Verkehrsvorhaben

Die Planfeststellung ist sowohl im Bereich des deutschen allgemeinen Verwaltungsrechts als auch im Bereich des deutschen Bau- und Umweltrechts von großer Bedeutung,[430] denn ohne die Voraussetzungen für die Planfeststellung als „Prototyp des Fachplanungsverfahrens“[431] sind große Infrastrukturvorhaben im Planungsrecht kaum zu verwirklichen.[432] Im Planfeststellungsverfahren liegt auch der Schwerpunkt des Zulassungsrechts für Großvorhaben. Insbesondere im Bereich der Verkehrsprojekte fungiert die Planfeststellung als „Planungs- und Genehmigungsentscheidung“[433]. In den §§ 17 FStrG, 18 AEG und 14 WaStrG ist vorgeschrieben, dass für Verkehrsvorhaben eine Planfeststellung durchzuführen ist. Im Falle von Flughäfen mit beschränktem Bauschutzbereich richtet sich die Planfeststellung nach § 8 Abs. 1 LuftVG. Der Bauschutzbereich ist gemäß § 12 Abs. 2 LuftVG eine Fläche im Kreis von 1,5 Kilometern im Halbmesser um den Flughafenbezugspunkt sowie bezogen auf die Start-, Lande- und Sicherheitsflächen.[434] Die Genehmigung muss ergänzt oder geändert werden, wenn dies nach dem Ergebnis des Planfeststellungsverfahrens nach den §§ 8 bis 10 LuftVG notwendig ist (vgl. § 6 Abs. 4 Satz 1 LuftVG).

Im Folgenden sollen der Umweltschutz und die Planfeststellung von Verkehrsvorhaben näher untersucht werden, und zwar in erster Linie unter folgenden Aspekten: geschichtliche Entwicklung der Planfeststellung (1), Umweltschutz und Zweck des Planfeststellungsverfahrens (2), Ablauf des Planfeststellungsverfahrens (3), allgemeine materielle Anforderungen (4), Anforderungen des Umweltschutzes im einfachgesetzlichen Rahmen (5) und Rechtswirkungen des Planfeststellungsbeschlusses (6).

1. Geschichtliche Entwicklung der Planfeststellung

Die Planfeststellung als Rechtsinstitut ist das Resultat einer längeren historischen Entwicklung. Sie stammt ursprünglich sowohl aus dem Enteignungsrecht als auch aus dem Verkehrswegerecht.[435] Bereits das preußische Gesetz wegen des Wasserstaues bei Mühlen und Verschaffung von Vorflut (Vorflutedikt) von 1811[436] beinhaltete Elemente einer Planfeststellung (z. B. Prüfung von Entwässerungsplänen, Anhörung

---

430 Vgl. *Blümel*, Die Bauplanfeststellung I, S. 24; *Breuer*, Die hoheitliche raumgestaltende Planung, S. 61 f.; *Maurer*, Allgemeines Verwaltungsrecht, § 19 Rn. 5; *Erbguth/Schlacke*, Umweltrecht, §5 Rn. 40 ff.; *Sodan/Ziekow*, Grundkurs Öffentliches Recht, § 72 Rn. 6.

431 *Kühling/Herrmann*, Fachplanungsrecht, Rn. 477.

432 *Dietrich*, DVBl 2007, S. 657 (658).

433 *Hoppe* u. a., Rechtsschutz bei der Planung von Verkehrsanlagen und anderen Infrastrukturvorhaben, Rn. 22.

434 *Schwenk/Giemulla*, Handbuch des Luftverkehrsrechts, Kap. 9 Rn. 87.

435 *Dürr*, in: Kodal (Hrsg.), Straßenrecht, Kap. 36 Rn. 2; *Hoppe* u. a., Rechtsschutz bei der Planung von Verkehrsanlagen und anderen Infrastrukturvorhaben, Rn. 12.

436 GS S. 352 vom 15.11.1811.

der Beteiligten).[437] Außerdem ist das preußische Eisenbahngesetz (PrEisenbG) von 1838[438] von besonderer Bedeutung, dessen § 4[439] ein Genehmigungsverfahren regelte.[440] Demgemäß wurde in der Verwaltungspraxis die Genehmigung unter Berücksichtigung „aller polizeilichen Interessen" von dem zuständigen Minister erteilt.[441] Obwohl dort von einer „Genehmigung" statt von einer „Planfeststellung" die Rede ist, kommt dieses Rechtsinstitut der modernen Planfeststellung schon sehr nahe.[442]

Danach wurde die preußische eisenbahnrechtliche Genehmigung in die Regelungen des Reichsbahngesetzes (RBahnG) von 1924[443] übernommen.[444] Insbesondere § 37 Abs. 4 RBahnG bestimmte, dass „in allen Fällen die Feststellung der Baupläne, soweit Enteignung erforderlich würde, als eine vorläufige galt"[445]. Aus diesem Grund ließ sich § 37 RBahnG als Vorschrift über die Planfeststellung auffassen.[446] Die Auseinandersetzung zwischen dem Reich und den Ländern über die Reichweite der Planfeststellung nach § 37 RBahnG führte 1930 zu einer Änderung des Reichsbahngesetzes[447]. Diese regelte jetzt nicht nur „die förmliche Anhörung der sachlich beteiligten Landespolizeibehörden"[448] auf einfachgesetzlicher Ebene, sondern bestimmte erstmals auch die umfassende Konzentrationswirkung als eine der Rechtswirkungen der Planfeststellung im gesetzlichen Rahmen (§ 37 Abs. 2 Satz 6

---

437 *Dürr*, in: Kodal (Hrsg.), Straßenrecht, Kap. 36 Rn. 2.1; *Hoppe* u. a., Rechtsschutz bei der Planung von Verkehrsanlagen und anderen Infrastrukturvorhaben, Rn. 13.

438 Das Gesetz über die Eisenbahn-Unternehmungen vom 3.11.1838 (GS S. 505).

439 § 4 PrEisenbG regelte, dass die Bahnlinien in ihrer vollständigen Durchführung durch alle Zwischenpunkte sowie die Verhältnisse der Konstruktion, sowohl der Bahn als auch der anzuwendenden Fahrzeuge, der Genehmigung durch den zuständigen Minister unterworfen war. Dazu Näheres in: *Dürr*, in: Kodal (Hrsg.), Straßenrecht, Kap. 36 Rn. 2.2.

440 In diesem Zusammenhang findet sich der Ursprung der Planfeststellung in § 4 PrEisenbG von 1838. Dazu Näheres in: *Blümel*, Die Bauplanfeststellung I, S. 28; *ders.*, in: Erbguth u. a. (Hrsg.), Planung-FS für Hoppe, S. 5 f.

441 *Dürr*, in: Kodal (Hrsg.), Straßenrecht, Kap. 36 Rn. 2.2; *Hoppe* u. a., Rechtsschutz bei der Planung von Verkehrsanlagen und anderen Infrastrukturvorhaben, Rn. 13.

442 *Blümel*, Die Bauplanfeststellung I, S. 88; *ders.*, in: Erbguth u. a. (Hrsg.), Planung-FS für Hoppe, S. 5; *Dürr*, in: Kodal (Hrsg.), Straßenrecht, Kap. 36 Rn. 2.2 f.; *Hoppe* u. a., Rechtsschutz bei der Planung von Verkehrsanlagen und anderen Infrastrukturvorhaben, Rn. 13 f.; *Ronellenfitsch*, VerwArch 80, S. 92 (97).

443 Das Gesetz über die Deutsche Reichsbahn-Gesellschaft vom 30.8.1924 (RGB II S. 272).

444 *Blümel*, Die Bauplanfeststellung I, S. 161 ff.; *Hoppe* u. a., Rechtsschutz bei der Planung von Verkehrsanlagen und anderen Infrastrukturvorhaben, Rn. 14; *Ronellenfitsch*, VerwArch 80, S. 92 (97).

445 *Blümel*, in: Erbguth u. a. (Hrsg.), Planung-FS für Hoppe, S. 9.

446 *Blümel*, in: Erbguth u. a. (Hrsg.), Planung-FS für Hoppe, S. 9.

447 Das Gesetz zur Änderung des Reichsbahngesetzes vom 13.3.1930 (RGB II S. 359).

448 *Ronellenfitsch*, VerwArch 80, S. 92 (97).

RBahnG).[449] Die Regelung der Konzentrationswirkung beeinflusste alsbald auch das Reichsautobahngesetz (RAutoG) von 1933[450], dessen § 8 Satz 2 RAutoG und später § 7 Satz 2 RAutoG von 1941 Entsprechendes vorsahen.[451]

Nach dem Zweiten Weltkrieg gab es zahlreiche Fachplanungsgesetze auf Bundes- und Landesebene, die Regelungen zur Planfeststellung behandelten. Das Bundesbahngesetz vom 13.12.1951[452] schrieb die sich an das Reichsbahngesetz anlehnende Planfeststellung vor. Das Bundesfernstraßengesetz vom 6.8.1953[453] enthielt dann bereits Regelungen zur Planfeststellung, die noch heute Gültigkeit besitzen.[454] Insbesondere die fernstraßenrechtliche Planfeststellung diente gleichsam als „Grundmodell" für die Kodifikationen der anderen Fachplanungsgesetze auf Bundes- und Landesebene.[455] Demnach verlangten die rechtlichen Umstände, die sich aufgrund einer Vielzahl von Vorschriften zur Planfeststellung in den verschiedenen Bereichen ergaben, nach einer einheitlichen Regelung der Planfeststellung. Um diese Probleme zu lösen, wurden die Vorschriften über das Planfeststellungsverfahren den §§ 72 bis 78 des neu erlassenen Verwaltungsverfahrensgesetzes (VwVfG) vom 25.5.1976[456] angepasst.[457] Gleichzeitig übertrugen die Länder das Planfeststellungsverfahren auf die von ihnen erlassenen Verwaltungsverfahrensgesetze. Allerdings ließen sich die Regelungen in den VwVfGen nur subsidiär auf die jeweilige Fachplanung anwenden, nämlich nur soweit, wie es in den Fachplanungsgesetzen keine eigenen Regelungen hinsichtlich der Planfeststellung gab.[458] Die Wiederherstellung der deutschen Einheit im Jahre 1990 gab unmittelbar Anlass zur Planungsvereinfachung und Verfahrensbeschleunigung, insbesondere im Bereich der Planung von Verkehrswegen und -anlagen, um den Zustand in den neuen Ländern und in Berlin zu verbessern. Aus dieser Perspektive heraus wurden das Gesetz zur Beschleunigung der Planungen für Verkehrswege in den neuen Ländern sowie in

---

449 Vgl. *Blümel*, Die Bauplanfeststellung I, S. 177 und S. 183; *ders*, in: Erbguth u. a. (Hrsg.), Planung-FS für Hoppe, S. 10; *Hoppe* u. a., Rechtsschutz bei der Planung von Verkehrsanlagen und anderen Infrastrukturvorhaben, Rn. 14; *Ronellenfitsch*, VerwArch 80, S. 92 (97 f.).

450 Das Gesetz über die Errichtung eines Unternehmens „Reichsautobahnen" vom 27.6.1933 (RGB. II S. 509).

451 *Blümel*, in: Erbguth u. a. (Hrsg.), Planung-FS für Hoppe, S. 10.

452 BGBl. I S. 955.

453 BGBl. I S. 903.

454 *Blümel*, in: Erbguth u. a. (Hrsg.), Planung-FS für Hoppe, S. 11; *Hoppe* u. a., Rechtsschutz bei der Planung von Verkehrsanlagen und anderen Infrastrukturvorhaben, Rn. 15; *Ronellenfitsch*, VerwArch 80, S. 92 (98).

455 *Blümel*, in: Erbguth u. a. (Hrsg.), Planung-FS für Hoppe, S. 11.

456 BGBl I S. 1253.

457 *Blümel*, in: Erbguth u. a. (Hrsg.), Planung-FS für Hoppe, S. 14; *Ronellenfitsch*, in: Rengeling (Hrsg.), Beschleunigung von Planungs- und Genehmigungsverfahren – Deregulierung, S. 51.

458 Vgl. *Dürr*, in: Kodal (Hrsg.), Straßenrecht, Kap. 36 Rn. 2.8.

Berlin (Verkehrswegeplanungsbeschleunigungsgesetz) vom 16.12.1991[459] und das Gesetz zur Vereinfachung der Planungsverfahren für Verkehrswege (Planungsvereinfachungsgesetz) vom 17.12.1993[460] geschaffen. Die Planfeststellung wurde in diese Gesetze übernommen. Heute dient sie neben der Genehmigung als „zentrale Eröffnungskontrolle“ für Verkehrsinfrastrukturvorhaben auch im Hinblick auf „umweltgefährdendes Verhalten“.[461] Außerdem spielt die Planfeststellung eine – wie nachfolgend aufgezeigt wird – wichtige Rolle im Zusammenhang mit dem Umweltschutz.

2. *Umweltschutz und Zweck des Planfeststellungsverfahrens*

Wie oben bereits dargestellt,[462] sind bestimmte Großprojekte, insbesondere Verkehrsvorhaben, planfeststellungsbedürftig. Dabei sind öffentlichen und privaten Interessen zu berücksichtigen, die von einzelnen Planungsvorhaben betroffen sind. In dieser Hinsicht verfolgt das formalisierte Planfeststellungsverfahren das Ziel, bei der Zulassung die Vielzahl der von einem Vorhaben berührten öffentlichen und privaten Belange, etwa der Infrastruktureinrichtung und des Umweltschutzes, zu berücksichtigen und damit die durch das Vorhaben hervorgerufenen rechtlichen Konflikte in „einer einheitlichen Gesamtregelung“[463] zu bewältigen.[464] Das BVerwG bezeichnet die Planfeststellung als „mehrpoliges Rechtsverhältnis“[465]. Dazu führt es näher aus, dass das Verfahren die auf ein mehrpoliges Rechtsverhältnis einwirkenden, gegenläufigen, jeweils auf materielle Grundrechtspositionen zurückzuführenden Interessen ausbalanciere und in ein angemessenes Verhältnis zueinander bringe.[466] Demgemäß bedeutet die Durchführung eines Planfeststellungsverfahrens nicht nur eine Verfahrenskonzentration zu bewirken, sondern auch, die Komplexität der Rechtsverhältnisse zu reduzieren.[467]

3. *Umweltschutz im Ablauf des Planfeststellungsverfahrens*

Das Planfeststellungsverfahren wird in den §§ 72 bis 78 VwVfG ausführlich vorgeschrieben. Nach dem Subsidiaritätsgrundsatz in § 1 Abs. 1 und Abs. 2 Satz 1 VwVfG haben dabei die Vorschriften der einzelnen Fachplanungsgesetze in der

---

459 BGBl I S. 2174.

460 BGBl I S. 2123.

461 *Kotulla*, Umweltrecht, 1. Teil Rn. 30.

462 Siehe dazu den 1. Teil, § 1, A, III, 2 und § 2, D, III, 1.

463 *Kopp/Ramsauer*, VwVfG, § 74 Rn. 16.

464 Vgl. *Kühling/Herrmann*, Fachplanungsrecht, Rn. 484; *Dürr*, in: Knack/Henneke, VwVfG, § 72 Rn. 24 und § 73 Rn. 6; *Steinberg/Wickel/Müller*, Fachplanung, § 1 Rn. 1 ff.; *Kopp/Ramsauer*, VwVfG, § 72 Rn. 4 und § 74 Rn. 16.

465 BVerwGE 60, 297 (303).

466 BVerwGE 60, 297 (307).

467 *Neumann*, in: Stelkens/Bonk/Sachs, VwVfG, § 72 Rn. 5; *Kromer*, in: Müller/Schulz, FStrG, § 17 Rn. 24.

Regel Vorrang gegenüber denen des VwVfG.[468] Die Normierungen der Planfeststellung für bestimmte Verkehrsvorhaben sind in verschiedenen Fachplanungsgesetzen enthalten, nämlich in §§ 17 ff. FStrG, §§18 ff. AEG, §§ 14 ff. WaStrG sowie §§ 8 LuftVG. Jedoch finden sich dort keine abschließenden Regelungen,[469] sodass ergänzend die Vorschriften des VwVfG über das Planfeststellungsverfahren anwendbar sind. Im Folgenden sollen auf der Grundlage der §§ 72 bis 78 VwVfG die Grundzüge des Planfeststellungsverfahrens dargestellt werden, die im Wesentlichen in allen Fachgesetzen gleich sind. Auf die Fachgesetze wird nur insoweit eingegangen, als sie Regelungen enthalten, die davon abweichen.

a) Einreichen der Planunterlagen

Das Planfeststellungsverfahren wird mit dem Antrag des Vorhabenträgers eingeleitet. Nach § 73 Abs. 1 Satz 1 VwVfG hat der Vorhabenträger den Plan bei der Anhörungsbehörde[470] einzureichen. Der einzureichende Plan enthält Zeichnungen und Erläuterungen über das Vorhaben, dessen Anlass und die von dem Vorhaben betroffenen Grundstücke und Anlagen (sog. Planunterlagen). Insbesondere die Erläuterungen über das Vorhaben enthalten Unterlagen über die Umweltauswirkungen des Vorhabens nach § 6 UVPG in Bezug auf eine UVP und einen landschaftspflegerischen Begleitplan nach § 17 Abs. 4 BNatSchG i. V. m. § 14 Abs. 1 BNatSchG.[471] Folglich ist bei der Planfeststellung von Verkehrsprojekten vor allem die UVP nach § 3 UVPG durchzuführen, vgl. die §§ 17 Abs. 1 Satz 2 FStrG, 18 Satz 2 AEG, 14 Abs. 1 Satz 2 WaStrG sowie 8 Abs. 1 Satz 2 LuftVG. Die UVP ist nach § 15 Abs. 4 UVPG auf zusätzliche oder andere erhebliche Umweltauswirkungen des Vorhabens zu beschränken, um Doppelprüfungen zu vermeiden.[472]

---

468 *Kopp/Ramsauer*, VwVfG, § 72 Rn. 3.

469 *Ronellenfitsch*, in: Marschall/Schroeter/Kastner, FStrG, § 17 Rn. 72; *Kramer*, AEG, § 18 Rn. 4; *Reinhardt/Schäfer*, WaStrG, § 14 Rn. 2; *Schwenk/Giemulla*, Handbuch des Luftverkehrsrechts, Kap. 9 Rn. 119.

470 Das Verwaltungsverfahrensgesetz differenziert grundsätzlich zwischen der Anhörungsbehörde und der Planfeststellungsbehörde. Den Anhörungsbehörden kommt selbst keine Entscheidungskompetenz zu. Daher dient sie als „Hilfsorgan der Planfeststellungsbehörde" (*Kopp/Ramsauer*, VwVfG, § 73 Rn. 19). Diese Funktionstrennung in § 73 VwVfG zwischen der Anhörungsbehörde und der Planfeststellungsbehörde ist vorgesehen, um eine unbefangene und neutrale Entscheidung zu ermöglichen. Folglich können die Anhörungsbehörde und die Planfeststellungsbehörde sogar identisch sein; dazu *Kühling/Herrmann*, Fachplanungsrecht, Rn. 481 ff.; *Dürr*, in: Knack/Henneke, VwVfG, § 73 Rn. 13; *Hoppe* u. a., Rechtsschutz bei der Planung von Verkehrsanlagen und anderen Infrastrukturvorhaben, Rn. 200; *Kopp/Ramsauer*, VwVfG, § 73 Rn. 19.

471 *Neumann*, in: Stelkens/Bonk/Sachs, VwVfG, § 73 Rn. 20 ff.; *Kopp/Ramsauer*, VwVfG, § 73 Rn. 26 ff.

472 *Springe*, in: Kodal (Hrsg.), Straßenrecht, Kap. 33 Rn. 3.19.

b) *Anhörungsverfahren*

(1) Bedeutung und Funktion des Anhörungsverfahrens

Nach der Einreichung des Plans beginnt das Planfeststellungsverfahren mit dem Anhörungsverfahren gemäß § 73 VwVfG,[473] das als sein Kernpunkt fungiert. Es basiert auf „dem Rechtsstaatsprinzip sowie der Verpflichtung des Staates zur Achtung und Wahrung der Menschenwürde“[474].[475] Folglich dient es als faires Verfahren dem Rechtschutz der Betroffenen.[476] Es enthält außerdem die partizipativen Bestandteile, die als Prägungen der Planfeststellung bezeichnet werden.[477] Somit hat es auch eine „Informationsfunktion“[478], da in diesem Rahmen sowohl die Beteiligten als auch die Öffentlichkeit wichtige Informationen über das jeweilige Vorhaben erhalten.[479] Diese Informationsfunktion ist auch im Hinblick auf den Umweltschutz von großer Bedeutung.[480] Durch die Informationen über das Vorhaben, z. B. Unterlagen der UVP nach § 6 UVPG, landschaftspflegerischer Begleitplan nach § 17 Abs. 4 BNatSchG, können nicht nur der Zustand der Umwelt besser erfasst, sondern auch die von dem Vorhaben berührten Auswirkungen auf die Umwelt vorhergesehen werden.

(2) Die Behördenbeteiligung

Nach der Einreichung des Plans hat die Anhörungsbehörde vor allem zu prüfen, ob die vorliegenden Planunterlagen vollständig sind. Innerhalb eines Monats nach Zugang des vollständigen Plans muss die Anhörungsbehörde gemäß § 73 Abs. 2 VwVfG die Behörden, deren Aufgabenbereich durch das Vorhaben berührt wird, zur Stellungnahme auffordern. Sodann haben die Behörden gemäß § 73 Abs. 3a VwVfG innerhalb einer Frist von drei Monaten ihre Stellungnahme abzugeben. Durch die Beteiligung anderer betroffener Behörden am Planfeststellungsverfahren ist sichergestellt, dass alle wesentlichen, d. h. alle tatsächlichen und rechtlichen, Aspekte aus den Kompetenzbereichen anderer betroffener Behörden und die von ihnen wahrzunehmenden öffentlichen Belange in die Planfeststellungsentscheidung einfließen.[481] Die Stellungnahmen anderer Behörden stehen dabei – sofern gesetzlich nichts anderes bestimmt ist – lediglich im Rang von

---

473 *Kopp/Ramsauer*, VwVfG, § 72 Rn. 4d.

474 *Kopp/Ramsauer*, VwVfG, § 28 Rn. 3.

475 *Kopp/Ramsauer*, VwVfG, § 28 Rn. 3 f.; *Kallerhoff*, in: Stelkens/Bonk/Sachs, VwVfG, § 28 Rn. 1 f.

476 Vgl. BVerwGE 75, 214 (226); *Kühling/Herrmann*, Fachplanungsrecht, Rn. 490; *Kopp/Ramsauer*, VwVfG, § 73 Rn. 6; *Neumann*, in: Stelkens/Bonk/Sachs, VwVfG, § 73 Rn. 8 ff.

477 *Steinberg/Wickel/Müller*, Fachplanung, § 2 Rn. 68.

478 *Guckelberger*, DÖV 2006, S. 97 (99).

479 *Dürr*, in: Knack/Henneke, VwVfG, § 73 Rn. 8.

480 Vgl. *Kloepfer*, Umweltrecht, § 5 Rn. 311 ff.

481 *Neumann*, in: Stelkens/Bonk/Sachs, VwVfG, § 73 Rn. 34.

„Sachverständigengutachten oder sachverständigen Stellungnahmen“[482].[483] Für die Planfeststellungsbehörde sind diese Stellungnahmen nicht verbindlich,[484] zumal alle erforderlichen behördlichen Entscheidungen im Hinblick auf das Vorhaben durch die Konzentrationswirkung des Planfeststellungsbeschlusses gemäß § 75 Abs. 1 VwVfG ersetzt werden.[485] Zudem sind die anerkannten Naturschutzverbände als „Verwaltungshelfer“[486] an der Einholung der Stellungnahme der beteiligten Behörden zu beteiligen.[487]

(3) Die Betroffenen- und Öffentlichkeitsbeteiligung

Parallel zu der Aufforderung zur behördlichen Stellungnahme hat die Anhörungsbehörde die Planauslegung in den Gemeinden zu veranlassen, in denen sich das Vorhaben voraussichtlich auswirken wird. Sodann soll der Plan innerhalb von drei Wochen nach Zugang für die Dauer eines Monats zur Einsicht in den Gemeinden ausgelegt werden (vgl. die §§ 72 Abs. 2 und Abs. 3 Satz 1 VwVfG). Die Planauslegung dient vor allem der Information der von dem geplanten Vorhaben Betroffenen und der Allgemeinheit.[488] Zudem gibt sie den potentiell Betroffenen Gelegenheit zur Prüfung ihrer von dem Vorhaben berührten Belange und veranlasst sie, im Anhörungsverfahren eventuelle Einwendungen gegen das Vorhaben zu erheben. Sie hat also die sog. „Anstoßfunktion“.[489] Daraufhin verlangt § 73 Abs. 4 VwVfG, dass jeder, dessen Belange durch das Vorhaben berührt sind, bei der Anhörungsbehörde oder bei der Gemeinde Einwendungen gegen den Plan erheben können muss. Einwendungsberechtigt ist nämlich jeder, dessen subjektive Belange oder schützenswerte eigene Interessen, wie beispielsweise wirtschaftliche, soziale, ökologische, kulturelle oder ideelle Interessen durch das Vorhaben berührt werden.[490] Nach Auffassung des BVerwG liegt die Einwendungsberechtigung dann vor, wenn jemand öffentliche Interessen wahrnimmt (sog. Jedermann-Einwendungen) oder

---

482 *Kopp/Ramsaue*, VwVfG, § 73 Rn. 38.

483 *Neumann*, in: Stelkens/Bonk/Sachs, VwVfG, § 73 Rn. 37; *Kopp/Ramsauer*, VwVfG, § 73 Rn. 38.

484 *Kopp/Ramsaue*, VwVfG, § 73 Rn. 38.

485 *Hoppe* u. a., Rechtsschutz bei der Planung von Verkehrsanlagen und anderen Infrastrukturvorhaben, Rn. 209; *Neumann*, in: Stelkens/Bonk/Sachs, VwVfG, § 73 Rn. 34.

486 *Dürr*, in: Knack/Henneke, VwVfG, § 73 Rn. 31.

487 BVerwGE 102, 358 (361); 105, 348; *Dürr*, in: Knack/Henneke, VwVfG, § 73 Rn. 31; *Kopp/Ramsauer*, VwVfG, § 73 Rn. 31.

488 BVerwG, Urt. vom 14.2.1975 – 4 C 21.74 –; *Ronellenfitsch*, in: Marschall/Schroeter/Kastner, FStrG, § 17a Rn. 25.

489 BVerwGE 55, 369 (375); *Kopp/Ramsauer*, VwVfG, § 73 Rn. 47.

490 *Neumann*, in: Stelkens/Bonk/Sachs, VwVfG, § 73 Rn. 71 f.; *Kopp/Ramsauer*, VwVfG, § 73 Rn. 72; *Dürr*, in: Knack/Henneke, VwVfG, § 73 Rn. 55.

aufgrund drittschützender Normen Ansprüche auf Abwehr geltend macht (sog. Betroffenen-Einwendungen).[491]

Gemäß § 73 Abs. 4 VwVfG sind die Einwendungen nach Ablauf der Einwendungsfrist, d.h. zwei Wochen nach Ablauf der Auslegungsfrist, ausschlossen. Der Ausschluss der Einwendungsfrist bezieht sich auf „eine materielle Präklusion"[492]. Dies bedeutet, „dass dem Bürger bei Nichteinhaltung einer Frist seine materielle Rechtsposition verloren geht, dass also insoweit keine klagefähige Rechtsposition mehr besteht".[493] Die Einwendungspräklusion zielt darauf ab, die Beschleunigung und Konzentration des Verwaltungsverfahrens zu ermöglichen und damit Rechtssicherheit zu schaffen.[494] Daraus ergibt sich, dass Einwendungen, die verspätet erhobenen werden, nicht nur im laufenden Planfeststellungsverfahren, sondern auch im gegebenenfalls anschließenden verwaltungsgerichtlichen Verfahren präkludiert sind.[495] Somit besteht die materielle Präklusion einerseits darin, relativ schnell den Sachverhalt im Planfeststellungsverfahren festzustellen, andererseits darin, die Kompensationsfunktion oder die Ermittlungen nicht erkennbarer Wirkungen im Rahmen des Rechtschutzes Betroffener abzumildern.[496] Trotz der Präklusion hat die Planfeststellungsbehörde sich dabei abwägend mit den ausgeschlossenen Einwendungen zu befassen.[497]

(4) Erörterungstermin

Zum Abschluss des Anhörungsverfahrens wird ein Erörterungstermin festgesetzt. Durch die Implementation der Erörterung können die Transparenz des Planungsverfahrens und die Partizipation der Beteiligten verwirklicht werden.[498] Darüber hinaus bietet der Erörterungstermin nochmals allen Beteiligten Gelegenheit, die vielfältigen Belange im Planungsverfahren zu berücksichtigen.[499] Gemäß § 73 Abs. 6 Satz 1 VwVfG wird vorgeschrieben, dass nach Ablauf der Einwendungsfrist die Anhörungsbehörde verpflichtet ist, den mündlichen Erörterungstermin mit dem Vorhabenträger, den die Stellungnahmen abgegebenen Behörden, den Betroffenen

---

491 BVerwGE 60, 297 (301); *Ronellenfitsch*, in: Marschall/Schroeter/Kastner, FStrG, § 17a Rn. 38.

492 *Neumann*, in: Stelkens/Bonk/Sachs, VwVfG, § 73 Rn. 88; *Kopp/Ramsauer*, VwVfG, § 73 Rn. 88; *Stüer*, in: Grupp/Ronellenfitsch (Hrsg.), Planung, Recht, Rechtsschutz-FS für Blümel, S. 570.

493 *Kopp/Ramsauer*, VwVfG, § 73 Rn. 88.

494 *Brandt*, NVwZ 1997, S. 233.

495 *Kopp/Ramsaue*, VwVfG, § 73 Rn. 92; *Dürr*, in: Knack/Henneke, VwVfG, § 73 Rn. 70; *Stüer*, in: Grupp/Ronellenfitsch (Hrsg.), Planung, Recht, Rechtsschutz-FS für Blümel, S. 570 f.; *Brandt*, NVwZ 1997, S. 233 (234); BVerwG, Beschl. vom 12.2.1996 – 4 A 38/95 –, NVwZ 1997, S. 171 ff.

496 Vgl. *Ronellenfitsch*, in: Marschall/Schroeter/Kastner, FStrG, § 17a Rn. 42.

497 *Neumann*, in: Stelkens/Bonk/Sachs, VwVfG, § 73 Rn. 89.

498 *Steinberg/Wickel/Müller*, Fachplanung, § 2 Rn. 149 f.; *Kopp/Ramsauer*, VwVfG, § 73 Rn. 114.

499 Vgl. BVerwGE 131, 316 (324).

sowie den Einwendern gegen den Plan im Planfeststellungsverfahren durchzuführen.[500] Der Erörterungstermin ist auch Voraussetzung für die Öffentlichkeitsbeteiligung[501], denn grundsätzlich ist jeder, dessen eigene Belange durch das Vorhaben berührt werden, einwendungsberechtigt.[502] Der Erörterungstermin als „Kernstück des Planfeststellungsverfahrens"[503] wird des Weiteren durchgeführt, um die Optimierung der Planung durch einen Ausgleich der betroffenen öffentlichen und privaten Belange hervorzurufen.[504] In § 73 Abs. 6 Satz 1 VwVfG wird grundsätzlich die Abhaltung für die Erörterung zwingend festgesetzt.[505] Die Anhörungsbehörde kann jedoch auf die Durchführung der Erörterung im Rahmen von Planfeststellungsverfahren insbesondere für Verkehrsinfrastrukturprojekte[506] – bei der Änderung der Flughäfen kann der formelle Erörterungstermin entfallen – verzichten. Die Entscheidung des Verzichts auf einen Erörterungstermin ist ermöglicht, wenn das vom Vorhaben berührte Interesse und Belange der Betroffener nicht beeinträchtigt werden oder die starken Konflikte aufgrund des Vorhabens durch die Erörterung nicht bewältigt werden könnten, d.h. der Erörterungstermin nicht zur Befriedung der Beteiligten fungiert.[507] Nach Auffassung des BVerwG ist auf die Durchführung eines Erörterungstermins zu verzichten, „weil nach seiner Einschätzung in einem Erörterungstermin über die erhobenen Einwendungen und Stellungnahmen hinaus keine weiteren, der Planfeststellungsbehörde nicht bereits bekannten Tatsachen und Auffassungen übermittelt worden wären, die für die Entscheidung hätten relevant sein können".[508] Im Ergebnis kann sich die Anhörungsbehörde nur ausnahmsweise für den Verzicht auf einen Erörterungstermin entscheiden.[509] Zudem ist gemäß § 67 Abs. 2 Nr. 1 und 4 VwVfG der Erörterungstermin nicht durchzuführen.

Nach § 73 Abs. 9 VwVfG wird das Verfahren der Erörterung mit der Abgabe einer Stellungnahme von Anhörungsbehörden abgeschlossen.

---

500 *Kopp/Ramsaue*, VwVfG, § 73 Rn. 117.

501 *Neumann*, in: Stelkens/Bonk/Sachs, VwVfG, § 73 Rn. 113; *Appel*, NVwZ 2012, S. 1361 (1363).

502 *Kühling/Herrmann*, Fachplanungsrecht, Rn. 501; *Kopp/Ramsauer*, VwVfG, § 73 Rn. 60.

503 *Kopp/Ramsauer*, VwVfG, § 73 Rn. 115.

504 *Kopp/Ramsauer*, VwVfG, § 73 Rn. 130.

505 *Neumann*, in: Stelkens/Bonk/Sachs, VwVfG, § 73 Rn. 113.

506 In diesem Zusammenhang wurden die Regelungen des Planfeststellungsverfahrens durch das Gesetz zur Beschleunigung von Planungsverfahren für Infrastrukturvorhaben (Infrastrukturplanungsbeschleunigungsgesetz (IPBeschlG), BGBl. I vom 16.12.2006, S. 2833) in den Fachgesetzen verankert. Dazu Näheres in: BT-Drucks. 16/54 vom 4.11.2005, S. 1 ff.; BT-Drucks. 16/3158 vom 25.10.2006, S. 38; *Otto*, NVwZ 2007, S. 379 ff.

507 *Dürr*, in: Knack/Henneke, VwVfG, § 73 Rn. 100; *Kopp/Ramsauer*, VwVfG, § 73 Rn. 118; *Neumann*, in: Stelkens/Bonk/Sachs, VwVfG, § 73 Rn. 113; *Otto*, NVwZ 2007, S. 379 (380).

508 BVerwGE 131, 316 (324).

509 *Dürr*, in: Knack/Henneke, VwVfG, § 73 Rn. 98.

c) Beschlussverfahren

(1) Form und Inhalt des Planfeststellungsbeschlusses

Das Beschlussverfahren findet sich in § 74 VwVfG. Nach § 74 Abs. 1 Satz 1 VwVfG ist für die Feststellung des Plans, also den Planfeststellungsbeschluss, die Planfeststellungsbehörde zuständig.[510] Der Planfeststellungsbeschluss ist ein Verwaltungsakt[511] als Allgemeinverfügung im Sinne von § 35 Satz 2 VwVfG[512], sodass er grundsätzlich schriftlich zu erlassen ist und eine schriftliche Begründung enthalten muss (§ 74 Abs. 1 Satz 2 VwVfG i. V. m. § 69 Abs. 2 VwVfG). Insbesondere die schriftliche Begründung basiert auf einem rechtsstaatlichen Verwaltungsverfahren.[513] Hierbei ist § 39 Abs. 1 Satz 2 VwVfG anzuwenden. Demnach muss die Planfeststellungsbehörde in der Begründung der Planentscheidung die wesentlichen tatsächlichen und rechtlichen Gründe mitteilen, die sie zu ihrer Entscheidung bewogen haben. Nach § 69 Abs. 2 VwVfG kann die Begründung lediglich im Falle des § 39 Abs. 2 Nr. 1 VwVfG[514] ausnahmeweise entfallen.[515] Nach § 37 Abs. 1 VwVfG muss der Planfeststellungsbeschluss zudem inhaltlich hinreichend bestimmt sein, d. h. das sog. „Bestimmtheitsgebot“[516] muss erfüllt sein. Dementsprechend sind sowohl Art und Umfang des Vorhabens als auch die Modalitäten seiner Durchführung klar festzulegen.[517] Die Begründungspflicht dient jedoch nicht nur dazu, sicherzustellen, dass alle Beteiligten informiert werden, sondern soll auch einen wirksamen Rechtsschutz ermöglichen.[518]

Der Planfeststellungsbeschluss ist dem Vorhabenträger, den bekannten Betroffenen und denjenigen, über deren Einwendungen entschieden wurde, individuell zuzustellen (§ 74 Abs. 4 Satz 1 VwVfG). Wenn die Zahl der Zustellungen nach § 74 Abs. 4 VwVfG unter Ausschluss des Vorhabenträgers höher als 50 ist, können die individuellen Zustellungen durch eine öffentliche Bekanntmachung ersetzt werden (§ 74 Abs. 5 Satz 1 VwVfG). Im Übrigen kann gemäß § 74 Abs. 1 Satz 2 VwVfG i. V. m. § 70 VwVfG ohne vorhergehendes Widerspruchsverfahren Anfechtungsklage gegen den Planfeststellungsbeschluss geführt werden.

---

510 *Neumann*, in: Stelkens/Bonk/Sachs, VwVfG, § 74 Rn. 4.

511 BVerwGE 29, 282 (283); 38, 152 (156); *Kühling/Herrmann*, Fachplanungsrecht, Rn. 515; *Dürr*, in: Knack/Henneke, VwVfG, § 74 Rn. 58; *Ronellenfitsch*, in: Marschall/Schroeter/Kastner, FStrG, § 17b Rn. 1; *Neumann*, in: Stelkens/Bonk/Sachs, VwVfG, § 74 Rn. 17 ff.

512 *Kopp/Ramsauer*, VwVfG, § 74 Rn. 15.

513 *Kühling/Herrmann*, Fachplanungsrecht, Rn. 517; *Kopp/Ramsauer*, VwVfG, § 39 Rn. 5a.

514 Insbesondere § 39 Abs. 2 Nr. 1 VwVfG regelt, dass es keiner Begründung bedarf, „soweit die Behörde einem Antrag entspricht oder einer Erklärung folgt und der Verwaltungsakt nicht in Rechte eines anderen eingreift“.

515 *Kopp/Ramsauer*, VwVfG, § 74 Rn. 130.

516 *Kopp/Ramsauer*, VwVfG, § 74 Rn. 129 und § 37 Rn. 5 ff.

517 *Kopp/Ramsauer*, VwVfG, § 74 Rn. 129; vgl. *Wahl*, NVwZ 1990, S. 426 (430); VGH Kassel, NVwZ 1987, 987 (990).

518 *Kühling/Herrmann*, Fachplanungsrecht, Rn. 517.

(2) Anordnung von Schutzauflagen

Gemäß § 74 Abs. 2 Satz 2 VwVfG ist die Planfeststellungsbehörde sowohl ermächtigt als auch verpflichtet, dem Vorhabenträger zum Wohl der Allgemeinheit oder zur Vermeidung nachteiliger Wirkungen auf Rechte anderer Schutzvorkehrungen aufzuerlegen. Solche „Schutzauflagen"[519] sind dann zwingend einzuhalten. Diese Anordnungen dienen dem Ausgleich der durch das Vorhaben berührten Interessenkonflikte.[520] Es handelt sich dabei um keine Ermessensentscheidung, sondern um eine rechtliche Pflicht.[521] Auf diese Weise lassen sich mögliche Nachteile, die auf Grund des Vorhabens entstehen könnten, vermeiden oder ausgleichen. Diesbezüglich ist in der Rechtsprechung des BVerwG anerkannt, „dass mangels Schutzwürdigkeit des von einem Vorhaben betroffenen Interesses kein Anlass zu Schutzvorkehrungen besteht, wenn auf Grund einer tatsächlichen Vorbelastung der Umgebung von dem Vorhaben selbst keine zusätzlichen nachteiligen Wirkungen ausgehen."[522]

Insbesondere bei öffentlichen Verkehrsvorhaben sind die entsprechenden Schutzvorkehrungen und Anlagen im Hinblick auf Beeinträchtigungen des Allgemeinwohls erforderlich. Dabei spielt der Umweltschutz – wie z. B. der Schutz vor Verschmutzung von Oberflächengewässern oder des Grundwassers oder der Schutz vor Verkehrslärm – eine große Rolle.[523] Die möglichen Schutzvorkehrungen – z. B. der Boden-, Immissions-, Gewässerschutz sowie Naturschutz und Landschaftspflege nach BBodSchG, BImSchG, WHG und BNatSchG[524] – sind bei der dann vorzunehmenden Abwägung der Belange in Betracht zu ziehen.[525] In diesem Rahmen hat gemäß § 74 Abs. 2 Satz 3 VwVfG der Betroffene Anspruch auf angemessene Entschädigung in Geld, soweit solche Schutzvorkehrungen und Anlagen untunlich oder mit dem Vorhaben unvereinbar sind.

---

519 *Kügel*, Der Planfeststellungsbeschluß und seine Anfechtbarkeit, S. 159; *Steinberg/Wickel/Müller*, Fachplanung, § 4 Rn. 4. Mit diesem Zusammenhang wird die Vorschrift des § 74 Abs. 2 Satz 2 VwVfG als „Entscheidung über Schutzauflagen und -vorkehrungen" (*Kopp/Ramsauer*, VwVfG, § 74 Rn. 141 ff.) oder als „Schutzmaßnahmen" (*Neumann*, in: Stelkens/Bonk/Sachs, VwVfG, § 74 Rn. 164 ff.) bezeichnet.

520 *Steinberg/Wickel/Müller*, Fachplanung, § 4 Rn. 4; *Kopp/Ramsauer*, VwVfG, § 74 Rn. 142.

521 Vgl. *Kügel*, Der Planfeststellungsbeschluß und seine Anfechtbarkeit, S. 159 f.; *Steinberg/Wickel/Müller*, Fachplanung, § 4 Rn. 5; *Neumann*, in: Stelkens/Bonk/Sachs, VwVfG, § 74 Rn. 167.

522 BVerwG, Beschl. vom 23.6.1989 – 4 B 100/89 (Mannheim) –, NVwZ 1990, S. 263 f.; BVerwG, Urt. vom 28.10.1998 – 11 A 3/98 –, NVwZ 1999, S. 539 f.; BVerwG, Urt. vom 1.9.1999 – 11 A 2/98 –, NVwZ 2000, S. 68 (69).

523 Vgl. BVerwGE 51, 15 (21 f.); 110, 370 (385 ff.); *Kopp/Ramsauer*, VwVfG, § 74 Rn. 150; *Neumann*, in: Stelkens/Bonk/Sachs, VwVfG, § 74 Rn. 169 ff.

524 Näheres dazu unter 1. Teil, § 2, D, III, 5.

525 *Ronellenfitsch*, in: Marschall/Schroeter/Kastner, FStrG, § 17b Rn. 17; *Kopp/Ramsauer*, VwVfG, § 74 Rn. 153.

(3) Vorbehalt einer abschließenden Entscheidung

Nach § 74 Abs. 3 VwVfG kann die Planfeststellungsbehörde den Planfeststellungsbeschluss unter Entscheidungsvorbehalt stellen, falls noch einzelne abtrennbare Teilentscheidungen des Vorhabens zu treffen sind. Diese Regelung bietet dem Vorhabenträger noch einmal Gelegenheit, die von dem Vorhaben berührte Problembewältigung zu überdenken.[526] Außerdem stellt die Entscheidung des Vorbehalts nicht „die endgültige Entscheidung über den Gesamtkomplex"[527] dar, sondern führt zu einer Ergänzung des Planfeststellungsbeschlusses[528], wobei sie als selbstständiger Verwaltungsakt mit diesem zu einer Einheit verschmilzt.[529]

4. Allgemeine materielle Anforderungen an den Planfeststellungsbeschluss

Der Planfeststellungsbeschluss muss nicht nur den formellen, sondern auch den materiellen Anforderungen genügen.[530] Die materiellen Anforderungen an den Planfeststellungsbeschluss gehen von den Einschränkungen der planerischen Gestaltungsfreiheit aus.[531] Diese erfolgen durch die Planrechtfertigung (a), die Berücksichtigung der planerischen Abwägung (b) sowie die Planungsleitsätze und Optimierungsgebote (c). Diese Anforderungen spielen nicht zuletzt eine wesentliche Rolle im Hinblick auf den Umweltschutz bei der Planung von Verkehrsprojekten.

a) Planrechtfertigung

Auf Grund der Rechtsprechung des BVerwG[532] wird eine Planrechtfertigung als eine der materiell-rechtlichen Schranken der planerischen Gestaltungsfreiheit angesehen.[533] Eine hoheitliche Planung bedarf für ihre Zulassung grundsätzlich einer Rechtfertigung.[534] Denn einerseits kann die Planung ihre Rechtfertigung nicht in sich selbst tragen, andererseits ist nicht auszuschließen, dass die Planung negativ

---

526 Vgl. BVerwGE 61, 307 (311 f.); 71, 150 (162); 102, 331 (347); *Kopp/Ramsauer*, VwVfG, § 74 Rn. 181.

527 *Ule/Laubinger*, Verwaltungsverfahrensrecht, § 41 Rn. 35.

528 *Ule/Laubinger*, Verwaltungsverfahrensrecht, § 41 Rn. 35 f.; *Dürr*, in: Knack/Henneke, VwVfG, § 74 Rn. 22 f.; *Neumann*, in: Stelkens/Bonk/Sachs, VwVfG, § 74 Rn. 203; *Kopp/Ramsauer*, VwVfG, § 74 Rn. 181 f.

529 *Ule/Laubinger*, Verwaltungsverfahrensrecht, § 41 Rn. 35; *Neumann*, in: Stelkens/Bonk/Sachs, VwVfG, § 74 Rn. 203.

530 Vgl. *Neumann*, in: Stelkens/Bonk/Sachs, VwVfG, § 74 Rn. 32.

531 In diesem Zusammenhang wurde oben in 1. Teil, § 1, A, I, 2, a) dargestellt.

532 BVerwGE 48, 56 (60); 56, 110 (118); 71, 166 (168 ff.); 72, 282 (284 ff.); 84, 31 (36); 85, 44 (51).

533 Vgl. *Dürr*, in: Knack/Henneke, VwVfG, § 74 Rn. 87; *ders.*, in: Kodal (Hrsg.), Straßenrecht, Kap. 36 Rn. 27 ff.; *Steinberg/Wickel/Müller*, Fachplanung, § 3 Rn. 96; *Kopp/Ramsauer*, VwVfG, § 74 Rn. 42; *Jarass*, DVBl 1998, S. 1202.

534 BVerwGE 56, 110 (118).

in individuelle Rechte Dritter eingreift.[535] In diesem Sinne ist eine bestimmte fachgesetzliche Planung dann gerechtfertigt, wenn sie mit den öffentlichen Belangen übereinstimmt, denen das einschlägige Fachplanungsgesetz allgemein dient und die zur Umsetzung dieser Belange bestimmte Maßnahme angesichts des Verhältnismäßigkeitsgrundsatzes objektiv erforderlich ist.[536] Selbstverständlich muss die Rechtfertigung auch vor Art. 14 Abs. 3 GG Bestand haben.[537] Hiernach sind die Anforderungen an die Rechtmäßigkeit der Enteignung „in der Form eines dreifach-qualifizierten Gesetzesvorbehalts, nämlich der Gemeinwohlbindung, des Übermaßverbots sowie der Junktimklausel"[538] zu erfüllen.[539] Dies gilt für sämtliche geplanten Vorhaben. Demnach muss eine Planung zunächst den Zielen des jeweiligen Fachplanungsgesetzes entsprechen. Im Anschluss daran ist das durchgeführte Vorhaben „mit hinreichender Plausibilität"[540] an dem fachplanungsrechtlichen Ziel auszurichten.[541] Hierbei handelt es sich um ein „ungeschriebenes Erfordernis jeder Fachplanung"[542].[543] Dementsprechend findet auch die verkehrsrechtliche Planfeststellung ihre Planrechtfertigung darin, dass sie mit den öffentlichen Belangen übereinstimmt,[544] wobei die Planrechtfertigung den Aspekt des Umweltschutzes berücksichtigen muss.[545]

Außerdem wird der Bedarf an Fernstraßen bzw. Schienenwegen vorab gemäß § 1 Abs. 2 FStrAbG und § 1 Abs. 2 SchwAbG festgestellt.[546] Dabei kann der Gesetzgeber „den Bedarf im Sinne der Planrechtfertigung für die im Bedarfsplan aufgenommenen Vorhaben mit bindender Wirkung auch für die zur Rechtmäßigkeitskontrolle

---

535 Vgl. BVerwGE 48, 56 (59); *Peine*, Öffentliches Baurecht, Rn. 1195; *Kühling/Herrmann,* Fachplanungsrecht, Rn. 270; *Neumann*, in: Stelkens/Bonk/Sachs, VwVfG, § 74 Rn. 33; *Wahl/Hönig*, NVwZ 2006, S. 161 (167).

536 Vgl. BVerwGE 48, 56 (60); *Dürr.*, in: Kodal (Hrsg.), Straßenrecht, Kap. 36 Rn. 27.1.

537 BVerwGE 48, 56 (59).

538 *Schmidt-Aßmann*, JuS 1986, S. 833.

539 *Papier*, in: Maunz/Dürig, GG, Art. 14 Rn. 547 ff.; *Jarass/Pieroth*, GG, Art. 14 Rn. 78 f. In diesem Zusammenhang ist der Aspekt oben in 1. Teil, § 2, A, II, 2 dargestellt.

540 *Wahl*, NVwZ 1990, S. 426 (434).

541 Vgl. BVerwGE 71, 166 (168); 72, 282 (284); *Kramer*, AEG, § 18 Rn. 3; *Neumann*, in: Stelkens/Bonk/Sachs, VwVfG, § 74 Rn. 35; *Wahl*, NVwZ 1990, S. 426 (434).

542 BVerGE 125, 116 (177); 127, 95 (102); *Steinberg/Wickel/Müller*, Fachplanung, § 3 Rn. 96.

543 *Kopp/Ramsauer*, VwVfG, § 74 Rn. 42.

544 BVerwGE 48, 56 (66); *Dürr*, in: Kodal (Hrsg.), Straßenrecht, Kap. 36 Rn. 27. 1; *Ramsauer/Bieback*, NVwZ 2002, S. 277 (279 f.); *Kopp/Ramsauer*, VwVfG, § 74 Rn. 45; *Kromer*, in: Müller/Schulz, FStrG, § 17 Rn. 39.

545 Vgl. *Hoppe* u. a., Rechtsschutz bei der Planung von Verkehrsanlagen und anderen Infrastrukturvorhaben, Rn. 572 f.

546 *Steinberg/Wickel/Müller*, Fachplanung, § 3 Rn. 104 ff.; *Neumann*, in: Stelkens/Bonk/Sachs, VwVfG, § 74 Rn. 40 ff.

von Planfeststellungen berufenen Gerichte“[547] konkretisieren.[548] Die Feststellung, dass ein verkehrsbezogener Bedarf besteht, ist jedoch nicht nur für die Planrechtfertigung verbindlich, sondern auch als „gesetzgeberische Wertung in der planerischen Abwägung“[549].[550]

b) Planerisches Abwägungsgebot

Das planerische Abwägungsgebot als eines der Wesensmerkmale der Planung[551] dient zwar der Konfliktbewältigung innerhalb der von der Planung berührten öffentlichen und privaten Belange des Vorhabens, stellt jedoch bei sämtlichen Planfeststellungen zugleich eine materiell-rechtliche Anforderung dar.[552] Es leitet sich aus dem Rechtsstaatsprinzip her und trägt „in einer für planerische Entscheidungen spezifischen Weise“[553] dem Grundsatz der Verhältnismäßigkeit Rechnung.[554]

Das Abwägungsgebot ist „der Kern des Gestaltungspielraums bei fachplanerischen Vorhaben“[555], fungiert jedoch nach der Rechtsprechung des BVerwG zum Planungsrecht als allgemeiner, ungeschriebener Grundsatz. Es gilt unabhängig von den einzelnen gesetzlichen Regelungen in den §§ 17 Satz 2 FStrG, 18 Satz 2 AEG, 14 Abs. 1 Satz 2 WaStrG sowie 8 Abs. 1 Satz 2 LuftVG.[556] Demgemäß sind bei der Planfeststellung die von dem jeweiligen Vorhaben berührten öffentlichen und privaten Belange einschließlich der Umweltverträglichkeit im Rahmen der Abwägung zu berücksichtigen. Darüber hinaus ist die Abwägung auf Grund der ständigen Rechtsprechung des BVerwG erforderlich und wird dahingehend konkretisiert, dass „– erstens – eine Abwägung überhaupt stattfinden muss (Zusammenstellung des Abwägungsmaterials), – zweitens – in die Abwägung an Belangen eingestellt wird, was nach Lage der Dinge in sie eingestellt werden muss (Einstellung der Belange in die Abwägung), und dass – drittens – weder die Bedeutung der betroffenen öffentlichen und privaten Belange verkannt noch der Ausgleich zwischen ihnen in einer Weise vorgenommen wird, die zur objektiven Gewichtigkeit einzelner Belange außer

---

547 BVerwGE 98, 339 (345).

548 *Steinberg/Wickel/Müller*, Fachplanung, § 3 Rn. 105.

549 BVerwG, Beschl. vom 5.11.2002 – 9 VR 14/02 –, NVwZ 2003, S. 207 (208).

550 Vgl. BVerwG, Beschl. vom 5.11.2002 – 9 VR 14/02 –, NVwZ 2003, S. 207 (208); *Neumann*, in: Stelkens/Bonk/Sachs, VwVfG, § 74 Rn. 44.

551 Sie ist oben in 1. Teil, § 1, A, I, 2, b) dargestellt.

552 Vgl. *Kühling/Herrmann*, Fachplanungsrecht, Rn. 311; *Durner*, Konflikte räumlicher Planungen, S. 61; *Kopp/Ramsauer*, VwVfG, § 74 Rn. 95.

553 BVerwGE 61, 295 (301); 64, 270 (273).

554 Vgl. BVerwGE 61, 295 (301); 64, 270 (273); *Neumann*, in: Stelkens/Bonk/Sachs, VwVfG, § 74 Rn. 54.

555 *Kühling/Herrmann*, Fachplanungsrecht, Rn. 311.

556 BVerwGE 34, 301 (304); 48, 56 (63); *Steinberg/Wickel/Müller*, Fachplanung, § 3 Rn. 107.

Verhältnis steht (Ausgleichs- bzw. Planungsentscheidung)“[557]. Diese Anforderungen stehen grundsätzlich sowohl zum Abwägungsvorgang in Beziehung als auch zum Ergebnis der Abwägung in Beziehung.[558] Zudem gestaltet es die planerische Freiheit der planfeststellenden Behörde im Rahmen des Abwägungsgebots, bei Konflikten bestimmten Belangen Vorrang einzuräumen und andere zurückzustellen.[559]

Aus den Anforderungen des Abwägungsgebots werden die rechtlich erheblichen Abwägungsfehler und die Dichte der gerichtlichen Kontrolle abgeleitet.[560] In diesem Zusammenhang können die Abwägungsfehler auf der Grundlage der Rechtsprechung im Allgemeinen wie folgt klassifiziert werden: „(1) wenn eine notwendige Abwägung überhaupt nicht stattfindet (Abwägungsausfall), oder (2) wenn einzelne Belange nicht erkannt bzw. nicht berücksichtigt werden (Abwägungsdefizit), oder (3) wenn die Bedeutung der betroffenen öffentlichen und privaten Belange verkannt wird (Abwägungsfehleinschätzung bzw. Abwägungsfehlgewichtung) sowie (4) wenn der Ausgleich zwischen den berührten öffentlichen und privaten Belangen in einer Weise vorgenommen wird, die zur objektiven Gewichtigkeit einzelner Belange außer Verhältnis steht (Abwägungsdisproportionalität)“[561]. Diese vier Kategorien der Abwägungsfehler werden als „Abwägungsfehlerlehre“[562] bezeichnet und bilden die allgemein anerkannte Rechtsdogmatik des Abwägungsgebots.[563] Es handelt sich dabei um „fehlerzentrierte Handlungsformen“[564], die inhaltlich von ihren rechtswirksamen Voraussetzungen bestimmt werden.[565]

---

557 BVerwGE 48, 56 (63 f.); 56, 110 (117); 100, 370 (383); *Dreier*, Die normative Steuerung der planerischen Abwägung, S. 57 ff.; *Kühling/Herrmann*, Fachplanungsrecht, Rn. 313; *Steinberg/Wickel/Müller*, Fachplanung, § 3 Rn. 110; *Neumann*, in: Stelkens/Bonk/Sachs, VwVfG, § 74 Rn. 55; *Kopp/Ramsauer*, VwVfG, § 74 Rn. 99.

558 *Steinberg/Wickel/Müller*, Fachplanung, § 3 Rn. 117 ff.; *Neumann*, in: Stelkens/Bonk/Sachs, VwVfG, § 74 Rn. 56.

559 Vgl. BVerwGE 98, 339 (349 f.); *Steinberg/Wickel/Müller*, Fachplanung, § 3 Rn. 113; *Neumann*, in: Stelkens/Bonk/Sachs, VwVfG, § 74 Rn. 56.

560 *Steinberg/Wickel/Müller*, Fachplanung, § 3 Rn. 112.

561 BVerwGE 34, 301 (309); 45, 309 (314 f.); 47, 144 (146); 48, 56 (63 f.); *Hoppe*, Grundfragen des Planungsrechts, S. 111; *Kühling/Herrmann*, Fachplanungsrecht, Rn. 314; *Steinberg/Wickel/Müller*, Fachplanung, § 3 Rn. 112; *Kopp/Ramsauer*, VwVfG, § 74 Rn. 100; *Hoppe*, BauR 1970, S. 15 (17); *ders.*, DVBl 1974, S. 641 (644); *ders.*, DVBl 1992, S. 853 (856 ff.).

562 *Kopp/Ramsauer*, VwVfG, § 74 Rn. 99.

563 Vgl. *Dreier*, Die normative Steuerung der planerischen Abwägung, S. 55; *Stüer*, Bernhard, Handbuch des Bau- und Fachplanungsrechts: Planung, Genehmigung, Rechtsschutz, Rn. 4369; *Durner*, Konflikte räumlicher Planungen, S. 325.

564 *Di Fabio*, in: Becker-Schwarze (Hrsg.), Wandel der Handlungsformen im öffentlichen Recht, S. 51.

565 Vgl. *Di Fabio*, in: Becker-Schwarze (Hrsg.), Wandel der Handlungsformen im öffentlichen Recht, S. 51 ff.; *Sendler*, in: Berkemann (Hrsg.), Planung und Plankontrolle-FS für Schlichter, S. 56; *Durner*, Konflikte räumlicher Planungen, S. 325.

c) *Planungsleitsätze und Optimierungsgebote*

Die jeweiligen Verkehrsvorhaben müssen zwingend vorgegebenen materiell-rechtlichen Anforderungen in den einschlägigen Fachplanungsgesetzen entsprechen.[566] Das BVerwG hat die entsprechenden gesetzlichen Regelungen als Planungsleitsätze bezeichnet.[567] Entsprechend seiner Rechtsprechung werden darunter Leitsätze verstanden, „die bei der Planung strikte Beachtung verlangen und deswegen im Rahmen der planerischen Abwägung nicht überwunden werden können"[568].[569] Dementsprechend muss näher untersucht werden, inwieweit die Abwägung gerichtlich kontrolliert wird. Die gerichtliche Kontrolldichte ist abhängig von der Ausgestaltung bzw. von der Interpretation der zwingenden Anforderungen.[570]

Als Planungsleitsatz beziehen sich Optimierungsgebote ebenfalls auf die Schranken der planerischen Gestaltungsfreiheit.[571] Nach Ansicht des BVerwG enthalten sie dabei keine strikten Gebote oder Verbote, sondern fordern, bestimmte Belange möglichst weitgehend zu wahren, durchzusetzen, zu beachten bzw. ihre Eingriffe soweit als möglich zu minimieren.[572] Daher werden durch die Optimierungsgebote die Ziele eines Projekts nicht unbedingt maximal, sondern best- und größtmöglich realisiert.[573] Darüber hinaus dienen die Optimierungsgebote dem Umweltschutz in der Abwägung.[574]

5. *Anforderungen des Umweltschutzes im einfachgesetzlichen Rahmen*

Als abschließende Stufe der Planung von Verkehrsinfrastrukturprojekten dient die Planfeststellung nach den §§ 17 ff. FStrG, §§ 18 ff. AEG, §§ 14 ff. WaStrG sowie §§ 8 LuftVG i. V. m. §§ 72 ff. VwVfG der Bewältigung aller durch die jeweiligen Projekte hervorgerufenen Konflikte im Rahmen der Planungsentscheidung. Dabei sind im Hinblick auf Boden-, Immissions-, Gewässerschutz sowie Naturschutz und Landschaftspflege die Regelungen von BBodSchG, BImSchG, WHG und BNatSchG zu beachten, um verkehrsbedingten Umweltproblemen vorzubeugen. Diese Gesetze

566 *Steinberg/Wickel/Müller*, Fachplanung, § 3 Rn. 12; *Neumann*, in: Stelkens/Bonk/Sachs, VwVfG, § 74 Rn. 130; *Kopp/Ramsauer*, VwVfG, § 74 Rn. 67; *Wahl/Hönig*, NVwZ 2006, S. 161 (167).

567 BVerwGE 48, 56 (59).

568 BVerwGE 71, 163 (165).

569 *Kühling/Herrmann*, Fachplanungsrecht, Rn. 298; *Dürr*, in: Kodal (Hrsg.), Straßenrecht, Kap. 36 Rn. 28.1; *Steinberg/Wickel/Müller*, Fachplanung, § 3 Rn. 13; *Neumann*, in: Stelkens/Bonk/Sachs, VwVfG, § 74 Rn. 131; *Kopp/Ramsauer*, VwVfG, § 74 Rn. 67.

570 *Jarass*, DVBl 1998, 1202 (1207).

571 Vgl. *Ronellenfitsch*, NVwZ 1999, S. 583 (584).

572 BVerwGE 71, 163 (165); 75, 214 (254); *Kopp/Ramsauer*, VwVfG, § 74 Rn. 68; *Hoppe*, DVBl 1992, S. 853 (858).

573 *Hoppe*, DVBl 1992, S. 853 (858).

574 Vgl. *Kloepfer*, Umweltrecht, § 10 Rn. 123; *Kopp/Ramsauer*, VwVfG, § 74 Rn. 68.

sind als striktes materielles Recht im Rahmen des Abwägungsgebots anzuwenden, falls die Planfeststellungsbehörde nach § 74 Abs. 2 VwVfG gegenüber dem Vorhabenträger über die Auferlegung erforderlicher Vorkehrungen und Auflagen zum Wohl der Allgemeinheit entscheidet.[575]

a) Im bodenschutzrechtlichen Bereich

Im Hinblick auf den Bodenschutz sind im Rahmen der Planfeststellungsentscheidung für die jeweiligen Verkehrsinfrastrukturprojekte auch die Regelungen des BBodSchG zu beachten.[576] Dabei sollen Beeinträchtigungen der natürlichen Boden- und der Bodennutzungsfunktionen im Sinne des § 2 Abs. 2 BBodSchG[577] soweit wie

---

575 Hier sind etwa die Vorschriften der §§ 41 ff. BImSchG in Bezug auf den Lärmschutz zu nennen, dazu Näheres in: *Jarass*, BImSchG, § 68 Rn. 68; *Schmidt-Eichstaedt*, in: Kotulla (Hrsg.), BImSchG, Bd. 2, § 41 Rn. 63; *Schulze-Fielitz*, ZUR 2002, S. 190 (192 f.).

576 In diesem Zusammenhang regelt § 3 BBodSchG den Anwendungsbereich. Gemäß § 3 Abs. 1 Nr. 8 BBodSchG haben die verkehrsbezogenen Fachgesetze, die jeweils den Bau, Änderungen, die Unterhaltung sowie den Betrieb sämtlicher Verkehrswege festlegen, Vorrang vor dem BBodSchG, soweit dort Einwirkungen auf den Boden geregelt werden („Subsidiaritätsklausel"). Dabei bestimmen die einschlägigen Fachgesetze, dass im Rahmen der Planfeststellung eine UVP durchzuführen ist, die Auswirkungen des Vorhabens auf den Boden miteinbezieht und dass ihre Ergebnisse im Rahmen der Abwägung der Belange zu berücksichtigen sind (vgl. § 17 Satz 2 FStrG, § 18 Satz 2 AEG, § 14 Abs. 1 Satz 2 WaStrG, § 8 Abs. 1 Satz 2 LuftVG). Aus diesem Grund findet sich auch die Auffassung, dass die Regelungen des BBodSchG im Rahmen der Planfeststellungsentscheidung nicht strikt einzuhalten seien. Dazu Näheres in: *Sondermann/Hejma*, in: Versteyl/Sondermann (Hrsg.), BBodSchG, § 3 Rn. 48 ff.; *Erbguth/Stollmann*, NuR 2001, S. 241 (243).

577 § 2 Abs. 2 BBodSchG regelt, dass „der Boden im Sinne dieses Gesetzes
1. natürliche Funktionen als
a) Lebensgrundlage und Lebensraum für Menschen, Tiere, Pflanzen und Bodenorganismen,
b) Bestandteil des Naturhaushalts, insbesondere mit seinen Wasser- und Nährstoffkreisläufen,
c) Abbau-, Ausgleichs- und Aufbaumedium für stoffliche Einwirkungen auf Grund der Filter-, Puffer- und Stoffumwandlungseigenschaften, insbesondere auch zum Schutz des Grundwassers,
2. Funktionen als Archiv der Natur- und Kulturgeschichte sowie
3. Nutzungsfunktionen als
a) Rohstofflagerstätte,
b) Fläche für Siedlung und Erholung,
c) Standort für die land- und forstwirtschaftliche Nutzung,
d) Standort für sonstige wirtschaftliche und öffentliche Nutzungen, Verkehr, Ver- und Entsorgung
erfüllt".

möglich vermieden bzw. minimiert werden.[578] Insbesondere ein Verursacher schädlicher Bodenveränderungen im Sinne des § 2 Abs. 3 BBodSchG[579] ist verpflichtet, Gefahrenabwehr- und Vorsorgemaßnahmen gegen schädliche Bodenveränderungen und -verunreinigungen zu ergreifen (vgl. § 4 und § 7 BBodSchG).[580] Dies gilt auch für die jeweiligen Verkehrsvorhabenträger.[581]

Zunächst enthält § 4 Abs. 1 und Abs. 2 BBodSchG die bodenschutzrechtlichen Gefahrenabwehrpflichten, bei denen es sich um „spezielle Ausprägungen der materiellen Polizeipflichten“[582] handelt. Grundsätzlich muss jedermann, der auf den Boden einwirkt, gemäß § 4 Abs. 1 BBodSchG dafür sorgen, dass schädliche Bodenveränderungen vermieden werden („Vermeidungsgebot“[583]). Gemäß § 4 Abs. 2 BBodSchG sind der Grundstückseigentümer und der Inhaber der tatsächlichen Gewalt über ein Grundstück verpflichtet, Maßnahmen zur Abwehr der von ihrem Grundstück drohenden schädlichen Bodenveränderungen im Sinne des § 2 Abs. 3 BBodSchG zu ergreifen.[584] Zudem regelt § 4 Abs. 3 BBodSchG die Sanierungsverantwortlichkeit für „Boden, Altlasten und dadurch verursachte schädliche Gewässerverunreinigungen“.[585] In diesem Rahmen sind die Verkehrsvorhabenträger unter Umständen verpflichtet, eventuelle Kontaminationen des als Verkehrsflächen gedachten Bodens zu beseitigen sowie für Verkehrsflächen im Zuge der Planung und Realisierung von Verkehrsprojekten zu verhindern, dass schädliche Bodenveränderungen entstehen, bzw. diese Wahrscheinlichkeit zu verringern.[586] Darüber hinaus verlangt § 7 BBodSchG Vorsorge dahingehend, dass schädliche Bodenveränderungen, die durch Grundstücknutzung hervorgerufen werden können,[587] präventiv verhindert und hierfür geeignete Maßnahmen

578 Vgl. *Kloepfer*, Umweltrecht, § 12 Rn. 84.

579 Nach § 2 Abs. 3 BBodSchG sind „schädliche Bodenveränderungen im Sinne dieses Gesetzes Beeinträchtigungen der Bodenfunktionen, die geeignet sind, Gefahren, erhebliche Nachteile oder erhebliche Belästigungen für den einzelnen oder die Allgemeinheit herbeizuführen.“

580 Vgl. *Kloepfer*, Umweltrecht, § 12 Rn. 136; *Springe*, in: Kodal (Hrsg.), Straßenrecht, Kap. 33 Rn. 10.4.

581 Vgl. *Springe*, in: Kodal (Hrsg.), Straßenrecht, Kap. 33 Rn. 10.4.

582 *Versteyl*, in: Versteyl/Sondermann (Hrsg.), BBodSchG, § 4 Rn. 18; *Kloepfer*, Umweltrecht, § 12 Rn. 135.

583 *Versteyl*, in: Versteyl/Sondermann (Hrsg.), BBodSchG, § 4 Rn. 7.

584 Vgl. *Versteyl*, in: Versteyl/Sondermann (Hrsg.), BBodSchG, § 4 Rn. 14.

585 *Sanden*, in: Koch (Hrsg.), Umweltrecht, § 8 Rn. 40; *Versteyl*, in: Versteyl/Sondermann (Hrsg.), BBodSchG, § 4 Rn. 36.

586 Vgl. *Versteyl*, in: Versteyl/Sondermann (Hrsg.), BBodSchG, § 4 Rn. 34.

587 In diesem Zusammenhang sind folgende Stoffe nach Anhang 2 Nr. 4 der BBodSchV aufgeführt; Cadmium, Blei, Chrom, Kupfer, Quecksilber, Nickel, Zink, Polychlorierte Biphenyle usw. (*Versteyl*, in: Versteyl/Sondermann (Hrsg.), BBodSchG, § 7 Rn. 15).

ergriffen werden.[588] Dabei werden die maßgeblichen Werte durch die auf § 8 Abs. 1 und Abs. 2 BBodSchG gestützte BBodSchV[589] festgelegt.[590]

b) Im immissionsschutzrechtlichen Bereich

Unter Bezugnahme auf den verkehrsbezogenen Immissionsschutz können insbesondere Verkehrslärmschutz und Luftreinhaltung im Rahmen des BImSchG behandelt werden. Außerdem wird der rechtliche Schutz vor Fluglärm in der Umgebung von Flugplätzen durch das FluglSchG dargestellt.

(1) § 50 BImSchG

Bei der Planfeststellungsentscheidung über die jeweiligen Verkehrsinfrastrukturprojekte ist vor allem § 50 BImSchG im immissionsschutzrechtlichen Rahmen bedeutsam.[591] Denn § 50 BImSchG dient sowohl als Planungsleitsatz als auch als Instrument der rechtsverbindlichen Entscheidung über die geeignete Flächenzuordnung im Rahmen der Immissionsschutzregelungen zur Planung und Realisierung von Verkehrsinfrastrukturprojekten.[592] Er gilt auch als typisches Beispiel für ein Optimierungsgebot,[593] wonach schädliche Umwelteinwirkungen auf Gebiete, die ausschließlich oder überwiegend dem Wohnen dienen, sowie auf sonstige schutzbedürftige Gebiete soweit wie möglich vermieden werden sollen und die Erhaltung der bestmöglichen Luftqualität zu berücksichtigen ist. Dementsprechend lassen sich die immissionsschutzrechtlichen Belange unter Abwägung aller betroffenen Belange ausreichend berücksichtigen und ausgleichen.

Dabei ist zunächst zu klären, ob § 50 BImSchG bei der fernstraßen- und wasserstraßenrechtlichen Planfeststellungsentscheidung wieder anwendbar ist, obwohl in diesem Zusammenhang bereits die Linienführung nach § 16 FStrG und § 13 WaStrG unter Berücksichtigung des § 50 BImSchG bestimmt wird.[594] § 50 BImSchG fungiert als Planungsleitsatz und gilt somit für jede Planungsebene.[595] Dabei ist § 50 BImSchG sowohl auf die Linienbestimmung als auch auf die sich anschließende fernstraßen- und wasserstraßenrechtliche Planfeststellungsentscheidung anwendbar.

---

588 *Versteyl*, in: Versteyl/Sondermann (Hrsg.), BBodSchG, § 7 Rn. 1.

589 Die Bundes-Bodenschutz- und Altlastenverordnung vom 31.8.2015, BGBl. I S. 1474.

590 *Versteyl*, in: Versteyl/Sondermann (Hrsg.), BBodSchG, § 8 Rn. 8.

591 Vgl. *Schoen*, in: Landmann/Rohmer (Hrsg.), Umweltrecht, Bd. III, BImSchG § 50 Rn. 18.

592 Vgl. *Springe*, in: Kodal (Hrsg.), Straßenrecht, Kap. 33 Rn. 8.4.

593 *Hoppe*, DVBl 1992, S. 853 (854).

594 Vgl. *Ronellenfitsch*, in: Marschall/Schroeter/Kastner, FStrG, § 16 Rn. 52; *Schoen*, in: Landmann/Rohmer (Hrsg.), Umweltrecht, Bd. III, BImSchG § 50 Rn. 69.

595 In diesem Zusammenhang werden nach *Jarass* die Linienbestimmung § 16 FStrG sowie § 13 WaStrG als raumbedeutsame Planung im Sinne des § 50 BImSchG und die Planfeststellung als raumbedeutsame Maßnahme klassifiziert (*Jarass*, BImSchG, § 50 Rn. 6 ff.).

Bei der luftverkehrsrechtlichen Planfeststellungsentscheidung ist ebenfalls § 50 BImSchG anzuwenden, obwohl sich nach § 2 Abs. 2 BImSchG das BImSchG nicht auf Flugplätze erstreckt. Insoweit sind die Fluglärmbelastungen im LuftVG und im FluglSchG speziell geregelt.[596]

(2) Lärmschutz

Der Lärmschutz ist ein Schwerpunkt bei der Planung der jeweiligen Verkehrsprojekte. Insbesondere im Rahmen der fernstraßen- und eisenbahnrechtlichen Planfeststellung kommen einige wesentliche Vorschriften des BImSchG, nämlich § 50 und die §§ 41 bis 43 zur Anwendung. Dies kann als dreistufiges System des immissionsschutzrechtlichen Lärmschutzkonzepts aufgefasst werden, das aus dem grundsätzlichen Planungsleitsatz sowie aus aktivem und passivem Lärmschutz besteht.[597] § 50 BImSchG ist bereits dargestellt worden,[598] weshalb im Folgenden nur noch auf die Maßnahmen des aktiven und passiven Verkehrslärmschutzes eingegangen wird.

(a) Verkehrslärmschutz

aa) Aktiver Lärmschutz

Soweit schädliche Umwelteinwirkungen im Sinne des § 3 Abs. 1 BImSchG durch die Straßen- oder Schienentrassierung gemäß § 50 BImSchG auf der ersten Stufe des Lärmschutzkonzepts nicht ausreichend vermieden werden können,[599] sieht insbesondere § 41 Abs. 1 BImSchG Maßnahmen des aktiven Lärmschutzes vor, zu denen beispielsweise Wälle, Lärmschutzwände sowie gegebenenfalls auch Tunnel zählen.[600] § 41 BImSchG regelt als zweite Stufe des immissionsschutzrechtlichen Lärmschutzkonzepts die Maßnahmen des aktiven Lärmschutzes, die „der Abwehr erheblicher Belastungen durch Verkehrsgeräusche“[601] dienen. Demgemäß ist sicherzustellen, dass vom Straßen- und Schienenverkehr später keine schädlichen Umwelteinwirkungen durch Geräusche hervorgerufen werden können, die nach dem Stand der Technik vermeidbar sind (vgl. § 41 Abs. 1 BImSchG). In diesem Zusammenhang ist „die Einschränkung durch den Stand der Technik“[602] von wesentlicher Bedeutung,

596 Vgl. BVerwGE 75, 214 (233); *Dietlein* , in: Landmann/Rohmer (Hrsg.), Umweltrecht, Bd. III, BImSchG § 2 Rn. 22. In diesem Zusammenhang siehe auch unter 1. Teil, § 2, D, III, 5, b), (2), (b).

597 *Bracher*, in: Landmann/Rohmer (Hrsg.), Umweltrecht, Bd. III, BImSchG § 41 Rn. 2; *Jarass*, BImSchG, § 41 Rn. 2; *Uechtritz*, DVBl. 1999, S. 198 (200 ff.).

598 Siehe dazu den 1. Teil, § 2, D, III, 5, a), (1).

599 Vgl. *Ronellenfitsch*, in: Marschall/Schroeter/Kastner, FStrG, § 17 Rn. 35; *Kotulla*, Umweltrecht, 3. Teil Rn. 115; *Bracher*, in: Landmann/Rohmer (Hrsg.), Umweltrecht, Bd. III, BImSchG § 41 Rn. 2.

600 *Uechtritz*, DVBl. 1999, S. 198 (199).

601 BVerwGE 108, 248 (254).

602 *Jarass*, BImSchG, § 41, Rn. 56.

wobei darunter nach § 41 Abs. 1 BImSchG nur „Vorkehrungen zur Ausgestaltung des Verkehrsweges“[603] zu verstehen sind.[604] Der Maßstab dieses Technikstandes kann unter Berücksichtigung des § 3 Abs. 6 BImSchG beurteilt werden.[605] Er betrifft die Festlegung gesicherter Erkenntnisse zum Bau von Straßen- und Schienenwegen, die grundsätzlich bereits erfolgreiche überprüft wurden.[606] Auf der Grund der Ergebnisse entscheidet der Vorhabenträger unter Berücksichtigung der Kosten der Schutzmaßnahmen (§ 41 Abs. 2 BImSchG) über die Maßnahmen des aktiven Lärmschutzes (z. B. Wälle, Lärmschutzwände, Tunnel).[607]

§ 41 BImSchG eröffnet als „striktes Gebot“[608] keinen planerischen Gestaltungsspielraum. Die aktiven Schallschutzmaßnahmen sind nur dann zu ergreifen, falls die in § 41 BImSchG geregelten Tatbestandmerkmale erfüllt sind.[609] Dabei werden die konkreten Immissionsgrenzwerte nach § 41 Abs. 1 BImSchG durch eine auf § 43 Abs. 1 Satz 1 Nr. 3 BImSchG gestützte Rechtsverordnung (die 16. BImSchV[610]) festgelegt. § 2 der 16. BImSchV regelt entsprechend den Schutzkategorien (z. B. Krankenhäuser, Schulen, allgemeine Wohngebiete) unterschiedliche Immissionsgrenzwerte für Tag und Nacht.[611] Dies dient als Maßstab für Lärmschutzmaßnahmen

603 *Jarass*, BImSchG, § 41 Rn. 56; *ders.*, UPR 1998, S. 415 (419).
604 Im Hinblick auf die Vorkehrungen siehe auch den 1. Teil, § 2, D, III, 3, c), (2).
605 BVerwGE 108, 248 (256); *Bracher*, in: Landmann/Rohmer (Hrsg.), Umweltrecht, Bd. III, BImSchG § 41 Rn. 64.
606 Vgl. *Jarass*, BImSchG, § 41 Rn. 57; *Springe*, in: Kodal (Hrsg.), Straßenrecht, Kap. 33 Rn. 8.15.
607 Vgl. *Springe*, in: Kodal (Hrsg.), Straßenrecht, Kap. 33 Rn. 8.16.
608 *Uechtritz*, DVBl. 1999, S. 198 (201).
609 Vgl. BVerwGE 108, 248; *Springe*, in: Kodal (Hrsg.), Straßenrecht, Kap. 33 Rn. 8.14.
610 Die Verkehrslärmschutzverordnung vom 18.12.2014 – 16. BImSchV, BGBl. I S. 2269.
611 § 2 Abs. 1 der 16. BImSchV lautet: „Zum Schutz der Nachbarschaft vor schädlichen Umwelteinwirkungen durch Verkehrsgeräusche ist bei dem Bau oder der wesentlichen Änderung sicherzustellen, dass der Beurteilungspegel einen der folgenden Immissionsgrenzwerte nicht überschreitet:

	Tag (06:00–22:00)	Nacht (22:00–06:00)
1. an Krankenhäusern, Schulen, Kurheimen und Altenheimen		
	57 Dezibel (A)	47 Dezibel (A)
2. in reinen und allgemeinen Wohngebieten und Kleinsiedlungsgebieten		
	59 Dezibel (A)	49 Dezibel (A)
3. in Kerngebieten, Dorfgebieten und Mischgebieten		
	64 Dezibel (A)	54 Dezibel (A)
4. in Gewerbegebieten		
	69 Dezibel (A)	59 Dezibel (A)

“

und Kontrollen, die im Rahmen der Planung und Realisierung von Straßen und Schienenwegen vorgesehen sind.[612]

Die Maßnahmen des aktiven Lärmschutzes spielen sowohl für das Planungs- als auch für das Realisierungssystem zum Umweltschutz eine wichtige Rolle. Dies gilt ebenfalls für die Maßnahmen des passiven Lärmschutzes.

bb) Passiver Lärmschutz

Auf der dritten Stufe des immissionsschutzrechtlichen Lärmschutzkonzepts sind Maßnahmen des passiven Lärmschutzes gemäß § 42 BImSchG zu treffen. Dies setzt voraus, dass trotz der aktiven Schallschutzmaßnahmen der zu erwartende Straßen- und Schienenverkehrslärm die in 16. BImSchV festgelegten Immissionsgrenzwerte aufgrund technischer oder finanzieller Probleme überschreitet.[613] Aus diesem Grund hat der von baulichen Anlagen betroffene Eigentümer gemäß § 42 Abs. 1 Satz 1 BImSchG gegen den Baulastträger einen Anspruch auf angemessenen Entschädigung in Geld, es sei denn, die Beeinträchtigung ist aufgrund der besonderen Benutzung der Anlage zumutbar. Dabei bezieht sich die angemessene Entschädigung auf passive Maßnahmen, wie etwa Schallschutzfenster.[614] Nach § 41 Abs. 2 BImSchG ist die Entschädigung für Schallschutzmaßnahmen an baulichen Anlagen als passive Maßnahme in Höhe der erbrachten notwendigen Aufwendungen zu leisten, soweit diese einer auf § 43 Abs. 1 Satz 1 Nr. 3 BImSchG gestützten Rechtsverordnung, hier der 24. BImSchV[615], entsprechen. § 2 Abs. 1 der 24. BImSchV regelt die Art der Schallschutzmaßnahmen, nämlich bauliche Maßnahmen zur Minderung des Verkehrslärms an Umfassungsbauteilen (z. B. Schallschutzfenster, Lärmdämmung von Decken und Wänden) und Lüftungseinrichtungen in Räumen, die überwiegend zum Schlafen genutzt wurden.[616] Diese Verordnung dient ebenso wie 16. BImSchV[617] als Maßstab für Lärmschutzmaßnahmen und Kontrollen, die im Rahmen der Planung und Realisierung von Straßen und Schienenwegen vorgesehen sind.

(b) Schutz vor Fluglärm

Im Hinblick auf den Schutz vor Fluglärm sind die Vorschriften des aktiven bzw. passiven Lärmschutzes nach den §§ 41 bis 43 BImSchG auf die Genehmigung und die Planfeststellung von Verkehrsflughäfen nicht anwendbar[618]. Hier gelten stattdessen

---

612 Vgl. *Jarass*, BImSchG, § 41 Rn. 13.

613 Vgl. *Springe*, in: Kodal (Hrsg.), Straßenrecht, Kap. 33 Rn. 8.31; *Schmidt-Eichstaedt*, in: Kotulla (Hrsg.), BImSchG, Bd. 2, § 42 Rn. 10; *Schulze-Fielitz*, DÖV 2001, S. 181 (185).

614 *Schmidt-Eichstaedt*, in: Kotulla (Hrsg.), BImSchG, Bd. 2, § 42 Rn. 4.

615 Verkehrswege-Schallschutzmaßnahmen vom 23.9.1997 – 24. BImSchV BGBl. I S. 2329.

616 Vgl. *Jarass*, BImSchG, § 42 Rn. 18.

617 Siehe hierzu oben 1. Teil, § 2, D, III, 5, b), (2), (a), aa).

618 *Schulze-Fielitz*, DÖV 2001, S. 181 (185).

die Regelungen des LuftVG und des FluglSchG. Insbesondere durch den Erlass des FluglSchG sind die konkreten Grenzwerte für den Fluglärm bestimmt.[619] Darüber hinaus fungiert es als Grundlage für die Anordnungen von Schutzauflagen im Rahmen des luftrechtlichen Planfeststellungsbeschlusses. Nach der Rechtsprechung des BVerwG sei das FluglSchG ein Spezialgesetz zu § 9 Abs. 2 LuftVG, sodass die Planfeststellungsbehörde weder generell dazu berechtige noch gar dazu verpflichte, auf Grundlage des § 9 Abs. 2 LuftVG einen weiterreichenden baulichen Schallschutz unterhalb der Auslösewerte des FluglSchG anzuordnen.[620]

Sowohl bei der Genehmigung als auch bei der Planfeststellung von Verkehrsflughäfen ist der Schutz vor Fluglärm gemäß § 6 Abs. 2 Satz 1 LuftVG und § 8 Abs. 1 Sätze 2 bis 4 LuftVG zu berücksichtigen. Dabei sind zum Schutz der Allgemeinheit und der Nachbarschaft vor schädlichen Umwelteinwirkungen durch Fluglärm die jeweils anwendbaren Werte des § 2 Abs. 2 FluglSchG zu beachten (§ 8 Abs. 1 Satz 2 LuftVG). Im Hinblick auf die Planung und Realisierung von Verkehrsflughäfen sind insbesondere die jeweils anwendbaren Werte des § 2 Abs. 2 Nr. 1 FluglSchG[621] zu beachten, um die Allgemeinheit und die Nachbarschaft zu schützen.[622] Dort ist entsprechend der durch die Immissionsbelastung bestimmten Schutzzonen die unterschiedliche Kontur des äquivalenten Dauerschallpegels für den Tag und die Nacht geregelt.[623] Diese Regelungen dienen als Grundlage für die entsprechenden Maßnahmen des Fluglärmschutzes, die im Rahmen der Planung und Realisierung von Verkehrsflughäfen zum Umweltschutz ergriffen werden.

619 Vgl. BVerwGE 142, 234 (235); *Kopp/Ramsauer*, VwVfG, § 74 Rn. 89.

620 BVerwGE 142, 234 (286).

621 § 2 Abs. 2 Nr. 1 FluglSchG lautet: „Werte für neue oder wesentlich baulich erweiterte zivile Flugplätze im Sinne des § 4 Abs. 1 Nr. 1 und 2 (Festsetzung von Lärmschutzbereichen für Verkehrsflughäfen):

Tag-Schutzzone 1	L(tief)Aeq Tag = 60 Dezibel (A)
Tag-Schutzzone 2	L(tief)Aeq Tag = 55 Dezibel (A)
Nacht-Schutzzone	bis zum 31.12.2010: L(tief)Aeq Nacht = 53 Dezibel (A) L(tief)Amax = 6 mal 57 Dezibel (A)
	ab dem 1.1. 2011: L(tief)Aeq Nacht = 50 Dezibel (A) L(tief)Amax = 6 mal 53 Dezibel (A)

(Tag-06:00 bis 22:00 Uhr, Nacht-22:00 bis 06:00 Uhr)"

622 *Schwenk/Giemulla*, Handbuch des Luftverkehrsrechts, Kap. 9 Rn. 193.

623 *Deutsch*, in: Hobe/von Ruckteschell (Hrsg.), Kölner Kompendium des Luftrechts, Bd. 2, Teil. 1, B, Rn. 228.

(3) Luftreinhaltung

Die Regelungen der Luftreinhaltung sind für die Beschaffenheit und den Betrieb der einzelnen Fahrzeuge bestimmt (vgl. § 38 BImSchG),[624] da die Fahrzeuge durch die Abgase unmittelbar Luftverunreinigungen und Geräusche im Verkehrsbereich verursachen. Im Rahmen der Planfeststellungsentscheidung von Verkehrsinfrastrukturprojekten ist die Luftreinhaltung ebenfalls zu berücksichtigen.[625] Als Maßstäbe der Luftverunreinigung sind dafür ähnliche Grenzwerte erforderlich, wie in der 16. BImSchV. Im Hinblick auf Grenzwerte für Schadstoffe in der Luft ist die 39. BImSchV[626] einschlägig. Sie wurde mit den Änderungen der §§ 44 bis 47 BImSchG als Sonderregelungen für die Luftreinhalteplanung erlassen. Daher war die Frage umstritten, welche Rolle die 39. BImSchV nicht zuletzt bei der Planfeststellung für die Straßenplanung spielt. Diesbezüglich ist das BVerwG der Ansicht, dass die Einhaltung der Grenzwerte der 39. BImSchV keine zwingende materielle Anforderung an die Planfeststellung darstelle, sondern nur im Rahmen der Abwägungsentscheidung zu beachten sei.[627]

c) Im naturschutzrechtlichen Bereich

Bei der Planfeststellung von Verkehrsinfrastrukturprojekten sind neben dem Immissionsschutz auch die Belange des Naturschutzes und der Landschaftspflege zwingend in die Abwägung einzubeziehen.[628] Es handelt sich hierbei insbesondere um die sog. Eingriffsregelungen im Sinne der §§ 13 ff. BNatSchG, den Schutz von Natura 2000-Gebieten nach den §§ 31 ff. BNatSchG sowie um den Artenschutz gemäß den §§ 39 ff. BNatSchG.

(1) Eingriffsregelungen

§ 13 BNatSchG enthält vor allem einen allgemeinen Grundsatz des Naturschutzes. Demgemäß sind erhebliche Beeinträchtigungen von Natur und Landschaft in erster Linie durch Ausgleichs- oder Ersatzmaßnahmen oder – soweit diese nicht durchführbar sind – durch einen Ersatz in Geld zu kompensieren, soweit die Vermeidung vom Verursacher der erheblichen Beeinträchtigungen nicht möglich ist. Die §§ 14 ff. BNatSchG konkretisieren § 13 BNatSchG.[629] Der Begriff des naturschutzrechtlichen

---

624 Vgl. *Springe*, in: Kodal (Hrsg.), Straßenrecht, Kap. 33 Rn. 9.1.

625 *Ronellenfitsch*, in: Marschall/Schroeter/Kastner, FStrG, § 17 Rn. 41; *Vallendar/Wurster*, in: Hermes/Sellner (Hrsg.), AEG, § 18 Rn. 127.

626 Die Neununddreißigste Verordnung zur Durchführung des Bundes-Immissionsschutzgesetzes Verordnung über Luftqualitätsstandards und Emissionshöchstmengen vom 31.8.2015 – 39. BImSchV, BGBl. I. S. 1474.

627 BVerwGE 121, 57 (60 f.); 123, 23 (27 f.); 134, 308 (329 f.); *Stüer*, Handbuch des Bau- und Fachplanungsrechts, Rn. 3183.

628 *Krohn*, in: Schlacke (Hrsg.), GK-BNatSchG, § 4 Rn. 26; *Kopp/Ramsauer*, VwVfG, § 74 Rn. 69; *Storost*, DVBl 2012, S. 457 (461).

629 *Koch*, in: Schlacke (Hrsg.), GK-BNatSchG, § 13 Rn. 1.

Eingriffs wird in § 14 Abs. 1 BNatSchG definiert. Ein Eingriff ist dem zufolge eine Veränderung der Gestalt oder Nutzung von Grundflächen oder des mit der belebten Bodenschicht in Verbindung stehenden Grundwasserspiegels, welche die Leistungs- und Funktionsfähigkeit des Naturhaushalts oder das Landschaftsbild erheblich beeinträchtigen kann. § 15 BNatSchG enthält eine gestufte Regelung: zunächst das Vermeidungsgebot (Abs. 1), danach einen Naturausgleich und die Naturkompensation (Abs. 2) sowie schließlich die Abwägung und gegebenenfalls die Untersagung (Abs. 5).[630] Dem BVerwG zufolge dienen jedoch diese Regelungen als Ergänzung der jeweiligen fachgesetzlichen Zulassung für ein Vorhaben, das in Natur und Landschaft eingreift.[631]

In der Tat sind der immense Flächenverbrauch solcher Vorhaben für Verkehrsinfrastrukturprojekte und die dadurch bewirkten Eingriffe in Natur und Landschaft vielfach unvermeidbar. Deswegen ist es von entscheidender Bedeutung, dass die naturschutzrechtlichen Eingriffsregelungen zum Schutz von Natur und Landschaft im Rahmen der Planung und Realisierung von Verkehrsinfrastrukturprojekten beachtet werden. Insbesondere der Verkehrsvorhabenträger muss Ausgleichs- und Ersatzmaßnahmen gemäß den §§ 14 ff. BNatSchG durchführen. Hierbei zielen die Ausgleichmaßnahmen (z.B. die Bepflanzung der Böschungen an Verkehrswegen bzw. in der Nähe der Verkehrsflughäfen) darauf, „die Werte und Funktionen von Naturhaushalt und Landschaftsbild“[632] nach dem Verhältnismäßigkeitsgrundsatz zu erhalten (vgl. § 15 Abs. 2 Satz 2 BNatSchG).[633] Demgegenüber gehen die Ersatzmaßnahmen, wie z.B. die Neugestaltung des Landschaftsbildes, bereits vorab davon aus, dass die Beeinträchtigung des Wertes und der Funktionen von Naturhaushalt und Landschaftsbild voraussichtlich unvermeidlich ist (vgl. § 15 Abs. 2 Satz 3 BNatSchG).[634] Dadurch soll sichergestellt werden, dass die mit dem Eingriff im Sinne des § 14 Abs. 1 BNatSchG verbundenen Beeinträchtigungen von Natur und Landschaft im Rahmen der Planung und Realisierung von Verkehrsinfrastrukturprojekten vermindert bzw. möglichst vermieden werden können.

(2) Schutz von Natura 2000-Gebieten

(a) Aufbau der Natura 2000-Gebieten

Die §§ 31 bis 36 BNatSchG über den Schutz von „Natura 2000-Gebieten“ setzen die FFH-Richtlinie (92/43/EWG) und die Vogelschutzrichtlinie (2009/147/EG) um. Als „Natura 2000“ wird nach § 7 Abs. 1 Nr. 8 BNatSchG i. V. m. Art. 3 FFH-Richtlinie die Einrichtung eines kohärenten europäischen ökologischen Netzes besonderer

630 Vgl. *Kloepfer*, Umweltrecht, § 11 Rn. 88 ff.

631 Vgl. BVerwGE 104, 144 (147); *Sanden*, in: Koch (Hrsg.), Umweltrecht, § 13 Rn. 133.

632 *Springe*, in: Kodal (Hrsg.), Straßenrecht, Kap. 33 Rn. 4.7.

633 Vgl. *Koch*, in: Schlacke (Hrsg.), GK-BNatSchG, § 15 Rn. 8 ff.; *Springe*, in: Kodal (Hrsg.), Straßenrecht, Kap. 33 Rn. 4.6 f.

634 Vgl. *Koch*, in: Schlacke (Hrsg.), GK-BNatSchG, § 15 Rn. 17; *Springe*, in: Kodal (Hrsg.), Straßenrecht, Kap. 33 Rn. 4.7.

Schutzgebiete bezeichnet, zu denen auch die Vogelschutzgebiete gehören. Um die „Natura 2000-Gebiete" einzurichten, wählen die Bundesländer zunächst die Schutzgebiete aus, die dafür in Betracht kommen, und legen diese Auswahl sodann dem Bundesministerium für Umwelt, Naturschutz und Reaktorsicherheit vor (vgl. § 32 Abs. 1 BNatSchG). Dabei obliegt den Ländern gemäß § 32 Abs. 2 BNatSchG die Pflicht, die ausgewählten Schutzgebiete zu geschützten Teilen von Natur und Landschaft im Sinne des § 20 Absatz 2 BNatSchG zu erklären.[635] Dementsprechend sind bei der Planung und Realisierung von Verkehrsinfrastrukturprojekten die „Natura 2000-Gebiete" zu berücksichtigen. Auf diesen Aspekt wird im Zusammenhang mit der FFH-Verträglichkeitsprüfung noch näher einzugehen sein.

(b) FFH-Vertäglichkeitsprüfung

Die von Art. 6 Abs. 3 und 4 FFH-Richtlinie vorgesehene FFH-Verträglichkeitsprüfung ist mit § 34 BNatSchG umgesetzt worden.[636] Gemäß § 34 Abs. 1 BNatSchG sind die Verkehrsprojekte vor ihrer Zulassung jeweils auf ihre Verträglichkeit mit den Erhaltungszielen eines „Natura 2000-Gebiets" – das können FFH-Gebiete wie Vogelschutzgebiete sein – zu überprüfen. Falls die jeweiligen Projekte geeignet sind, um erhebliche Beeinträchtigungen des „Natura 2000-Gebiets" herbeizuführen, sind sie unzulässig (vgl. § 34 Abs. 2 BNatSchG).

Im Rahmen der FFH-Vertäglichkeitsprüfung geht es vor allem darum, zu klären, wann eine erhebliche Beeinträchtigung vorliegt. Die Durchführung der FFH-Verträglichkeitsprüfung zielt gemäß § 33 BNatSchG darauf ab, Veränderungen und Störungen der maßgeblichen Bestandteile eines „Natura 2000-Gebietes" zu verbieten.[637] Folglich bedeutet die erhebliche Beeinträchtigung im Sinne des § 34 Abs. 1 und 2 BNatSchG, dass die maßgeblichen Bestandteile eines „Natura 2000-Gebietes" sich verändern und gestört werden. Auch dem BVerwG[638] zufolge sei grundsätzlich jede Beeinträchtigung von gebietsbezogenen Erhaltungszielen erheblich. Damit würde anschließend der günstige Erhaltungszustand der geschützten Lebensräume und Arten als geeignetes Bewertungskriterium dargestellt werden.

Ausnahmen von der Unzulässigkeit der Projekte im Sinne des § 34 Abs. 2 BNatSchG sieht § 34 Abs. 3 bis 5 BNatSchG vor. Nach § 34 Abs. 3 BNatSchG ist ein Projekt grundsätzlich zuzulassen oder durchzuführen, soweit zwingende Gründe des überwiegenden öffentlichen Interesses vorliegen (§ 34 Abs. 3 Nr. 1 BNatSchG) und keine zumutbaren Alternativen existieren (§ 34 Abs. 3 Nr. 2 BNatSchG). Darüber

---

635 *Gellermann*, in: Landmann/Rohmer (Hrsg.), Umweltrecht, Bd. IV, BNatSchG § 33 Rn. 1.
636 *Wolf*, in: Schlacke (Hrsg.), GK-BNatSchG, § 34 Rn. 1.
637 *Wolf*, in: Schlacke (Hrsg.), GK-BNatSchG, § 34 Rn. 1.
638 BVerwGE 128, 1; *Gellermann*, in: Landmann/Rohmer (Hrsg.), Umweltrecht, Bd. IV, BNatSchG § 34 Rn. 27.

hinaus regelt § 34 Abs. 4 BNatSchG den Kreis der öffentlichen Interessen.[639] Dazu zählen die Gesundheit des Menschen, die öffentliche Sicherheit einschließlich der Verteidigung und des Schutzes der Zivilbevölkerung oder die maßgeblich günstigen Auswirkungen des Projekts auf die Umwelt. Im Hinblick auf Verkehrsprojekte sind nach Rechtsprechung des BVerwG „eine Verbesserung der Verkehrssicherheit sowie die Minderung schädlicher Umwelteinwirkungen“[640] als Gründe im Sinne des § 34 Abs. 4 BNatSchG bei der Abwägungsentscheidung in der Planfeststellung berücksichtigungsfähig. Sonstige Gründe im Sinne des § 34 Abs. 3 Nr. 1 BNatSchG sind ebenfalls zulässig, wenn die zuständige Behörde zuvor über das Bundesministerium für Umwelt, Naturschutz und Reaktorsicherheit eine Stellungnahme der Kommission eingeholt hat (§ 34 Abs. 4 Satz 2 BNatSchG). Im Falle von Ausnahmen gemäß § 34 Abs. 3 und 4 BNatSchG sind die notwendigen Maßnahmen zu ergreifen, um die Kohärenz des Netzes Natura-2000 zu sichern (vgl. § 34 Abs. 5 BNatSchG).

(3) Artenschutz

Im Rahmen der Planfeststellungsentscheidung von Verkehrsprojekten ist zudem der Artenschutz nach §§ 39 BNatSchG strikt zu beachten.[641] Gemäß § 37 Abs. 1 BNatSchG zielt er darauf ab, wild lebende Tiere und Pflanzen sowie ihre Lebensgemeinschaften vor Beeinträchtigungen durch den Menschen zu schützen. Der naturschutzrechtliche Artenschutz gliedert sich in den allgemeinen Artenschutz nach den §§ 39 BNatSchG und den besonderen Artenschutz nach den §§ 44 BNatSchG.

Insbesondere die Regelungen des besonderen Artenschutzes sind, wie sie in den Artt. 12 und 16 FFH-Richtlinie und den Artt. 5 und 9 Vogelschutzrichtlinie[642] enthalten sind, durch §§ 44 BNatSchG in nationales Recht umgesetzt worden.[643] Der EuGH stellte dabei in einem Vertragsverletzungsverfahren gegen die Bundesrepublik Deutschland fest, dass die Umsetzung besonders der artenschutzrechtlichen Regelungen im deutschen Recht nicht den europarechtlichen Anforderungen entspricht.[644] Demgemäß lässt sich die Auffassung des BVerwG

---

639 *Gellermann*, in: Landmann/Rohmer (Hrsg.), Umweltrecht, Bd. IV, BNatSchG § 34 Rn. 39.

640 BVerwGE 130, 299 (349).

641 *Kopp/Ramsauer*, VwVfG, § 74 Rn. 80.

642 Die Artt. 12 und 16 FFH-Richtlinie sowie die Artt. 5 und 9 Vogelschutzrichtlinie sehen „artenschutzrechtlich bedeutsame Zugriffs- und Handelsverbote“ vor. Dazu Näheres in *Schütte/Gerbig*, in: Schlacke (Hrsg.), GK-BNatSchG, Vorbemerkungen zu §§ 37 bis 55 Rn. 12.

643 Vgl. *Schütte/Gerbig*, in: Schlacke (Hrsg.), GK-BNatSchG, Vorbemerkungen zu §§ 37 bis 55 Rn. 12.

644 EuGH. Urt. vom 10.1.2006, Rs. C-98/03; hierzu *Wolf*, ZUR 2006, S. 505 (510 f.). Außerdem liegt im Hinblick auf den Absichtsbegriff nach Art. 12 Abs. 1b FFH-Richtlinie nach Auffassung des EuGH die Absicht bereits vor, wenn „eine Beeinträchtigung einer geschützten Art in Kenntnis aller Umstände in Kauf genommen

nicht mehr aufrechterhalten, wonach die artenschutzrechtlichen Regelungen im Rahmen eines Planfeststellungsverfahrens nicht anzuwenden sind, soweit ein Vorhaben entsprechend der naturschutzrechtlichen Eingriffsregelungen zugelassen wurde.[645] Folglich kommt den Vorschriften der §§ 44 BNatSchG bei der Planung und Realisierung von Infrastrukturprojekten zunehmend großer Bedeutung zu.

Insbesondere die sog. Zugriffsverbote des § 44 Abs. 1 BNatSchG beziehen sich sowohl auf die Planfeststellung als auch auf die eigentliche Realisierung der Verkehrsinfrastrukturprojekte.[646] Dementsprechend ist es verboten, alle geschützten Arten wild lebender Tiere und Pflanzen sowie alle geschützten europäischen Vogelarten zu töten, zu entnehmen, zu stören bzw. ihre Fortpflanzungs- oder Ruhestätten zu beschädigen. Gemäß den Vorgaben des Inhaltes § 44 Abs. 5 BNatSchG können die Zugriffsverbote eingeschränkt werden. Außerdem regelt § 45 Abs. 7 BNatSchG Ausnahmen von den Verboten des § 44 Abs. 1 BNatSchG. Bei der Planung und Realisierung von Infrastrukturprojekten können die Zugriffsverbote des § 44 Abs. 1 BNatSchG vor allem auf Grund von § 45 Abs. 7 Satz 1 Nrn. 4 und 5 BNatSchG zugelassen werden.[647] So kann der Bau von Verkehrsinfrastrukturprojekten nach § 45 Abs. 7 Satz 1 Nr. 4 BNatSchG gestattet werden, falls sich durch den Neu-, Um- und Ausbau der Straßen, Schienen und Wasserstraßen sowie Verkehrsflughäfen die Lärm- und Schadstoffbelastungen reduzieren.[648] Allerdings ist dabei für Menschen und/oder die Umwelt gemäß § 45 Abs. 7 Satz 2 BNatSchG zu beachten, dass solche Ausnahme nur zugelassen werden dürfen, wenn keine zumutbare Alternativen gegeben sind und sich der Erhaltungszustand der Populationen einer Art nicht verschlechtert, soweit nicht Art. 16 Abs. 1 FFH-Richtlinie weitergehende Anforderungen enthält.

§ 67 BNatSchG regelt die Möglichkeit einer Befreiung von den naturschutzrechtlichen Verboten der §§ 39 bis 44 BNatSchG. Insbesondere für Verbote des § 44 BNatSchG können nach § 67 Abs. 2 BNatSchG auf Antrag Befreiungen gewährt werden, wenn die Einhaltung der Vorschrift im Einzelfall eine unzumutbare Belastung – wie etwa einen hohen Grundwasserstand durch Biberdämme[649] oder eine sichtbare Beeinträchtigung wegen eines geschützten Baumes[650] – hervorruft. Hierdurch sollen Konflikte der Naturschutzsysteme des europäischen und deutschen Rechts gelöst werden,[651] wobei Entscheidungen über naturschutzrechtliche

---

wird“ (EuGH. Urt. vom 30.1.2002, Rs. C-103/00, EuGH. Urt. vom 20.10.2005, Rs. C-6/04 sowie EuGH. Urt. vom 18.5.2006, Rs. C-221/04; hierzu *Schütte/Gerbig*, in: Schlacke (Hrsg.), GK-BNatSchG, Vorbemerkungen zu §§ 37 bis 55 Rn. 17).

645 Siehe etwa BVerwGE 112, 321 (330 f.).

646 Vgl. *Springe*, in: Kodal (Hrsg.), Straßenrecht, Kap. 33 Rn. 6.2.

647 *Springe*, in: Kodal (Hrsg.), Straßenrecht, Kap. 33 Rn. 6.6.

648 Vgl. *Schütte/Gerbig*, in: Schlacke (Hrsg.), GK-BNatSchG, § 45 Rn. 28.

649 VG Frankfurt (Oder), Beschl. vom 7.12.2010 – 5 L 208/10.

650 Vgl. *Sauthoff*, in: Schlacke (Hrsg.), GK-BNatSchG, § 67 Rn. 25 f.

651 *Sauthoff*, in: Schlacke (Hrsg.), GK-BNatSchG, § 67 Rn. 35.

Ausnahmen und Befreiungen im Rahmen der jeweiligen Planfeststellungsentscheidung von Verkehrsprojekten zeitlich vor der endgültigen Entscheidung über die Zulassung stehen.[652]

d) Im gewässerschutzrechtlichen Bereich

Im Rahmen der Planungsfeststellungsentscheidung von Verkehrsinfrastrukturprojekten sind die Gewässerschutzbelange als gewichtige Aspekte zu berücksichtigen.[653] Es handelt sich hierbei um Grundsätze der Gewässerbewirtschaftung im Sinne des § 6 WHG, Gewässerbenutzungen nach den §§ 8 WHG sowie um die Regelungen über die Bewirtschaftungsziele bezogen auf die Regelungen für oberirdische Gewässer gemäß den §§ 27 ff. WHG, für das Grundwasser gemäß § 47 WHG und für die Küstengewässer gemäß § 44 WHG.

(1) § 6 WHG

§ 6 WHG enthält die allgemeinen Grundsätze der Gewässerbewirtschaftung.[654] Diese Grundsätze werden insbesondere in § 6 Abs. 1 Satz 1 WHG[655] konkretisiert. Dabei muss ein hohes Schutzniveau für die Umwelt insgesamt sichergestellt werden (§ 6 Abs. 1 Satz 2 WHG). § 6 Abs. 2 WHG formuliert das Postulat der Erhaltung von Gewässern, die sich in einem natürlichen oder naturnahen Zustand befinden, und der möglichst weitgehenden Anpassung bislang nicht naturnaher natürlicher

---

652 *Springe*, in: Kodal (Hrsg.), Straßenrecht, Kap. 33 Rn. 6.12.

653 Vgl. *Kopp/Ramsauer*, VwVfG, § 74 Rn. 92.

654 *Kotulla*, WHG, § 6 Rn. 1; *Laskowski/Ziehm*, in: Koch (Hrsg.), Umweltrecht, § 5 Rn. 55.

655 In diesem Zusammenhang regelt § 6 Abs. 1 Satz 1 WHG die Grundsätze (Ziele) der nachhaltigen Gewässerbewirtschaftung, „1. ihre Funktions- und Leistungsfähigkeit als Bestandteil des Naturhaushalts und als Lebensraum für Tiere und Pflanzen zu erhalten und zu verbessern, insbesondere durch Schutz vor nachteiligen Veränderungen von Gewässereigenschaften,
2. Beeinträchtigungen auch im Hinblick auf den Wasserhaushalt der direkt von den Gewässern abhängenden Landökosysteme und Feuchtgebiete zu vermeiden und unvermeidbare, nicht nur geringfügige Beeinträchtigungen so weit wie möglich auszugleichen,
3. sie zum Wohl der Allgemeinheit und im Einklang mit ihm auch im Interesse Einzelner zu nutzen,
4. bestehende oder künftige Nutzungsmöglichkeiten insbesondere für die öffentliche Wasserversorgung zu erhalten oder zu schaffen,
5. möglichen Folgen des Klimawandels vorzubeugen,
6. an oberirdischen Gewässern so weit wie möglich natürliche und schadlose Abflussverhältnisse zu gewährleisten und insbesondere durch Rückhaltung des Wassers in der Fläche der Entstehung von nachteiligen Hochwasserfolgen vorzubeugen,
7. zum Schutz der Meeresumwelt beizutragen."

Gewässer in einen naturnahen Zustand.[656] Die in § 6 WHG geregelten Grundsätze der Gewässerbewirtschaftung regeln das Ermessen für die planerische Gewässerbewirtschaftung und die Gestaltungsbewirtschaftung der Gewässer[657] und richten sich dabei an die zuständigen Behörden der Wasserwirtschaft.[658] Dementsprechend müssen unter Berücksichtigung des § 6 WHG die Gewässerschutzbelange bei der Planfeststellungsentscheidung von Verkehrsinfrastrukturprojekten abgewogen werden. Darüber hinaus müssen die jeweiligen Verkehrsvorhabenträger entsprechend den in § 6 WHG geregelten Grundsätzen der Gewässerbewirtschaftung Maßnahmen des Gewässerschutzes im Rahmen der Planung und Realisierung von Verkehrsinfrastrukturprojekten ergreifen.[659]

(2) Gewässerbenutzungen nach §§ 8 WHG

Im Hinblick auf den Gewässerschutz sind im Rahmen der Planfeststellungsentscheidung für die jeweiligen Verkehrsinfrastrukturprojekte auch die Regelungen der Gewässerbenutzungen nach den §§ 8 f. WHG zu beachten. Nach § 8 Abs. 1 WHG bedürfen Verkehrsvorhaben, die mit einer Gewässerbenutzung verbunden sind, im Sinne des § 9 WHG der Erlaubnis oder Bewilligung.[660] § 9 WHG regelt die echte Benutzung der Gewässer auf unterschiedliche Weise (§ 9 Abs. 1 WHG) und betrachtet zielgerichtete Handlungen als unechte Gewässerbenutzung (§ 9 Abs. 2 WHG).[661] Zunächst sind echte Benutzungen der Gewässer gemäß § 9 Abs. 1 WHG folgende: das Entnehmen und Ableiten von Wasser aus oberirdischen Gewässern (Nr. 1), das Aufstauen und Absenken von oberirdischen Gewässern (Nr. 2), das Entnehmen fester Stoffe aus oberirdischen Gewässern, soweit sich dies auf die Gewässereigenschaften auswirkt (Nr. 3), das Einbringen und Einleiten von Stoffen in Gewässer (Nr. 4), das Entnehmen, Zutagefördern, Zutageleiten und Ableiten von Grundwasser (Nr. 5). Als unechte Gewässerbenutzungen im Sinne des § 9 Abs. 2 WHG gelten: das Aufstauen, Absenken und Umleiten von Grundwasser durch Anlagen, die zu diesem Zweck bestimmt oder geeignet sind (Nr. 1) oder Maßnahmen, die geeignet sind, dauernd oder in einem nicht nur unerheblichen Ausmaß nachteilige Veränderungen der Wasserbeschaffenheit herbeizuführen (Nr. 2). Im Rahmen der Planung und Realisierung von Verkehrsvorhaben erfolgt auch die Gewässerbenutzung gemäß § 9 Abs. 1 und 2 WHG. Hierzu zählen etwa Veränderungen des Ablaufs wild abfließenden Wassers von Straßen- bzw. Schienenwegen (§ 9 Abs. 1

656 *Kotulla*, WHG, § 6 Rn. 5.
657 Vgl. *Kotulla*, WHG, § 6 Rn. 4; *Laskowski/Ziehm*, in: Koch (Hrsg.), Umweltrecht, § 5 Rn. 55.
658 Vgl. *Kotulla*, WHG, § 6 Rn. 3; *Czychowski/Reinhardt*, WHG, § 6 Rn. 14; *Laskowski/Ziehm*, in: Koch (Hrsg.), Umweltrecht, § 5 Rn. 55.
659 Vgl. *Kopp/Ramsauer*, VwVfG, § 74 Rn. 92.
660 Vgl. *Kopp/Ramsauer*, VwVfG, § 74 Rn. 93.
661 *Kotulla*, WHG, § 9 Rn. 2; *Czychowski/Reinhardt*, WHG, § 9 Rn. 4; *Laskowski/Ziehm*, in: Koch (Hrsg.), Umweltrecht, § 5 Rn. 67.

Nr. 1 WHG), Verunreinigungen der Gewässer durch Baustoffe (§ 9 Abs. 1 Nr. 4 WHG) und Grundwasser berührende Abgrabungen für Verkehrsflughäfen oder Grundwasserabsenkungen oder -umleitungen bei Geländeeinschnitten und Unterführungen im Grundwasserbereich (§ 9 Abs. 2 Nr. 1 WHG). Diese Gewässerbenutzungen sind als „unmittelbare und zielgerichtete Gewässerinanspruchnahmen"[662] aufzufassen. Für die Erteilung der Erlaubnis oder Bewilligung zur Gewässerbenutzung im Sinne des § 8 WHG sind dabei allem voran die Voraussetzungen des § 12 Abs. 1 WHG zu erfüllen. Danach dürfen schädliche, durch Nebenbestimmungen vermeidbare oder ausgleichbare Gewässerveränderungen nicht zu erwarten sein (Nr. 1); zudem müssen andere Anforderungen nach öffentlich-rechtlichen Vorschriften erfüllt werden (Nr. 2). Sie dienen als Versagungsgründe für die Erteilung einer beantragten Erlaubnis oder Bewilligung.[663] Sollte insbesondere für eine Benutzung im Sinne des § 9 Abs. 1 Nr. 4 WHG die Anwendungen hinsichtlich abwasserrechtlicher Vorschriften eröffnet sein, sind ergänzend die Voraussetzungen des § 57 WHG zu beachten. Dabei steht die Erteilung einer Erlaubnis oder einer Bewilligung gemäß § 12 Abs. 2 WHG im pflichtgemäßen Ermessen der zuständigen Wasserbehörde (Bewirtschaftungsermessen),[664] wobei gemäß § 14 Abs. 1 Nr. 3 WHG die Erteilung von Bewilligungen für Gewässerbenutzungen im Sinne des § 9 Abs. 1 Nr. 4 und Abs. 2 Nr. 2 WHG ausscheidet.[665] Bei der Ausübung des Bewirtschaftungsermessens muss die zuständige Wasserbehörde „die wasserwirtschaftliche Vorsorge und Ressourcenpflege nach planerischer und gestalterischer Zweckmäßigkeit" einbeziehen, um den Gewässerschutz zu optimieren.[666] Insbesondere die Bewirtschaftungsgrundsätze gemäß den §§ 6, 27, 44 und 47 WHG und die wasserwirtschaftlichen Pläne gemäß den §§ 82, 83 WHG dienen als rechtliche Grundlage zur Ausübung des Bewirtschaftungsermessens. Dies gilt auch für Gewässerbenutzungen im Rahmen der Planung und Realisierung von Verkehrsinfrastrukturprojekten. Dabei bedürfen die jeweiligen Verkehrsvorhaben der Planfeststellung, und gemäß § 19 Abs. 1 WHG entscheidet die Planfeststellungsbehörde im Einvernehmen mit der zuständigen Wasserbehörde über die Erteilung der Erlaubnis oder der Bewilligung im Sinne des § 8 WHG.[667] In diesem Zusammenhang bedeutet dies keinen materiell-rechtlichen Vorbehalt für die wasserrechtliche Erlaubnis oder Bewilligung, weil die Konzentrationswirkung der Planfeststellung lediglich für die Abläufe des Verwaltungsverfahrens gilt.[668] Somit bleibt im Rahmen der Planfeststellung eine wasserrechtliche Erlaubnis oder Bewilligung erforderlich.[669]

---

662 *Kotulla*, WHG, § 8 Rn. 5.

663 Vgl. *Kotulla*, WHG, § 12 Rn. 2.

664 *Kotulla*, WHG, § 12 Rn. 17; *Czychowski/Reinhardt*, WHG, § 12 Rn. 33.

665 *Kotulla*, Umweltrecht, 5. Teil Rn. 40.

666 *Kotulla*, WHG, § 12 Rn. 17, *ders.*, Umweltrecht, 5. Teil Rn. 65; *Czychowski/Reinhardt*, WHG, § 12 Rn. 38.

667 Vgl. *Kotulla*, WHG, § 19 Rn. 5 f.; *Czychowski/Reinhardt*, WHG, § 12 Rn. 5 ff.

668 *Kotulla*, WHG, § 19 Rn. 4; Dazu Näheres unter 1. Teil, § 2, D, III, 6, b).

669 *Kotulla*, WHG, § 19 Rn. 4.

Gemäß § 9 Abs. 3 Satz 1 WHG handelt es sich jedoch bei Maßnahmen, die dem Ausbau eines Gewässers im Sinne des § 67 Abs. 2 WHG dienen, nicht um eine Gewässerbenutzung im Sinne der § 9 Abs. 1 und Abs. 2 WHG.[670] Sie sind folglich nicht erlaubnis- oder bewilligungspflichtig im Sinne des § 8 Abs. 1 WHG.[671] Entsprechendes gilt für Maßnahmen des Aus- und Neuausbaues von Bundeswasserstraßen (§ 12 Abs. 6 WaStrG).[672] Der Gewässerausbau umfasst begrifflich alle Gewässer im Sinne des § 2 Abs. 1 WHG, also sowohl oberirdische Gewässer und Küstengewässer als auch das Grundwasser, und bezieht sich gemäß § 67 Abs. 2 Satz 1 WHG auf die Herstellung des Gewässerbettes und der Ufer (z.B. durch Anlegen von Kanälen, Durchstichen oder Entwässerungsgräben)[673], die Beseitigung des Gewässers (z.B. Abdämmung und Verfüllung einer Flussschleife)[674] oder dessen wesentliche Umgestaltung (z.B. Verbreitung und Vertiefung von Bächen, Gräben und Flüssen)[675]. Deich- und Dammbauten, die den Hochwasserabfluss beeinflussen, sowie Bauten des Küstenschutzes sind rechtlich dem Gewässerausbau gleichgestellt (§ 67 Abs. 2 Satz 3 WHG). Gemäß den §§ 68 Abs. 1, 70 Abs. 1 WHG i. V. m. §§ 72 bis 78 VwVfG bedarf der Gewässerausbau im Sinne des § 67 Abs. 2 WHG der Planfeststellung.

Im Rahmen der Planung und Realisierung von Verkehrsvorhaben erfolgt die Gewässerbenutzung auf verschiedene Art und Weise. Daraus können Beeinträchtigungen der Gewässer resultieren. Um diese zu vermeiden, muss sichergestellt werden, dass in jedem Fall die genannten Anforderungen beachtet werden. Zudem kommen aber auch Ausbaumaßnahmen in Betracht. Dementsprechend entscheidet die Planfeststellungsbehörde im Einvernehmen mit der zuständigen Wasserbehörde über die Erteilung der Erlaubnis oder der Bewilligung, wenn ein Planfeststellungsverfahren für ein Vorhaben durchgeführt wird, das mit der Benutzung eines Gewässers im Sinne des § 9 WHG verbunden ist (§ 19 Abs. 1 WHG).[676] Hierbei bleibt im Rahmen der Planfeststellung eine wasserrechtliche Erlaubnis oder Bewilligung erforderlich. Somit spielen im Hinblick auf den Gewässerschutz auch die Regelungen über Gewässerbenutzungen nach den §§ 8 f. WHG bei der Planung und Realisierung von Verkehrsvorhaben eine zentrale Rolle.

(3) Regelungen über die Bewirtschaftungsziele für Gewässer

Im Rahmen der Planfeststellungsentscheidung für die jeweiligen Verkehrsinfrastrukturprojekte sind auch die Regelungen über die Gewässerbewirtschaftungsziele zu beachten. Soweit es oberirdische Gewässer betrifft, sind die §§ 27 bis 31 WHG

---

670 Vgl. *Kotulla*, WHG, § 9 Rn. 56.
671 *Kotulla*, WHG, § 9 Rn. 56; *Czychowski/Reinhardt*, WHG, § 9 Rn. 93.
672 *Kotulla*, WHG, § 9 Rn. 57; *Czychowski/Reinhardt*, WHG, § 9 Rn. 100.
673 *Czychowski/Reinhardt*, WHG, § 67 Rn. 23.
674 *Czychowski/Reinhardt*, WHG, § 67 Rn. 27.
675 *Czychowski/Reinhardt*, WHG, § 67 Rn. 28.
676 *Kopp/Ramsauer*, VwVfG, § 74 Rn. 93; *Springe*, in: Kodal (Hrsg.), Straßenrecht, Kap. 33 Rn. 12.5.

einschlägig, mit Blick auf das Grundwasser ist es § 47 WHG und auf die Küstengewässer § 44 WHG. Mit diesen Regelungen ist Art. 4 der EG-Wasserrahmenrichtlinie (2000/60/EG)[677] umgesetzt worden.[678]

Zunächst sind die Bewirtschaftungsziele für oberirdische Gewässer auch im Rahmen der Unterhaltung und von Ausbaumaßnahmen der Bundeswasserstraßen zu berücksichtigen (§ 8 Abs. 1 Satz 4 und § 12 Abs. 7 Satz 3 WHG). § 27 WHG enthält die allgemeinen Grundsätze für die Bewirtschaftung oberirdischer Gewässer.[679] Dabei ist § 27 Abs. 1 WHG auf alle natürlichen und naturnahen oberirdischen Gewässer anwendbar[680] und § 27 Abs. 2 WHG gilt für oberirdische Gewässer, die nach § 28 WHG als künstlich oder erheblich verändert eingestuft werden.[681] Vor allem fordert § 27 Abs. 1 WHG, dass Verschlechterungen des ökologischen und chemischen Zustands der Gewässer vermieden werden (Nr. 1, sog. Verschlechterungsverbot[682]) und insgesamt ein guter Zustand der Gewässer erhalten bleibt oder erreicht wird (Nr. 2). Unter dem ökologischen Zustand von Gewässern ist gemäß Art. 2 Nr. 21 der EG-Wasserrahmenrichtlinie die Qualität der Struktur und die Funktionsfähigkeit aquatischer Ökosysteme i. V. m. Oberflächengewässern[683] zu verstehen.[684] Damit wird dieser gute Zustand entsprechend Nr. 1.2 Anhang V der EG-Wasserrahmenrichtlinie eingestuft.[685] Außerdem ist ein guter chemischer Zustand nach der Definition des Art. 2 Nr. 24 der EG-Wasserrahmenrichtlinie „der chemische Zustand, der zur Erreichung der Umweltziele für Oberflächengewässer gemäß Art. 4 Abs. 1 lit. a der EG-Wasserrahmenrichtlinie[686] erforderlich ist, d. h. der chemische Zustand, den ein Oberflächenwasserkörper erreicht hat, in dem kein Schadstoff in einer höheren Konzentration als den Umweltqualitätsnormen vorkommt, die in Anhang IX und gemäß Art. 16 Abs. 7 der EG-Wasserrahmenrichtlinie[687] oder in

---

677 Richtlinie 2000/60/EG des Europäischen Parlaments und des Rates zur Schaffung eines Ordnungsrahmens für Maßnahmen der Gemeinschaft im Bereich der Wasserpolitik vom 23.10.2000 (ABl. EG Nr. L. 327, S. 1 ff.).

678 *Kotulla*, WHG, § 27 Rn. 2; *Czychowski/Reinhardt*, WHG, § 27 Rn. 2; *Albrecht*, NuR 2010, S. 607 (613).

679 *Czychowski/Reinhardt*, WHG, § 27 Rn. 5.

680 *Kotulla*, WHG, § 27 Rn. 4, *ders.*, Umweltrecht, 5. Teil Rn. 15.

681 *Kotulla*, WHG, § 27 Rn. 7; *ders.*, Umweltrecht, 5. Teil Rn. 17.

682 *Kotulla*, WHG, § 27 Rn. 5; *Czychowski/Reinhardt*, WHG, § 27 Rn. 5.

683 Oberflächengewässer sind oberirdische Gewässer und Küstengewässer im Sinne des WHG. Dazu Näheres in: *Kotulla*, Umweltrecht, 5. Teil Rn. 15.

684 *Kotulla*, WHG, § 27 Rn. 5, *ders.*, Umweltrecht, 5. Teil Rn. 15; *Czychowski/Reinhardt*, WHG, § 27 Rn. 9.

685 *Kotulla*, WHG, § 27 Rn. 6; *Czychowski/Reinhardt*, WHG, § 27 Rn. 9.

686 Art. 4 Abs. 1 lit. a der Wasserrahmenrichtlinie regelt die Bewirtschaftungspläne für die Einzugsgebiete festgelegten Maßnahmenprogramme im Rahmen der Oberflächengewässer.

687 Art. 16 Abs. 7 der Wasserrahmenrichtlinie regelt, dass „die EU-Kommission Qualitätsnormen für die Konzentrationen der prioritären Stoffe in Oberflächenwasser, Sedimenten oder Biota vorschlägt."

anderen einschlägigen Rechtsvorschriften der Gemeinschaft über Umweltqualitätsnormen auf Gemeinschaftsebene festgelegt sind".[688] Anschließend regelt § 27 Abs. 2 WHG die Bewirtschaftungsziele für Gewässer, die unter den in § 28 WHG geregelten Voraussetzungen[689] als künstlich oder erheblich verändert eingestuft werden, indem sie im Sinne des § 3 Nr. 4 und 5 WHG – in Grundwasser und künstliche Gewässer – eingeteilt werden. § 27 Abs. 2 WHG verlangt dabei, dass Verschlechterungen des ökologischen Potenzials und des chemischen Zustands dieser Gewässer vermieden werden (Nr. 1, das Verschlechterungsverbot[690]) und dass insgesamt ein gutes Potenzial und ein guter Zustand erhalten oder erreicht wird (Nr. 2). Dabei bedeutet ökologisches Potenzial unter Berücksichtigung des Art. 2 Nr. 23 der Wasserrahmenrichtlinie[691] einen maximal erreichbaren Zustand, „ohne dass die vom natürlichen oder naturnahen Zustand abweichenden Eingriffe rückgängig gemacht zu werden brauchen"[692]. Für Küstengewässer gelten entsprechend auch die Regelungen der Bewirtschaftungsziele für oberirdische Gewässer gemäß §§ 27 bis 31 WHG (§ 44 WHG).

Im Rahmen der Planung und Realisierung von Verkehrsinfrastrukturprojekten sind Schutzmaßnahmen für Oberflächengewässer, nämlich oberirdische Gewässer

---

688 *Kotulla*, WHG, § 27 Rn. 6 und § 3 Rn. 70 ff.; *Czychowski/Reinhardt*, WHG, § 27 Rn. 11.

689 In diesem Zusammenhang regelt § 28 WHG die Voraussetzungen der Einstufung oberirdischer Gewässer. D. h. „1. die Änderungen der hydromorphologischen Merkmale, die für einen guten ökologischen Gewässerzustand erforderlich wären, hätten signifikante nachteilige Auswirkungen auf
a) die Umwelt insgesamt,
b) die Schifffahrt, einschließlich Hafenanlagen,
c) die Freizeitnutzung,
d) Zwecke der Wasserspeicherung, insbesondere zur Trinkwasserversorgung, der Stromerzeugung oder der Bewässerung,
e) die Wasserregulierung, den Hochwasserschutz oder die Landentwässerung oder
f) andere, ebenso wichtige nachhaltige Entwicklungstätigkeiten des Menschen,
2. die Ziele, die mit der Schaffung oder der Veränderung des Gewässers verfolgt werden, können nicht mit anderen geeigneten Maßnahmen erreicht werden, die wesentlich geringere nachteilige Auswirkungen auf die Umwelt haben, technisch durchführbar und nicht mit unverhältnismäßig hohem Aufwand verbunden sind und
3. die Verwirklichung der in den §§ 27, 44 und 47 Absatz 1 festgelegten Bewirtschaftungsziele ist in anderen Gewässern derselben Flussgebietseinheit nicht dauerhaft ausgeschlossen oder gefährdet."

690 *Czychowski/Reinhardt*, WHG, § 27 Rn. 20.

691 Art. 2 Nr. 23 der Wasserrahmenrichtlinie regelt, dass gutes ökologisches Potential der Zustand eines erheblich veränderten oder künstlichen Wasserkörpers ist, der nach den einschlägigen Bestimmungen des Anhangs V entsprechend eingestuft wurde.

692 *Kotulla*, WHG, § 27 Rn. 9.

und Küstengewässer, insbesondere unter Berücksichtigung des § 27 WHG zu treffen. Dementsprechend kann ein Zu- oder Ablauf wild abfließenden Wassers oder das zugeleitete Wasser zu und von Verkehrswegen bzw. Verkehrsflughäfen verändert werden, um zu vermeiden, dass der Gewässerzustand sich verschlechtert. Darüber hinaus lassen sich beim Herstellen von Verkehrswegen und Verkehrsflughäfen etwa Rohrdurchlässe zur Durchleitung von Gewässern sowie Dämme und Kanäle zur Wasserableitung bzw. Beseitigung von Abwässern einrichten.[693]

Außerdem statuiert § 47 Abs. 1 WHG als Bewirtschaftungsziele für das Grundwasser: „die Vermeidung einer Verschlechterung seines mengenmäßigen und chemischen Zustands (Nr. 1), die Trendumkehr bei ansteigenden Schadstoffkonzentrationen (Nr. 2) und die Erhaltung und Erreichung eines guten mengenmäßigen und guten chemischen Zustands (Nr. 3)".[694] Diese Regelung beinhaltet ebenso wie § 27 WHG ein Verschlechterungsverbot[695] und ein Erhaltungs- und Verbesserungsgebot hinsichtlich eines guten Zustands[696]. Demensprechend sind zur Vermeidung der Verschlechterung bzw. Verschmutzung der Grundwasser die geeigneten Maßnahmen des Grundwasserschutzes im Rahmen der Planung und Realisierung von Verkehrsvorhaben zu ergreifen. Hierzu gehören etwa der Einbau der Sickerrohre und das Legen der Sickerpackung zur Ableitung des Grundwassers.[697]

Letztlich spielen die Regelungen über die Gewässerbewirtschaftungsziele als strikt zu beachtendes Recht im Rahmen der Planfeststellungsentscheidung für die jeweiligen Verkehrsinfrastrukturprojekte eine wichtige Rolle.[698] Der jeweiligen Vorhabenträger müssen damit die genannten Gewässerschutzmaßnahmen ergreifen und dabei die Regelungen der Gewässerbewirtschaftungsziele berücksichtigen.

6. *Rechtswirkungen des Planfeststellungsbeschlusses*

Die Rechtswirkungen eines Planfeststellungsbeschlusses ergeben sich grundsätzlich aus § 75 VwVfG. Diese Vorschrift hat als „Kernstück des im VwVfG geregelten Planfeststellungsrechts"[699] nicht nur materiell-rechtliche Bedeutung, sondern umfasst auch weitergehende rechtsgestaltende Auswirkungen jedes Planfeststellungsbeschlusses.[700] Bei diesen Auswirkungen geht es um die Genehmigungs- (a), Konzentrations- (b), Gestaltungs- (c) und Duldungs- bzw. Ausschlusswirkung (d).

---

693 Vgl. *Herber*, in: Kodal (Hrsg.), Straßenrecht, Kap. 7 Rn. 9 ff.
694 *Kotulla*, WHG, § 47 Rn. 4 ff.
695 *Kotulla*, WHG, § 47 Rn. 5; *Czychowski/Reinhardt*, WHG, § 47 Rn. 9.
696 *Czychowski/Reinhardt*, WHG, § 47 Rn. 13.
697 Vgl. *Herber*, in: Kodal (Hrsg.), Straßenrecht, Kap. 7 Rn. 11.
698 Vgl. *Kopp/Ramsauer*, VwVfG, § 74 Rn. 93a.
699 *Dürr*, in: Knack/Henneke, VwVfG, § 75 Rn. 5.
700 *Dürr*, in: Knack/Henneke, VwVfG, § 75 Rn. 5.

a) *Genehmigungswirkung*

§ 75 Abs. 1 Satz 1 Hs. 1 VwVfG enthält Aussagen über die Genehmigungswirkung des Planfeststellungsbeschlusses. Demgemäß wird die Zulässigkeit des Vorhabens festgestellt, die zugleich notwendige Folgemaßnahmen an anderen Anlagen berücksichtigt, d.h. das Vorhaben ist mit allen davon berührten öffentlichen Belangen einschließlich der Umweltschutzbelange in Einklang zu bringen. Daher wird entsprechend der Genehmigungswirkung des Planfeststellungsbeschlusses „die Erlaubnis zur Durchführung des Vorhabens"[701] erteilt. Dies gilt auch für die Verkehrsvorhaben.

b) *Konzentrationswirkung*

Der Planfeststellungsbeschluss entfaltet zugleich auch eine Konzentrationswirkung (§ 75 Abs. 1 S. 1 Hs. 2 VwVfG). Wird durch die Planfeststellung die Zulässigkeit des Vorhabens festgestellt und dabei sämtliche davon betroffenen öffentlichen Belange berücksichtigt, so bedarf es keiner weiteren Verwaltungsentscheidung, wie etwa öffentlich-rechtlicher Genehmigungen, Verleihungen, Erlaubnisse, Bewilligungen, Zustimmungen und (sonstiger) Planfeststellungen. Aus der Konzentrationswirkung resultiert damit „eine Gesamtentscheidung über die Zulässigkeit des Vorhabens"[702]. Insofern gewährleistet sie die Beschleunigung und die Vereinfachung der Abläufe des Verwaltungsverfahrens.[703]

Die Reichweite der Konzentrationswirkung ist umstritten.[704] Nach einer Ansicht führt der Planfeststellungsbeschluss nur zur Konzentration der Zuständigkeit anderer Behörden, des Verfahrens und der Entscheidungsbefugnisse (formelle Konzentrationswirkung).[705] Einer anderen Meinung zufolge soll der Planfeststellungsbeschluss auch eine materiell-rechtliche Konzentrationswirkung entfalten, und zwar derart, dass alle davon berührten öffentlichen und privaten Interessen abzuwägen sind, ohne dass die Planfeststellungsbehörde dabei durch das jeweilige Fachplanungsrecht eingeschränkt sei.[706] Die Rechtsprechung des BVerwG geht

---

701 *Kopp/Ramsauer*, VwVfG, § 75 Rn. 8.

702 *Dürr*, in: Knack/Henneke, VwVfG, § 75 Rn. 14; *ders.*, in: Kodal (Hrsg.), Straßenrecht, Kap. 36 Rn. 19.21; *Neumann*, in: Stelkens/Bonk/Sachs, VwVfG, § 75 Rn. 13.

703 *Becker*, VerwArch 87 (1996), S. 581 (600 f.); *Wahl*, NVwZ 1990, S. 426 (430).

704 *Ossenbühl*, in: Franßen u. a. (Hrsg.), Bürger, Richter, Staat-FS für Sendler, S. 109 f.; *Dürr*, in Kodal (Hrsg.), Straßenrecht, Kap. 36 Rn. 19.4; *Laubinger*, VerwArch 77, S. 77 (78 ff.); *Ronellenfitsch*, VerwArch 80, S. 92 (94 ff.); *Wahl*, NVwZ 1990, S. 426 (430).

705 *Steinberg/Wickel/Müller*, Fachplanung, § 3 Rn. 17; *Dürr*, in: Kodal (Hrsg.), Straßenrecht, Kap. 36 Rn. 19.4; *Kopp/Ramsauer*, VwVfG, § 75 Rn. 15; *Neumann*, in: Stelkens/Bonk/Sachs, VwVfG, § 75 Rn. 13; *Laubinger*, VerwArch 77, S. 77 (79 f.); *Wahl*, NVwZ 1990, S. 426 (430).

706 Vgl. *Kühling/Herrmann*, Fachplanungsrecht, Rn. 521; *Dürr*, in: Kodal (Hrsg.), Straßenrecht, Kap. 36 Rn. 19.4; *Kopp/Ramsauer*, VwVfG, § 75 Rn. 16; *Ronellenfitsch*, VerwArch 80, S. 92 (95 f.).

ebenfalls von der formellen Konzentrationswirkung aus.[707] Demnach bezieht sich die Konzentrationswirkung des Planfeststellungsbeschlusses lediglich auf Zuständigkeits-, Verfahrens- und Entscheidungsfragen.[708] In jedem Fall aber habe die Planfeststellungsbehörde die materiellen Vorschriften zu beachten, die für Regelungsbereich des jeweiligen Fachrechts gälten.[709]

Die festgestellten Pläne des jeweiligen Verkehrsinfrastrukturprojekts haben ebenfalls eine Konzentrationswirkung des Planfeststellungsbeschlusses. Somit wird die Zulässigkeit der Verkehrsvorhaben unter Berücksichtigung sämtlicher davon betroffener öffentlicher Belange festgestellt. Entsprechend der formellen Konzentrationswirkung wird dadurch sichergestellt, dass die Abläufe des Verwaltungsverfahrens zur Realisierung der Verkehrsvorhaben soweit wie möglich beschleunigt und vereinfacht werden.[710] Dies gilt jedoch nicht für die materiellen Regelungen.[711] Insbesondere im Hinblick auf den Umweltschutz muss daher die Planfeststellungsbehörde die materiellen Vorschriften des Umweltrechts (z. B. BBodSchG, BImSchG, BNatSchG und WHG)[712] beachten.

c) Gestaltungswirkung

Nach § 75 Abs. 1 Satz 2 VwVfG werden durch die Planfeststellung alle öffentlich-rechtlichen Beziehungen zwischen dem Träger des Vorhabens und den von dem Plan Betroffenen rechtsgestaltend geregelt. Dies wird als Gestaltungswirkung bezeichnet.[713] Die Gestaltungswirkung ist die „wichtigste Wirkung der Planfeststellung"[714] und regelt konstitutiv die konkreten Rechte und Pflichten.[715] Auf diese Weise werden die von dem Vorhaben berührten und ansonsten mit der Ausführung des Vorhabens im Konflikt stehenden öffentlichen oder privaten Rechte überwunden.[716] Der Träger der Verkehrsvorhaben kann dann sein Vorhaben verwirklichen und dafür Naturressourcen im notwendigen Umfang in Anspruch nehmen.[717] Insofern ermöglicht die Gestaltungswirkung auch „Eingriffe in Rechte und Interessen Dritter"[718].[719]

---

707 *Dürr*, in: Kodal (Hrsg.), Straßenrecht, Kap. 36 Rn. 19.4; *Wahl*, NVwZ 1990, S. 426 (430).

708 BVerwGE 55, 220 (230); 70, 242 (244); 85, 44 (46) und 348 (352); 125, 116 (278).

709 Vgl. BVerwGE 125, 116 (278); *Kopp/Ramsauer*, VwVfG, § 75 Rn. 16; *Neumann*, in: Stelkens/Bonk/Sachs, VwVfG, § 75 Rn. 15.

710 Vgl. *Becker*, VerwArch 87 (1996), S. 581 (600 f.); *Wahl*, NVwZ 1990, S. 426 (430).

711 *Kopp/Ramsauer*, VwVfG, § 75 Rn. 16.

712 Dazu Näheres in 1. Teil, § 2, D, III, 5.

713 *Ule/Laubinger*, Verwaltungsverfahrensrecht, § 41 Rn. 23; *Kühling/Herrmann*, Fachplanungsrecht, Rn. 527; *Steinberg/Wickel/Müller*, Fachplanung, § 5 Rn. 14; *Kopp/Ramsauer*, VwVfG, § 75 Rn. 17; *Neumann*, in: Stelkens/Bonk/Sachs, VwVfG, § 75 Rn. 20.

714 *Kopp/Ramsauer*, VwVfG, § 75 Rn. 17.

715 *Neumann*, in: Stelkens/Bonk/Sachs, VwVfG, § 75 Rn. 20.

716 Vgl. *Neumann*, in: Stelkens/Bonk/Sachs, VwVfG, § 75 Rn. 21.

717 Vgl. *Kühling/Herrmann*, Fachplanungsrecht, Rn. 527.

718 *Neumann*, in: Stelkens/Bonk/Sachs, VwVfG, § 75 Rn. 21.

719 BVerwGE 58, 281 (284 f.); *Steinberg/Wickel/Müller*, Fachplanung, § 5 Rn. 15.

d) Duldungs- bzw. Ausschlusswirkung

Gemäß § 75 Abs. 2 Satz 1 VwVfG sind die Ansprüche auf Unterlassung des Vorhabens, auf Beseitigung oder Änderung der Anlagen oder auf Unterlassung ihrer Benutzung ausgeschlossen, falls der Planfeststellungsbeschluss unanfechtbar geworden ist. In diesem Fall müssen die von dem Vorhaben Betroffenen es dulden. Diese Duldungs- bzw. Ausschlusswirkung knüpft an die in § 75 Abs. 1 Satz 2 VwVfG vorgeschriebene Gestaltungswirkung an.[720] Des Weiteren bezieht sie sich sowohl auf öffentlich- als auch privatrechtrechtliche Unterlassungs- und Beseitigungsansprüche; letztere sind etwa solche nach den §§ 861 ff., 906 ff. und 1004 BGB.[721] Allerdings bleiben die auf privatrechtlichen Titeln basierenden Ansprüche aus „vertraglichen zivilrechtlichen Rechtstiteln“[722] unberührt.[723]

Nach der Duldungs- bzw. Ausschlusswirkung des Planfeststellungsbeschlusses ist somit das im Zuge der Planfeststellung durchgeführte Verkehrsvorhaben von jedermann hinzunehmen.[724] Auf diese Weise kann sichergestellt werden, dass es Bestand hat.[725]

e) Ausgleichswirkung

§ 75 Abs. 2 Satz 2 bis 5 VwVfG enthält eine ergänzende Ausgleichswirkung, die insbesondere den Anspruch auf die nachträgliche Anordnung von Schutzvorkehrungen oder die Leistungen angemessener Entschädigung in Geld für die vom Vorhaben berührten Betroffenen umfasst.[726] Als Ausnahme der von § 75 Abs. 2 Satz 1 VwVfG statuierten Duldungswirkung gilt dies grundsätzlich auch, wenn der Planfeststellungsbeschluss Bestand hat und die nachträglich veränderten Umstände zu Lasten der davon Betroffenen gemindert werden.[727] Laut § 75 Abs. 2 Satz 2 VwVfG ist jedoch der Widerruf eines rechtmäßigen Verwaltungsaktes im Sinne des § 49 VwVfG

---

720 *Neumann*, in: Stelkens/Bonk/Sachs, VwVfG, § 75 Rn. 58.

721 *Dürr*, in: Kodal (Hrsg.), Straßenrecht, Kap. 36 Rn. 21.3; *Steinberg/Wickel/Müller*, Fachplanung, § 5 Rn. 17; *Kopp/Ramsauer*, VwVfG, § 75 Rn. 38; *Neumann*, in: Stelkens/Bonk/Sachs, VwVfG, § 75 Rn. 61 f.; *Masing/Schliller*, in: Obermayer/Funke-Kaiser, VwVfG, § 75 Rn. 22.

722 *Neumann*, in: Stelkens/Bonk/Sachs, VwVfG, § 75 Rn. 62.

723 *Neumann*, in: Stelkens/Bonk/Sachs, VwVfG, § 75 Rn. 62; *Masing/Schliller*, in: Obermayer/Funke-Kaiser, VwVfG, § 75 Rn. 22.

724 *Dürr*, in: Kodal (Hrsg.), Straßenrecht, Kap. 36 Rn. 21.1.

725 *Dürr*, in: Kodal (Hrsg.), Straßenrecht, Kap. 36 Rn. 21.1.

726 *Ule/Laubinger*, Verwaltungsverfahrensrecht, § 41 Rn. 25; *Neumann*, in: Stelkens/Bonk/Sachs, VwVfG, § 75 Rn. 63; *Masing/Schliller*, in: Obermayer/Funke-Kaiser, VwVfG, § 75 Rn. 23 ff. Im Schrifttum wird die Ausgeleichwirkung auch als „nachträgliche Anordnung von Schutzvorkehrungen“ (*Kopp/Ramsauer*, VwVfG, § 75 Rn. 40 ff.) ausgedrückt.

727 *Neumann*, in: Stelkens/Bonk/Sachs, VwVfG, § 75 Rn. 63.

grundsätzlich ausgeschlossen.[728] In diesem Zusammenhang besteht auf Grund von § 72 Abs. 1 Satz 1 VwVfG auch kein Anspruch auf ein Wiederaufgreifen des Verfahrens gemäß § 51 VwVfG.[729] Im Hinblick auf den Umweltschutz reichen die nachträglichen Schutzmaßnahmen zur Abwehr von Gefahren für ein grundrechtlich geschütztes Rechtsgut (z.B. Gesundheit von Menschen vor Beeinträchtigungen im Sinne des Art. 2 Abs. 2 Satz 1 GG[730]) in der Regel nicht aus; es kommt jedoch ein Teil- oder vollständiger Widerruf des Planfeststellungsbeschlusses in Frage.[731]

f) Enteignungsrechtliche Vorwirkung

Um Verkehrsvorhaben zu verwirklichen, werden Grundstücke benötigt. Daher muss ein Enteignungsverfahren durchgeführt werden, wenn ein freihändiger Erwerb der Grundstücke nicht möglich ist. Der festgestellte Plan selbst bewirkt jedoch weder unmittelbare privatrechtliche Veränderungen noch eine Enteignung. Insbesondere werden mit dem Planfeststellungsbeschluss die Eigentumsrechte nicht übertragen, sodass die Verfügungsbefugnis über die vom Planfeststellungsbeschluss betroffenen Grundstücke unberührt bleibt.[732] Daher muss ein Enteignungsverfahren durchgeführt werden, das sich nicht zuletzt an den Vorschriften ausrichtet, die in den jeweils einschlägigen Fachplanungsgesetzen vorgesehen sind (§§ 19 Abs. 2 FStrG, 22 Abs. 2 AEG, 44 Abs. 2 WaStrG und 28 Abs. 2 LuftVG). Diese Regelungen sehen „eine Bindungswirkung der Planfeststellung für das spätere Enteignungsverfahren“[733] vor. Diese „enteignungsrechtliche Vorwirkung“ macht den Beschluss der Planfeststellung über die verfassungsrechtlichen Anforderungen im Sinne des Art. 14 Abs. 3 GG verbindlich.[734] Insoweit befindet sich das planfestgestellte Vorhaben gemäß Art. 14 Abs. 3 GG in Übereinstimmung mit dem Allgemeinwohl, sodass die Zulässigkeit der erforderlichen Enteignung nicht mehr infrage steht.

IV. Zwischenergebnis

In rechtlicher Hinsicht erfolgt die Planung von Verkehrsinfrastrukturprojekten in mehreren Stufen. Die Ergebnisse dieser Verfahren – wie etwa eine Linienbestimmung oder ein Raumordnungsverfahren – haben keine unmittelbare Rechtswirkung nach außen, sondern sind vielmehr bei der Planungsentscheidung zu berücksichtigen. Anschließend erfolgt das nach den §§ 72 bis 78 VwVfG formalisierte Planfeststellungsverfahren

728 BVerwGE 128, 177 (185); *Kopp/Ramsauer*, VwVfG, § 75 Rn. 42; *Neumann*, in: Stelkens/Bonk/Sachs, VwVfG, § 75 Rn. 64.
729 BVerwGE 128, 177 (185).
730 In diesem Zusammenhang siehe den 1. Teil, § 2, A, II, 1.
731 BVerwGE 128, 177 (185); *Neumann*, in: Stelkens/Bonk/Sachs, VwVfG, § 75 Rn. 64.
732 *Neumann*, in: Stelkens/Bonk/Sachs, VwVfG, § 75 Rn. 26; *Kopp/Ramsauer*, VwVfG, § 75 Rn. 19.
733 *Kopp/Ramsauer*, VwVfG, § 75 Rn. 20.
734 Vgl. BVerfGE 74, 264 (282); BVerwGE 45, 297 (319 f.); 58, 281 (284 f.); *Kopp/Ramsauer*, VwVfG, § 75 Rn. 21; *Neumann*, in: Stelkens/Bonk/Sachs, VwVfG, § 75 Rn. 28.

für die betreffenden Verkehrsvorhaben. In diesem Rahmen lässt sich bei der Zulassung eine Vielzahl öffentlicher und privater Belange berücksichtigen, die von einem Vorhaben berührt werden, und damit können auch die durch das Vorhaben hervorgerufenen Konflikte nach einheitlichen Maßstäben gelöst werden. Dabei werden nach dem UVPG die Umweltprüfungen – SUP und UVP – als unselbständiger Teil der verwaltungsbehördlichen Verfahren in das Planungssystem integriert (vgl. § 2 Abs. 1 und 4 UVPG). Dies ermöglicht es, den Umweltschutz frühzeitiger in das Verfahren zu integrieren, sodass Umweltbelastungen, die durch das Projekt hervorgerufen werden, minimiert oder vollständig verhindert werden können. Insbesondere auf Planungsebene wird verlangt, die Umweltschutzbelange in die Abwägung einzubeziehen und zwar sowohl aufgrund der verfassungsrechtlichen Verankerung des Umweltschutzes insbesondere in Art. 20a GG als auch nach einfachgesetzlicher Maßgabe der Regelungen des FStrG, AEG, WaStrG und LuftVG. Dabei sind im Hinblick auf den Boden-, Immissions- und Gewässerschutz sowie den Naturschutz und die Landschaftspflege die Regelungen von BBodSchG, BImSchG, WHG und BNatSchG als striktes materielles Recht im Rahmen des Abwägungsgebots zu berücksichtigen.

E. Umweltschutz bei der Realisierung von Verkehrsinfrastrukturprojekten

Die Planung und Realisierung von Verkehrsvorhaben ist eine staatliche Aufgabe, deren Ausführung im Interesse der Allgemeinheit liegt.[735] Die Realisierung von Verkehrsvorhaben bedeutet, dass diese tatsächlich errichtet und unterhalten werden.[736] Sie erfolgt meistens durch private Bauunternehmen, die auf der Basis privatrechtlicher Verträge im Auftrag des jeweiligen Vorhabenträgers tätig werden.[737] Den Rahmen dafür legen die Regelungen des FStrG, des AEG, des WaStrG und des LuftVG fest.[738] Die dort verankerten umweltrechtlichen Anforderungen sind zu berücksichtigen. Im Folgenden sollen daher die rechtlichen Grundlagen für den Umweltschutz bei der Realisierung von Verkehrsvorhaben näher behandelt werden, wobei zunächst auf den fernstraßenrechtlichen Bereich (I), sodann auf den eisenbahn- (II), wasserstraßen- (III) und luftverkehrsrechtlichen Bereich (IV) eingegangen wird.

I. Im fernstraßenrechtlichen Bereich

Die Realisierung der Bundesfernstraßenvorhaben bezieht sich auf alle Aufgaben bezüglich des Baus und der Unterhaltung der Bundesfernstraßen und ist im FStrG geregelt. Dies betrifft vornehmlich die Straßenbaulast.[739] Sie umfasst alle Aufgaben, die

---

735 Vgl. *Steiner*, in: Steiner (Hrsg.), Besonderes Verwaltungsrecht, Teil IV Rn. 3 f.
736 Siehe auch den 1. Teil, § 1, B, I.
737 *v. Danwitz*, in: Schoch (Hrsg.), Besonderes Verwaltungsrecht, Kap. 7 Rn. 40 f.
738 Vgl. *Steiner*, in: Steiner (Hrsg.), Besonderes Verwaltungsrecht, Teil IV Rn. 5 ff.
739 *Kröner*, in: Terwiesche (Hrsg.), Verwaltungsrecht, Kap. 49 Rn. 34.

mit dem Bau und der Unterhaltung der Bundesfernstraßen zusammenhängen (vgl. § 3 Abs. 1 Satz 1 FStrG). Die Träger der Straßenbaulast werden für diese gesetzlich tätig (vgl. § 3 Abs. 1 Satz 2 FStrG). Sie müssen je nach ihrer Leistungsfähigkeit die Bundesfernstraßen unter Berücksichtigung der öffentlichen Belange einschließlich der Umweltschutzbelange verwirklichen (§ 3 Abs. 1 Satz 2 FStrG). Zugleich bedarf es der Straßenaufsicht von den zuständigen Verwaltungsbehörden, um die Durchführung der wesentlichen Maßnahmen der Bundesfernstraßen sicherzustellen.

1. Straßenaufsicht der zuständigen Behörden

Die Realisierung der Bundesfernstraßenvorhaben bedarf der Aufsicht durch die zuständigen Behörden. Die Aufsicht spielt auch eine wichtige Rolle für den Umweltschutz, denn als „hoheitliche Befugnis des Staates"[740] dient sie dazu, die Wahrnehmung der Aufgabenträger des Straßenbaues zu überwachen und diese erforderlichenfalls dazu anzuhalten, die Fernstraßenvorhaben, insbesondere die Straßenbaulastaufgaben, zu realisieren.[741] Die in § 20 FStrG vorgeschriebene Straßenaufsicht ist sowohl staatliche Aufgabe[742] als auch Fachaufsicht[743]. Nach § 20 Abs. 1 Satz 1 FStrG wird die Erfüllung der Aufgaben, die den Trägern der Straßenbaulast für die Bundesfernstraßen obliegen, durch die Straßenaufsicht sichergestellt. Die Straßenaufsichtsbehörde kann die Durchführung der notwendigen Maßnahmen für die Bundesfernstraßen gegebenenfalls unter Setzung einer angemessenen Frist anordnen (§ 20 Abs. 2 Satz 1 FStrG). Durch diese Anordnung der Straßenaufsichtsbehörde wird die Erfüllung der Straßenbaulastaufgabe zur Rechtspflicht.[744] Dabei wird die Straßenaufsicht gemäß § 20 Abs. 1 Satz 2 FStrG durch die Länder im Auftrag des Bundes ausgeübt und diese sind nach § 22 Abs. 4 FStrG dazu verpflichtet, die zuständigen Behörden zur Straßenaufsicht zu bestimmen.[745]

2. Straßenbaulast und Umweltschutz

Die Straßenbaulast umfasst als „traditionelles Rechtsinstitut der öffentlichen Straßen"[746] gemäß § 3 Abs. 1 Satz 1 FStrG alle mit dem Bau und der Unterhaltung

740 *Grupp*, in: Marschall/Schroeter/Kastner, FStrG, § 20 Rn. 1.

741 Vgl. *Grupp*, in: Marschall/Schroeter/Kastner, FStrG, § 20 Rn. 1; *Kröner*, in: Terwiesche (Hrsg.), Verwaltungsrecht, Kap. 49 Rn. 31 ff.

742 *Rinke*, in: Kodal (Hrsg.), Straßenrecht, Kap. 18 Rn. 4.

743 *Grupp*, in: Marschall/Schroeter/Kastner, FStrG, § 20 Rn. 3.

744 *Rinke*, in: Kodal (Hrsg.), Straßenrecht, Kap. 18 Rn. 24.2.

745 In diesem Zusammenhang sind in den einzelnen Bundesländern Straßengesetze (StrG) oder Straßen- und Wegegesetze (StrWG) erlassen worden. Regelungen der Länder zur Straßenaufsicht: §§ 48, 49 StrG BW, Art. 61, 62, 62a StrWG Bay, § 26 StrG Bln, § 44 StrG BbG, §§ 48, 49 StrG H, § 52 StrWG MV sowie § 60 StrWG MV, § 57 StrG Nds, §§ 53, 54 StrWG NRW, §§ 50, 51 StrG RP, §§ 57, 58 StrG Saarl, §§ 49, 50 StrG Sachs, §§ 48 bis 55 StrWG SH, § 48 StrG TH.

746 *Tegtbauer*, in: Kodal (Hrsg.), Straßenrecht, Kap. 13 Rn. 1.

der Bundesfernstraßen zusammenhängenden Aufgaben. Mit der Realisierung der Bundesfernstraßenvorhaben eng verbunden ist der Begriff der Straßenbaulast nach § 3 Abs. 1 Satz 1 FStrG. Danach ist der Bau einer Bundesfernstraße durch den Neu-, Um- und Ausbau der Straßenstrecken mit der Erweiterung und die Verbesserung des Bundesfernstraßennetzes verbunden.[747] Die Unterhaltung bezieht sich darauf, dass durch alle Maßnahmen, wie z. B. Instandhaltung, Instandsetzung und Erneuerung die Verkehrssicherheit gewährleistet ist.[748] § 3 Abs. 1 Satz 2 FStrG regelt die Aufgaben der Straßenbaulastträger. Diese umfassen neben den Tätigkeiten im bautechnischen Sinne auch die finanziellen Möglichkeiten und Verwaltungstätigkeiten.[749] In diesem Kontext müssen die Straßenbaulastträger auch die Belange des Umweltschutzes wie etwa den Boden-, Immissions-, Gewässer- oder Natur- und Landschaftsschutz berücksichtigen (vgl. § 3 Abs. 1 Satz 2 Hs. 2 FStrG).[750] Dabei sind die im Rahmen der Planfeststellung entscheidenden Vorkehrungen und Auflagen für den Schutz von Menschen und Umwelt zu ergreifen.[751]

Darüber hinaus müssen die Straßenbaulastträger gemäß § 4 Satz 1 FStrG sicherstellen, dass die Bauten allen Anforderungen an Sicherheit und Ordnung genügen. Diese Anforderungen werden als klassische Schutzgüter des Polizei- und Ordnungsrechts[752] aufgefasst.[753] Insoweit bedeutet die öffentliche Sicherheit in der Regel den Schutz vor Schäden an Leben und Gesundheit oder am Eigentum, während unter öffentlicher Ordnung die ungeschriebenen Regeln für die Realisierung der Bundesfernstraßen – wie z. B. die Oberziele Gelegenheit, Dauerhaftigkeit, Wirtschaftlichkeit – verstanden werden können.[754] In diesem Sinne umfasst die öffentliche Sicherheit und Ordnung nach § 4 Satz 1 FStrG zwar die Abwehr der nachteiligen Umweltbeeinträchtigungen,[755] aber dies ist in die Abwägung zur Realisierung der Bundesfernstraßen einzubeziehen.[756]

---

747 Vgl. *Witting*, in: Müller/Schulz, FStrG, § 3 Rn. 15.

748 Vgl. *Witting*, in: Müller/Schulz, FStrG, § 3 Rn. 18; *Grupp*, in: Marschall/Schroeter/Kastner, FStrG, § 3 Rn. 7.

749 *Tegtbauer*, in: Kodal (Hrsg.), Straßenrecht, Kap. 13 Rn. 10 ff.; *Grupp*, in: Marschall/Schroeter/Kastner, FStrG, § 3 Rn. 13 f.

750 Vgl. *Grupp*, in: Marschall/Schroeter/Kastner, FStrG, § 3 Rn. 11.

751 Vgl. *Witting*, in: Müller/Schulz, FStrG, § 3 Rn. 56. Dazu Näheres in 1. Teil, § 2, D, III, 5.

752 Zur geschichtlichen Entwicklung des Polizei- und Ordnungsrechts etwa *Boldt/Stolleis*, in: Lisken/Denninger (Hrsg.), Handbuch des Polizeirechts, Kap. A Rn. 1 ff.

753 *Gusy*, Polizei- und Ordnungs, § 1 Rn. 2.

754 BVerfGE 54, 143 (145 f.); 69, 315 (352); *Bauer*, in: Kodal (Hrsg.), Straßenrecht, Kap. 41 Rn. 10.1; *Dünchheim*, in: Marschall/Schroeter/Kastner, FStrG, § 4 Rn. 9.

755 Vgl. *Dünchheim*, in: Marschall/Schroeter/Kastner, FStrG, § 4 Rn. 12.

756 Vgl. *Bender*, in: Müller/Schulz, FStrG, § 4 Rn. 44; *Dünchheim*, in: Marschall/Schroeter/Kastner, FStrG, § 4 Rn. 12.

II. Im eisenbahnrechtlichen Bereich

1. *Eisenbahnaufsicht der zuständigen Behörden*

§ 5 Abs. 1a AEG und das Bundeseisenbahnverkehrsverwaltungsgesetz (BEVVG)[757] erfassen vor allem die Eisenbahnaufsicht und die nachträgliche Überwachung des Eisenbahnbetriebs durch die zuständigen Behörden. Diese werden von der Eröffnungskontrolle – wie auch von der Genehmigungserteilung gemäß §§ 5 Abs. 1a bis 1c AEG – abgegrenzt.[758] Bei der behördlichen Eisenbahnaufsicht geht es auch um wirksame Maßnahmen des Umweltschutzes (z. B. die Errichtung von Wällen, Lärmschutzwänden und Tunneln nach § 41 BImSchG, Bepflanzungen an Schienenwegen nach §§ 14 ff. BNatSchG) (vgl. § 5a Abs. 1 AEG).

Darüber hinaus haben die Eisenbahnaufsichtsbehörden die Wirtschaftsaufsicht[759] gegenüber Eisenbahnunternehmen.[760] Grundsätzlich ist die zuständige Behörde gemäß § 1 Abs. 1 BEVVG das Bundesministerium für Verkehr und digitale Infrastruktur im Rahmen der Eisenbahnverkehrsverwaltung des Bundes, soweit durch das BEVVG nichts anderes bestimmt wird.

2. *Rechtliche Anforderungen zum Umweltschutz an Unternehmen*

a) Die Deutsche Bahn AG als Unternehmen

Die deutsche Vereinigung im Jahre 1990 und die Umsetzung der Richtlinie 91/440/EWG[761] erforderten eine Bahnstrukturreform. Dabei ging es konzeptionell sowohl um die Vereinigung der Bundesbahn der Bundesrepublik Deutschland mit der Reichsbahn der Deutschen Demokratischen Republik als auch um die Privatisierung dieser als gemeinsames Unternehmen zusammengefassten Eisenbahn an sich. Nach intensiver Diskussion insbesondere um die Privatisierung[762] wurde die Bahnstrukturreform[763], als deren verfassungsrechtliche Voraussetzung Art. 87e in das GG eingeführt wurde, der durch das Eisenbahnneuordnungsgesetz (ENeuOG)[764] umgesetzt wurde.[765] Gemäß Art. 87e Abs. 3 GG sind die Eisenbahnen des Bundes als Wirtschaftsunternehmen in

757 Das Gesetz über die Eisenbahnverkehrsverwaltung des Bundes wurde vom 27.12.1993 (BGBl. I S. 2378 ff.) erlassen und es ist zuletzt durch Artikel 2 des Gesetzes vom 28.5.2015 (BGBl. I S. 824) geändert worden.

758 Vgl. *Burgi*, DÖV 2012, S. 653 (654).

759 Dazu in: *Schliesky*, Öffentliches Wirtschaftsrecht, S. 135 f.

760 Vgl. *Burgi*, DÖV 2012, S. 653 (654 f.).

761 Die Richtlinie 91/440/EWG des Rates vom 29.7.1991 zur Entwicklung der Eisenbahnunternehmen der Gemeinschaft vom 24.8.1991 (ABl. Nr. L 237, S. 25 ff.).

762 Dazu in: *Ronellenfitsch*, DÖV 1996, S. 1028 (1032 f.).

763 Dazu in: *Gall/Pohl*, Die Eisenbahn in Deutschland, S. 398 ff.

764 Das Gesetz zur Neuordnung des Eisenbahnwesens vom 27.12.1993 (BGBl. I S. 2378; 1994 I S. 2439), das zuletzt durch Artikel 16 Absatz 12 des Gesetzes vom 19.10. 2013 (BGBl. I S. 3836) geändert worden ist.

765 *Möstl*, in: Maunz/Dürig, GG, Art. 87e Rn. 61; *Hömig*, GG, Art. 87e Rn. 1.

privatrechtlicher Organisationsform zu vereinen und zu betreiben; Sie sollen im Eigentum des Bundes verbleiben.[766] Aus dieser Vereinigung ging die auf der Grundlage von Art. 2 ENeuOG zum 1.1.1994 gegründete Deutsche Bahn AG hervor. Nach der „Bahnreform" umfassen die Eisenbahnen des Bundes die unter der Holding der Deutschen Bahn AG zusammengefassten „DB Fernverkehr AG", „DB Regio AG" und „DB Cargo AG" (als Eisenbahnverkehrsunternehmen des Bundes) sowie die „DB Netz AG" und die „DB Station & Service AG" (Eisenbahninfrastrukturunternehmen des Bundes)".[767] Insbesondere die DB Netz AG ist für die Schieneninfrastruktur verantwortlich.

Nach § 3 Abs. 1 des Deutschen Bahn Gründungsgesetzes (DBGrG)[768] soll die Deutsche Bahn Eisenbahnverkehrsleistungen erbringen, die dafür erforderliche Verkehrsinfrastruktur betreiben und sonstige Dienstleistungen ausführen. Die hier interessierende Realisierung der Vorhaben von Betriebsanlagen für Eisenbahnen des Bundes bezieht sich auf den Betrieb der Eisenbahnverkehrsinfrastruktur, der die Planung, den Bau, die Unterhaltung sowie die Führung der Betriebsleit- und Sicherheitssysteme umfasst (§ 3 Abs. 1 Nr. 2 DBGrG i. V. m. § 2 Abs. 3a AEG).[769]

b) Rechtliche Verpflichtung der Unternehmen und Umweltschutz

Wie erwähnt werden Betriebsanlagen für Eisenbahnen durch Eisenbahnunternehmen realisiert. Gemäß § 2 Abs. 1 AEG umfassen die Eisenbahnunternehmen – bisher war hier nur von der Deutschen Bahn die Rede – die Eisenbahnverkehrsunternehmen, die die entsprechenden Verkehrsleistungen erbringen, und die Eisenbahninfrastrukturunternehmen, die eine Eisenbahninfrastruktur betreiben. Die Letzteren sind dabei verpflichtet, die Belange des Umweltschutzes wie etwa den Boden-, Immissions-, Gewässer- oder Natur- und Landschaftsschutz im Rahmen der Planung und Realisierung von Eisenbahninfrastrukturprojekten zu berücksichtigen.[770] So sind wirksame Maßnahmen des Umweltschutzes (z. B. Einrichtungen von Wällen, Lärmschutzwänden und Tunneln nach § 41 BImSchG, Bepflanzungen an Schienenwegen nach den §§ 14 ff. BNatSchG) als entscheidende Vorkehrungen und Auflagen im Rahmen der Planfeststellung zu ergreifen.[771]

Darüber hinaus haben alle Eisenbahnunternehmen nach § 4 Abs. 1 AEG die Verantwortung für die öffentliche Sicherheit von Eisenbahninfrastrukturen und Fahrzeugen. § 2 Abs. 1 Satz 1 der Eisenbahn-Bau- und Betriebsordnung (EBO)[772]

---

766 Dazu in: *Hömig*, GG, Art. 87e Rn. 6 f.

767 *Fehling*, in: Hermes/Sellner (Hrsg.), AEG, § 2 Rn. 147.

768 Das Gesetz über die Gründung einer Deutsche Bahn Aktiengesellschaft (AG) war vom 27.12.1993 (BGBl. I S. 2378, 2386; 1994 I S. 2439) erlassen und es ist zuletzt durch Artikel 515 der Verordnung vom 31.8.2015 (BGBl. I S. 1474) geändert worden.

769 Dazu in: *Fehling*, in: Hermes/Sellner (Hrsg.), AEG, § 2 Rn. 93 f.

770 Vgl. *Vallendar*, in: Hermes/Sellner (Hrsg.), AEG, § 18 Rn. 16 ff.

771 Dazu Näheres in 1. Teil, § 2, D, III, 5.

772 Die Eisenbahn-Bau- und Betriebsordnung wurde vom 8.5.1967 (BGBl. 1967 II S. 1563) erlassen und sie ist zuletzt vom 19.11.2015 (BGBl. I S. 2105) geändert worden.

ähnelt inhaltlich der Vorschrift des § 4 Abs. 1 AEG. Somit sind die Anforderungen der öffentlichen Sicherheit, die an den Bau gestellt werden, sowohl vom Hersteller als auch vom Betreiber von Eisenbahninfrastrukturen und Fahrzeugen zu erfüllen (§ 4 Abs. 1 Nr. 1 AEG).[773] Darüber hinaus ist gemäß § 4 Abs. 1 Nr. 2 AEG beim Betrieb von Eisenbahninfrastrukturen und Fahrzeugen die öffentliche Sicherheit zu gewährleisten. Das bedeutet, dass Störungen des Zugbetriebs, wie Unfälle und sonstige Gefahren, durch angemessene Maßnahmen zu vermeiden sind.[774] Insbesondere durch § 4 Abs. 3 Satz 1 AEG wird die Verantwortung der Eisenbahnverkehrsunternehmen als Betreiber näher konkretisiert[775], d. h. die Betreiber und Halter von Eisenbahnfahrzeugen müssen ihren Betrieb sicher führen und an Maßnahmen des Brandschutzes und der technischen Hilfeleistung mitwirken. Zugleich sind Eisenbahnunternehmen nach § 4 Abs. 3 Satz 2 AEG verpflichtet, eine sichere Eisenbahninfrastruktur errichten Bau und diese auch in betriebssicherem Zustand zu erhalten.

III. Im wasserstraßenrechtlichen Bereich

Ebenso wie die Realisierung anderer Verkehrsvorhaben umfasst die Realisierung der Bundeswasserstraßenvorhaben sowohl deren Bau als auch ihre Unterhaltung. Beides ist im Wesentlichen im WaStrG geregelt. Im Hinblick auf den Bau von Bundeswasserstraßen hat § 12 WaStrG den verkehrsbezogenen Ausbau und Neubau zum Gegenstand.[776] Der Ausbau erfasst begrifflich die Maßnahmen zur wesentlichen Umgestaltung einer Bundeswasserstraße, einer Kreuzung mit einer Bundeswasserstraße, eines oder beider Ufer, die über die Unterhaltung hinausgehen und die Bundeswasserstraße als Verkehrsweg betreffen (§ 12 Abs. 2 WaStrG). Mit der Unterhaltung einer Bundeswasserstraße sind die Erhaltung eines ordnungsgemäßen Zustandes für den Wasserabfluss und die Erhaltung der Schiffbarkeit gemeint (§ 8 Abs. 1 Satz WaStrG).

Insbesondere die Realisierung der Wasserstraßen ist nach den §§ 7 Abs. 1 ff. und 12 Abs. 1 WaStrG i. V. m. Art. 89 Abs. 2 GG Hoheitsaufgabe des Bundes. Demgemäß muss der Bund als Träger alle mit dem Bau und der Unterhaltung der Bundeswasserstraßen zusammenhängenden Aufgaben erfüllen.[777] Für die Realisierung der Bundeswasserstraßenvorhaben gelten nicht nur die verkehrsvorhabenbezogenen Anforderungen des § 48 WaStrG, sondern auch die Vorgaben des Gewässerschutzes (vgl. etwa die §§ 8 ff. und 12 Abs. 7 WaStrG). Wasserstraßen sind zugleich Gewässer im Sinne des WHG (vgl. § 1 Abs. 1 WaStrG).

---

773 Vgl. *Bredt*, DÖV 2013, S. 29 (30).

774 *Hoppe/Busch/Schmidt/Schieferdecker*, Sicherheitsverantwortung im Eisenbahnwesen, S. 87.

775 *Bredt*, DÖV 2013, S. 29 (31).

776 *Reinhardt/Schäfer*, WaStrG, § 12 Rn. 2.

777 *Friesecke*, WaStrG, § 7 Rn. 2 sowie § 12 Rn. 4.

1. *Zuständigkeiten der Verwaltung des Bundes*

Gemäß Art. 89 Abs. 2 Satz 1 GG obliegt es vor allem dem Bund, verkehrsbezogene Bundeswasserstraßen zu verwalten.[778] Aus diesem Grund sind die Behörden der Wasser- und Schifffahrtsverwaltung des Bundes gemäß § 45 Abs. 1 WaStrG für die Verwaltung der Bundeswasserstraßen zuständig.[779] Sie führen dabei nicht nur Verwaltungsverfahren hinsichtlich der für ihren Erlass im WaStrG vorgesehenen Verwaltungsakte durch, sondern erfüllen auch die in §§ 7 Abs. 1 ff. und 12 Abs. 1 WaStrG geregelte „schlichte Hoheitsverwaltung und Leistungsverwaltung"[780] einschließlich aller geeigneten Maßnahmen verwaltungsgemäßer, technischer und betrieblicher Art.[781] Hierbei ist die oberste Behörde der Wasser- und Schifffahrtsverwaltung des Bundes das zuständige Bundesministerium,[782] und anschließend stehen als fachtechnische Behörden die Bundesanstalt für Wasserbau, die Bundesanstalt für Gewässerkunde zur Verfügung (vgl. § 45 Abs. 3 WaStrG).

2. *Rechtliche Anforderung an den Bund und Umweltschutz*

Wie oben erwähnt muss der Bund als Träger die rechtliche Anforderung an die Realisierung von Bundeswasserstraßenvorhaben erfüllen. Insbesondere § 48 Satz 1 WaStrG regelt die Anforderungen der öffentlichen Sicherheit und Ordnung ebenso wie § 4 FStrG und § 4 AEG. Daher fungiert diese Vorschrift als Gefahrenabwehr im Sinn des Rechts der technischen Sicherheit.[783] Sie lässt sich ebenfalls auf die Realisierung der Bundeswasserstraßen anwenden. Dabei bedarf es gemäß § 48 Satz 2 WaStrG behördlicher Genehmigungen, Erlaubnisse und Abnahmen nicht. Insbesondere in Bezug auf die Unterhaltung der Bundeswasserstraßen regelt zudem § 8 Abs. 1 Satz 1 WaStrG, dass ein ordnungsgemäßer Zustand für den Wasserabfluss und damit die Schiffbarkeit zu erhalten sind. Dabei lässt sich die Frage stellen, welches der ordnungsgemäße Zustand einer Bundeswasserstraße ist. In diesem Zusammenhang stellt das BVerwG fest, dass bei Bundeswasserstraßen der bestimmungsmäßige Zustand regelmäßig durch entsprechende planungsrechtliche Zulassungsentscheidungen von Behörden festgelegt wird.[784] Bei der Unterhaltung der Bundeswasserstraßen sind außerdem die sonstigen öffentlichen Belange einschließlich des Umweltschutzes zu berücksichtigen (vgl. § 3 Abs. 1 FStrG, § 8 Abs. 1 Satz 3 WaStrG). Dabei sind die im Rahmen der Planfeststellung entscheidenden

---

778 BVerfGE 97, 198 (227); *Hömig*, GG, Art. 89 Rn. 4.
779 *Hömig*, GG, Art. 89 Rn. 6.
780 *Friesecke*, WaStrG, § 7 Rn. 4 sowie § 12 Rn. 4.
781 Vgl. *Friesecke*, WaStrG, § 45 Rn. 3.
782 *Reinhardt/Schäfer*, WaStrG, § 45 Rn. 1.
783 *Friesecke*, WaStrG, § 48 Rn. 3; *Reinhardt/Schäfer*, WaStrG, § 48 Rn. 1; dazu BVerfGE 54, 143 (145 f.); 69, 315 (352).
784 BVerwG, Urt. vom 5.12.2001 – 9 A 13/01 –, NVwZ 2002, S. 470 (472); *Friesecke*, WaStrG, § 8 Rn. 2.

Vorkehrungen und Auflagen zum Schutz von Menschen und Umwelt zu ergreifen.[785] Dies ergibt sich daraus, dass Bundeswasserstraßen nicht nur zur Verkehrsinfrastruktur gehören, sondern auch Gewässer sind.[786]

IV. Im luftverkehrsrechtlichen Bereich

Die Realisierung von Verkehrsflughäfen betrifft alle Aufgaben im Hinblick auf den Bau, die Unterhaltung sowie den Betrieb von Unternehmen der Verkehrsflughäfen im Rahmen des Luftverkehrsrechts. Dazu bedarf es ebenfalls rechtlicher Vorgaben für Behörden und Unternehmen.

1. Luftaufsicht der zuständigen Behörden

§ 29 LuftVG regelt die Aufgaben der für die Luftaufsicht zuständigen Behörden. Zunächst definiert § 29 Abs. 1 Satz 1 LuftVG die Luftaufsicht als Abwehr von betriebsbedingten Gefahren für die Sicherheit des Luftverkehrs sowie für die öffentliche Sicherheit oder Ordnung durch die Luftfahrt. Dies bezieht sich auf die Flugsicherung im Sinne der §§ 27c bis 27f LuftVG i. V. m. Art. 87d Abs. 1 GG und die Aufsicht der Luftfahrt.[787] Insbesondere die in § 27c Abs. 1 LuftVG geregelte Flugsicherung dient als Polizeiaufgabe[788] der Gewährleistung der sicheren, geordneten und flüssigen Abwicklung des Luftverkehrs und umfasst damit die Flugsicherungsdienste im Sinne des § 27c Abs. 2 LuftVG. Außerdem dürfen nach § 29 Abs. 1 Satz 3 LuftVG die Luftaufsichtsbehörden sowohl in Bezug auf die Maßnahmen zur Gefahrenabwehr als auch auf den Schutz vor Fluglärm und Luftverunreinigung in der Umgebung von Flughäfen nur im Benehmen mit den für den Immissionsschutz zuständigen Landesbehörden treffen. Diese Aufgaben der Luftaufsicht können auf andere Stellen übertragen werden oder es kann sich anderer geeigneter Personen als Hilfsorgane für bestimmte Fälle bei der Wahrnehmung der Luftaufsicht bedient werden (vgl. § 29 Abs. 2 LuftVG).

2. Rechtliche Anforderungen an Unternehmen und Umweltschutz

Unter Berücksichtigung des Art. 87d Abs. 1 Satz 2 GG sind die deutschen Flugplätze durch Unternehmen privatrechtlich in der Rechtsform der AG oder der GmbH organisiert[789] und dies gilt ebenfalls für Verkehrsflughäfen. Ähnlich wie die Realisierung von Betriebsanlagen für Eisenbahnen von Eisenbahnunternehmen vorgenommen wird,[790] erfolgt daher die Realisierung von Vorhaben, die Verkehrsflughäfen betreffen,

785 Dazu Näheres in 1. Teil, § 2, D, III, 5.
786 *Friesecke*, WaStrG, § 8 Rn. 1.
787 Vgl. *Giemulla*, ZLW 2000, S. 184 (185).
788 *Uerpmann-Wittzack*, in: Isensee/Kirchhof (Hrsg.), HStR IV, § 89 Rn. 50.
789 *Uerpmann-Wittzack*, in: Isensee/Kirchhof (Hrsg.), HStR IV, § 89 Rn. 7 f.; *Schwenk/Giemulla*, Handbuch des Luftverkehrsrechts, Kap. 3 Rn. 67.
790 Siehe auch in 1. Teil, § 2, E, II, 2, a).

durch Flughafenunternehmer. Gemäß § 41 Abs. 1 LuftVZO verpflichtet sich dabei ein Flughafenunternehmer dazu, der Genehmigungsbehörde beabsichtigte bauliche und betriebliche Erweiterungen und Änderungen rechtzeitig anzuzeigen. Aus diesem Grund können die jeweiligen Behörden vorab über die angemessenen baulichen oder betrieblichen Maßnahmen und die anwendbaren Verfahren entscheiden.[791] Vor allem ist es eine wesentliche Verpflichtung des Flughafenunternehmers, den Flughafen in betriebssicherem Zustand zu halten und insbesondere ordnungsgemäß zu betreiben (§ 45 Abs. 1 Satz 1 LuftVZO). Diese Vorschrift umfasst als Betriebspflicht nicht nur das Vorhalten und die Unterhaltung der Flughafenanlagen, sondern auch die Verpflichtung im Sinne des § 45 Abs. 2 LuftVZO, die Flugplätze nutzungsberechtigten Luftfahrzeugen und dem genehmigten Flugbetrieb zufolge das Starten, Landen und Abstellen von Fluggeräten zeitlich zur Verfügung zu stellen.[792] Zugleich sind die Umweltschutzmaßnahmen im Sinne des § 6 Abs. 2 LuftVG zu berücksichtigen, insbesondere wie etwa dem Schutz vor Fluglärm.[793] Darüber hinaus sind wirksame Umweltschutzmaßnahmen (z.B. Einrichtungen von Rohrdurchlässen zur Durchleitung von Gewässern nach § 27 WHG, Bepflanzungen in der Nähe der Verkehrsflughäfen nach den §§ 14 ff. BNatSchG) zu ergreifen und dabei die entscheidenden Vorkehrungen und Auflagen im Rahmen der Planfeststellung einzuhalten.[794]

Im Übrigen müssen zur öffentlichen Sicherheit und Ordnung der Flughafenunternehmer die Flugsicherungsdienste nach §§ 27c bis 27f LuftVG den derzeitigen Stand der Technik erfüllen. Insbesondere im Hinblick auf die Sicherheit des Luftverkehrs sind zudem Maßnahmen zum Schutz des Flughafenbetriebs vor Angriffen im Sinne des § 8 des Luftsicherheitsgesetzes (LuftSiG)[795] erforderlich. Dies bezieht sich jedoch auf die Zuständigkeit der Polizei. Dadurch kann die Abwehr von Gefahren im Luftverkehr ergänzt werden.[796]

V. Zwischenergebnis

Die Realisierung von Verkehrsvorhaben findet im Anschluss an die Planung von Verkehrsinfrastrukturprojekten statt. Entsprechend ihrer Definition[797] erfolgt die Umsetzung der Verkehrsinfrastrukturprojekte nach Maßgabe einschlägiger rechtlicher Regelwerke. Dabei gelten einfachgesetzliche Regelungen aus dem FStrG, AEG, WaStrG sowie LuftVG. Die dort verankerten umweltrechtlichen Anforderungen des BBodSchG, BImSchG, WHG und des BNatSchG sind zu berücksichtigen.

---

791 *Schwenk/Giemulla*, Handbuch des Luftverkehrsrechts, Kap. 9 Rn. 234.

792 Vgl. *Quaas*, ZLW 2003, S, 175 (178).

793 Dazu in: *Schwenk/Giemulla*, Handbuch des Luftverkehrsrechts, Kap. 9 Rn. 219 ff.; siehe auch den 1. Teil, § 2, D, III, 5, b), (2), (b).

794 Dazu Näheres in 1. Teil, § 2, D, III, 5.

795 Das Luftsicherheitsgesetz wurde vom 11.1.2005 (BGBl. I S. 78) erlassen und es ist zuletzt vom 7.8.2013 (BGBl. I S. 3154) geändert worden.

796 Vgl. *Schwenk/Giemulla*, Handbuch des Luftverkehrsrechts, Kap. 18 Rn. 1.

797 Siehe auch den 1. Teil, § 1, B, I.

Außerdem müssen alle Träger von Verkehrsinfrastrukturprojekten gegebenenfalls die Umweltbelange mit der Verpflichtung berücksichtigen, dass Verkehrsinfrastrukturprojekte im einfachgesetzlichen Rahmen die Sicherheit und Ordnung schützen müssen. Zugleich bedarf es einer Aufsicht durch die zuständigen Behörden, um die Erfüllung der Verpflichtung von Verkehrsvorhabenträgern zu überwachen.

VI. Diskussion über die Öffentlichkeitsbeteiligung bei Projektrealisierungen

Zurzeit wird die Öffentlichkeitsbeteiligung bei der Realisierung von bestimmten Großprojekten diskutiert. Seit dem Projekt „Stuttgart 21“[798] hat sie große Bedeutung erlangt und beeinflusst erheblich das politische Geschehen.[799] Insbesondere die Planung und Realisierung von Großprojekten führen typischerweise zu Bürgerprotesten, sowohl wegen der wirtschaftlichen Belastung als auch der Umweltbeeinträchtigung. Um die Bürgerakzeptanz, eine größere Transparenz sowie Demokratie zu erreichen, wird die Öffentlichkeitsbeteiligung in komplexen Planungsverfahren regelmäßig eingeführt.[800] Hinsichtlich der Realisierung von Großvorhaben gibt es jedoch noch keine unmittelbaren Regelungen für die Öffentlichkeitsbeteiligung. Vielmehr soll sie meistens von mehreren Projektträgern in aufeinander abgestimmten Vorgehensweisen durchgeführt werden, um die verschiedenen Großprojekte zu verwirklichen. Dieser Komplexität der Verfahren erschwert naturgemäß die Beteiligung der Öffentlichkeit.[801] Aus diesem Grund wird bei der Realisierung von bestimmten Großprojekten die Öffentlichkeit nicht beteiligt. Dies gilt ebenfalls für Verkehrsinfrastrukturprojekte im einfachgesetzlichen Rahmen.

---

798 Das Bahnprojekt Stuttgart 21 wurde im Jahr 1994 von der Deutschen Bahn AG zum ersten Mal der Öffentlichkeit präsentiert. Danach wurden das Raumordnungsverfahren im Jahr 1997 und das Planfeststellungsverfahren im Jahr 2005 abgeschlossen. Im Verlauf dieser Verfahren wurde die gesetzlich vorgeschriebene Öffentlichkeitsbeteiligung durchgeführt, bei der tausende von Einwendungen gegen das Projekt erhoben wurden. Die Behörde mühte sich an diesen Einwendungen ab und sie wurden auch in einigen nachfolgenden Gerichtsverfahren bearbeitet. Allerdings wollen sich die derzeitigen „Wutbürger“ aufgrund der zeitlichen und finanziellen Probleme frühere Anhörungen nicht zurechnen lassen. Die Anhörung hat jedenfalls keine größere Bürgerakzeptanz bewirkt. Dazu in: *Schönenbroicher*, VBlBW 2010, S. 466 ff.; *Hien*, DVBl 2014, S. 495 (496 f.).

799 *Schink*, in: Schliesky u. a. (Hrsg.), Die Freiheit des Menschen in Kommune-FS für Schmidt-Jortzig, S. 381.

800 Vgl. *Hill*, in: Schliesky u. a. (Hrsg.), Die Freiheit des Menschen in Kommune-FS für Schmidt-Jortzig, S. 373 f. *Schink*, in: Schliesky u. a. (Hrsg.), Die Freiheit des Menschen in Kommune-FS für Schmidt-Jortzig, S. 383; *Knemeyer*, BayVBl 2013, S. 485 (486); *Hien*, DVBl 2014, S. 495 (497).

801 *Schink*, in: Schliesky u. a. (Hrsg.), Die Freiheit des Menschen in Kommune-FS für Schmidt-Jortzig, S. 383.

Zweiter Teil: Umweltschutz bei der Planung und Realisierung von Verkehrsinfrastrukturprojekten nach südkoreanischem Recht

§ 1 Entwicklung des rechtlichen Planungs- und Realisierungssystems

A. Das räumliche Planungssystem

Im Unterschied zum deutschen Planungssystem liegt das räumliche Planungssystem in Südkorea in der zentralistischen Raumentwicklung begründet. Die Grundlagen für das südkoreanische Planungsrecht finden sich vor allem im Raumordnungsgesetz[802] und im sog. Raumplanungsgesetz[803]. Diese Gesetze spielen eine wesentliche Rolle bei der Feststellung und Durchführung bestimmter Großprojekte, zu denen auch Verkehrsinfrastrukturprojekte zählen. Im Folgenden werden rechtliche Planungsnormen (I), die geschichtliche Entwicklung des räumlichen Planungsrechts in Südkorea (II) und dessen Grundstruktur und Grundzüge (III) dargestellt.

I. Rechtliche Planungsnormen

In den sechziger Jahren begann man in Südkorea zunächst Planungsstudien aufzustellen.[804] Die Planung stellte allerdings kein Koordinierungsinstrument zur Konfliktbewältigung dar,[805] sondern nur eine Form des staatlichen Handelns zur Erfüllung der Staatsaufgabe. Folglich führte sie manchmal zu akuten Gesellschaftsproblemen.[806] Mit der Einführung der ausgewogenen Entwicklung und Nutzung der Planung als Staatspflicht nach Art. 120 Abs. 2 KV[807] in den 1980er Jahren wurden

---

802 Das Raumordnungsgesetz (KROG) wurde vom 4.2.2002 (Gesetz-Nr. 6654) erlassen und trat am 1.1.2003 in Kraft. Zuletzt ändert sich es am 3.6.2014 (Gesetz-Nr. 12738). Dazu Näheres in 2. Teil, § 1, A, III, 1, a).

803 Das Gesetz über die Planung und die Nutzung des Raums (KRPG) wurde vom 4.2.2002 (Gesetz-Nr. 6655) erlassen und trat am 1.1.2003 in Kraft. Es wurde am 29.12.2015 (Gesetz-Nr. 13681) zuletzt geändert. Dazu Näheres in 2. Teil, § 1, A, III, 1, b).

804 Nach dem Zweiten Weltkrieg konnte sich in Südkorea die sog. Moderne Verwaltungsrechtswissenschaft entwickeln. Dabei beeinflussten rechtliche Begriffe und Theorien des deutschen Verwaltungsrechts die Gestaltung des südkoreanischen Verwaltungsrechts, wie dies auch in anderen Bereichen der Rechtswissenschaften zu beobachten ist: *K.-B. Park*, in: KLRI (Hrsg.), Einführung in das koreanische Recht, S. 51 f.

805 *Maurer*, Allgemeines Verwaltungsrecht, § 16 Rn. 10 f.

806 In Südkorea stand dieses Problem in Hinblick auf das sog. „NIMBY (*Not In My Backyard*)"-Phänomen zur Diskussion. Es entstand hauptsächlich bezüglich der Aufstellung von Großprojekten wie beispielsweise abfallwirtschaftlichen Einrichtungen oder Kernkraftwerken.

807 Nach dem Erlass der Koreanischen Verfassung vom 17.7.1948 wurde diese mehrfach geändert. Die aktuell geltende Fassung wurde durch die Volksabstimmung

in Südkorea Planungsnormen eingeführt und seitdem stetig weiterentwickelt. Im Zuge dessen wurden viele der Wesensmerkmale der deutschen Planungsnormen[808] auch in das südkoreanische Recht übernommen.[809] Außerdem wirkte sich die Rechtsprechung des BVerwG bezüglich der Planungsverfahren auf die südkoreanische Rechtsprechung aus. Diese Wirkung besteht bis heute. Auch der Koreanische Oberste Gerichtshof (KOGH) erkennt mittlerweile die Eigenständigkeit der Planungsnormen an, wobei er auf die „planerische Gestaltungsfreiheit" verweist.

In Bezug auf die Umweltplanung haben Belange des Umweltschutzes beim Abwägungsgebot nach dem KOGH keinen Vorrang vor anderen Belangen, obwohl die südkoreanische Verfassung in Art. 35 Abs. 1[810] ein Grundrecht auf Umweltschutz und die Pflicht des Staates zum Schutz der Umwelt enthält.[811] Im Kern wird insoweit lediglich ein Ausgleich zwischen den Bedürfnissen der Industrieentwicklung und den Belangen des Umweltschutzes verlangt, der durch den Gesetzgeber konkretisiert werden muss.[812]

II. Geschichtliche Entwicklung des räumlichen Planungsrechts

Im Folgenden wird zunächst die geschichtliche Entwicklung des räumlichen Planungsrechts in Südkorea dargestellt.

1. Vorgeschichte

Nach der Annexion durch Japan im Jahre 1910 wurde in Korea ein modernes Rechtssystem eingeführt. Im Bereich der räumlichen Planung ergingen die Verordnung für Zivilsachen von 1911[813] und die Verordnung zur Bodenforschung von 1912[814]. Des Weiteren ist die „Chosun"[815]-Städtebauverordnung von 1930[816] zu nennen, die gleichsam den Ursprung des südkoreanischen Städtebaurechts darstellt. Tatsächlich

---

vom 27.10.1987 als 9. Änderung gebilligt und trat am 25.2.1988 in Kraft. In diesem Zuge gelangte auch Art. 120 KV in die Verfassung.

808 Siehe auch den 1. Teil, § 1, A, I.

809 *J.-S. Hong*, Verwaltungsrecht, S. 1288.

810 In Art. 35 Abs. 1 KV heißt es: „(1) Jeder Staatsbürger hat das Recht, in einer erfreulichen Umwelt zu leben. Der Staat und alle Staatsbürger haben die Pflicht, die Umwelt zu schützen."

811 In der Verfassungsänderung der 6. Republik Korea vom 29.10.1987 (in Kraft getreten am 25.2.1988) wurde das Umweltgrundrecht, das mit der Verfassung der 5. Republik Korea eingeführt worden war, konkretisiert. Dazu Näheres in: *K.-W. Jeong*, Constitutional Law Bd. 15 Heft. 2, S. 399 f.

812 KOGH, Urt. vom 23.5.1995, 94 Ma 2218.

813 Verordnung-Nr. 7.

814 Verordnung-Nr. 2.

815 Vor der Annexion Koreas durch Japan herrschte die Chosun-Dynastie, die Korea von 1392 bis 1910 mehr als 500 Jahre lang reagierte.

816 Verordnung-Nr. 18.

orientierte sich das damalige räumliche Planungsrecht nicht an den Bedürfnissen der Entwicklung der räumlichen Planung, sondern nur an den militärischen Zielen der Besatzungsmacht.[817]

2. *Die Rechtsentwicklung nach 1945*

Nachdem im Zweiten Weltkrieg und im Koreakrieg[818] die meisten Städte und Dörfer zerstört worden waren, stand der Staat in der Nachkriegszeit vor der Aufgabe, sie möglichst rasch wieder aufzubauen. Die Chosun-Städtebauverordnung von 1930 galt zunächst weiter. Durch den Putsch vom 16.5.1961 bildete sich ein diktatorisches Regime, das bis 1979 andauerte und unter dem der Bereich des Planungs- und Baurechts neu entstand. Hervorzuheben sind insoweit das Städtebaugesetz (KStBauG) vom 20.1.1962[819] und das Gesamt-Raumordnungsgesetz (KGROG) vom 14.10.1963[820]. Außerdem wurde zur effektiven Ausführung des Raumordnungsplans und der Raumnutzungsordnung das Raumnutzungsgesetz (KRNG) vom 31.12.1972[821] erlassen. In dieser Zeit konzentrierte sich die südkoreanische Regierung nahezu ausschließlich auf die Raumentwicklung zur Sicherung des wirtschaftlichen Aufschwungs. Infolgedessen schritt die Verstädterung mit den damit verbundenen Umweltproblemen, wie z.B. Umweltverschmutzung, Umweltzerstörung, voran.

Um diese Probleme zu lösen, versuchte der Gesetzgeber in jüngerer Zeit, das Rechtssystem der räumlichen Planung zu ändern. Das bisherige Gesamt-Raumordnungsgesetz wurde durch das Raumordnungsgesetz vom 1.1.2003[822] ersetzt. Eine erste Novellierung erfolgte am 29.12.2007[823]. Der derzeit gültigen Fassung des Raumordnungsgesetzes (KROG)[824] liegt das Änderungsgesetz vom 3.6.2014 zugrunde. Das Städtebaugesetz und das Raumnutzungsgesetz wurden in das Gesetz über die Planung und die Nutzung des Raums, das sog. Raumplanungsgesetz (KRPG) vom 1.1.2003[825], integriert. Es trat am 1.1.2003 in Kraft und wurde zuletzt am 29.12.2015[826] geändert.

---

817 *J.-B. Kim*, Städtebaurecht, S. 27 ff.

818 Der Koreakrieg, der vom 25.6.1950 bis zum 27.7.1953 dauerte, war eine militärische Auseinandersetzung zwischen den Truppen der Demokratischen Volksrepublik Korea (sog. Nordkorea) und der Republik Korea (sog. Südkorea). Nach dem Koreakrieg wurde Korea in Süd- und Nordkorea geteilt, und diese Situation ist bis heute unverändert geblieben.

819 Gesetz-Nr. 983.

820 Gesetz-Nr. 1415.

821 Gesetz-Nr. 2408.

822 Gesetz-Nr. 6654.

823 Gesetz-Nr. 8122.

824 Gesetz-Nr. 12738.

825 Gesetz-Nr. 6655.

826 Gesetz-Nr. 13681.

III. Grundstruktur des räumlichen Planungsrechts

Im Folgenden wird das räumliche Planungsrecht Südkoreas in seiner Grundstruktur dargestellt und untersucht, um auf diese Weise das Planungssystem zu erfassen.

1. *Grundstruktur des räumlichen Planungsrechts*

Art. 120 Abs. 2 KV wurde als Staatspflicht zur Aufstellung von auf die ausgewogene Entwicklung und Nutzung in Bezug auf den Staatsraum und die Ressourcen gerichteten Plänen im Jahr 1987 eingeführt. Infolgedessen ist das Raumordnungsgesetz (KROG) und das Raumplanungsgesetz (KRPG) erlassen worden.[827]

a) Das Raumordnungsgesetz (KROG)

Das Raumordnungsgesetz enthält die Leitsätze bzw. den Zweck der gesamten Raumentwicklung und normiert die überörtliche bzw. überfachliche Gesamtplanung.[828] Diese Raumordnung zielt darauf ab, eine strukturelle, umweltfreundliche Entwicklung und Gestaltung zu erreichen (vgl. die §§ 2 bis 5 KROG). Sie gliedert sich nach § 6 Abs. 2 KROG in die Staatsraumplanung (*Comprehensive national land plan*), die Provinz-Planung (*Do comprehensive plan*)[829], die Regionalplanung (*Si/Gun comprehensive plan*)[830], die bestimmte Regionalplanung (*Regional plan*)[831] sowie die räumliche Fachplanung (*Sector plan*). Dabei fungieren die Staatsraumplanung, die Provinz-Planung und die Regionalplanung als überörtliche Gesamtplanung. Die bestimmte Regionalplanung wird als örtliche Gesamtplanung durch die Staatsregierung festgesetzt, um näher zu bezeichnende Ziele zu erreichen, z. B. wirtschaftliche Entwicklung, Naturschutz oder einen Gesamtplan des Grenzgebietes.[832] Außerdem ist gemäß § 17 Abs. 2 KROG die räumliche Fachplanung als sektorale Planung zu beachten und mit der Staatsraumplanung in Einklang zu bringen.

---

827 *Y.-K. Bae*, Public Land Law Review Vol. 50, S. 1 (8).

828 *Y.-K. Bae*, Public Land Law Review Vol. 50, S 1 (6); *H.-G. Kim*, Public Land Law Review Vol. 52, S. 23 (33).

829 In Südkorea gibt es insgesamt 9 Provinzen: Gyeonggi-do, Gangwon-do, Chungcheongbuk-do, Chungcheongnam-do, Jeollabuk-do, Jeollanam-do, Gyeongsangbuk-do, Gyeongsangnam-do sowie Jeju-do. Dabei entspricht eine Provinz am ehesten (*Do*) einem Bundesland im deutschen Sinne.

830 *Si/Gun* sind Selbstverwaltungskörperschaften nach § 2 des südkoreanischen Selbstverwaltungsgesetzes (*Local Autonomy Act*). Dementsprechend zählen zu den *Si* eine Teukbyeol-Si (*Special Metropolitan City*, nur Seoul), 6 Gwangyeoksi (*Metropolitan City*) usw. Die *Gun* entspricht als unterste Selbstverwaltungskörperschaft weitgehend dem deutschen Landkreis.

831 Um bestimmte Ziele, z. B. wirtschaftliche Entwicklung oder Naturschutz, zu erreichen, werden bestimmte Gebiete durch die Staatsregierung zu dem jeweiligen Zweck festgelegt.

832 Vgl. *H.-G. Kim*, Public Land Law Review Vol. 52, S. 23 (34).

b) Das Raumplanungsgesetz (KRPG)

Nach § 1 KRPG besteht der Zweck des KRPG darin, eine Raumordnungsplanung zur Nutzung und Entwicklung des Staatsraums aufzustellen und auszuführen, die dazu beitragen soll, das Allgemeinwohl zu fördern und die Lebensqualität der Bevölkerung zu entwickeln. Dementsprechend regelt das KRPG die Stadtplanung als Regionalplanung (*Si/Gun comprehensive plan*) nach § 6 Abs. 2 KROG, wobei ein allgemeines Planungsverfahren vorgeschrieben ist. Nach § 6 KRPG werden vor allem vier Gebiete der Flächennutzung unter Berücksichtigung des Zustands, der Eigenschaft sowie der Entwicklungsmöglichkeit der Flächennutzung normiert. Diese vier Flächennutzungsgebiete werden durch den Beschluss der betroffenen Behörden bzw. Gemeinde nach der Raumordnungsplanung bestimmt und haben für die Eigentümer der betroffenen Grundstücke Bindungswirkung.[833] Bei den vier Flächennutzungsgebieten handelt es sich um Stadtgebiete (*Urban areas*), Kontrollgebiete (*Control areas*), Landwirtschafts- und Waldgebiete (*Agricultural and forest areas*) und Naturschutzgebiete (*Natural environment conservation areas*). Dementsprechend ist das Stadtgebiet nach § 7 Nr. 1 KRPG zur Bebauung, Einordnung und Verbesserung im Wege der Planung vorgesehen.

Innerhalb der Stadtplanung unterscheidet das KRPG wiederum vier Typen von Plänen: die großräumigen Pläne (*metropolitan plan*)[834], Stadtgrundpläne (*basic urban plan*)[835] als vorbereitende Bauleitpläne, einen Stadtmanagementplan (*urban management plan*)[836] als verbindlichen Bauleitplan und Stadtpläne für einen Teil des Gebietes (*district-unit plan*)[837]. Die großräumige Planung (*metropolitan plan*) dient nach § 10 Abs. 1 KRPG dazu, in funktioneller bzw. struktureller Hinsicht zwei oder mehr Städte miteinander zu verknüpfen und damit den Umweltschutz und die systematische Einordnung von Infrastrukturanlagen (*metropolitan facilities*) zu verwirklichen. Demgegenüber umfasst die Stadtgrundplanung als vorbereitende Bauleitplanung einer Stadt nach § 19 Abs. 1 KRPG die Zielsetzung der langfristigen Entwicklung, Planung und des Baus von Infrastrukturanlagen einschließlich der Umweltschutzmaßnahmen. Insbesondere die Planung von bestimmten Großprojekten wird durch

833 *N.-C. Kim*, Public Law Vol. 30 Nr. 4, S. 455 (463).

834 Der „*metropolitan plan*" gemäß § 2 Nr. 1 KRPG ist die langfristige Entwicklungsplanung für die sog. „*metropolitan area*" (§§ 10 bis 17 KRPG).

835 Der „*basic urban plan*" gemäß § 2 Nr. 3 KRPG ist eine örtliche Gesamtplanung, die langfristige Etwicklungsdirektiven der Städte enthält.

836 Der „*urban management plan*" wird als „*the following plans on land utilization, traffic, environment, scenery, safety, industries, information and communications, health, welfare, security, culture, etc., they are formulated to develop, improve and preserve the Special Metropolitan City, a Metropolitan City or a Si/Gun*" gemäß § 2 Nr. 4 KRPG definiert.

837 Der „*district-unit plan*" ist eine Stadtplanung für einen Teil des Gebietes. Sein Zweck liegt nach § 2 Nr. 5 KRPG darin, das Grundstück effektiv zu nutzen und die Funktion der Stadt zu verbessern sowie einen effektiven Umweltschutz zu gewährleisten.

die raumplanungsgesetzlich geregelten allgemeinen Aufstellungsverfahren verwirklicht (vgl. § 2 Nr. 6 KRPG und die §§ 18 ff. KRPG). In diesem Sinne ist die Stadtgrundplanung für die südkoreanische Stadtplanung von zentraler Bedeutung.

2. *Grundzüge des räumlichen Planungsrechts*

Wie bereits erwähnt besteht das räumliche Planungsrecht grundsätzlich aus dem KROG und dem KRPG. Im KROG werden ausschließlich die Leitsätze und der Zweck der gesamten Raumentwicklung sowie die Normierung der Raumordnung dargestellt. Allerdings haben die raumordnungsgesetzlichen Regelungen weder Bindungswirkung für die Bürger noch Vorrang gegenüber anderen Gesetzen.[838] Die Raumordnungsplanung nach dem KROG wird durch das KRPG konkretisiert.[839] Die Bestimmung der vier Flächennutzungsgebiete im Sinne des § 6 KRPG entfaltet Rechtswirkung nach außen. Dementsprechend werden das Stadtgebiet sowie das Kontrollgebiet nach § 7 Nr. 1 KRPG durch die Stadtplanung festgelegt. Nach § 4 Abs. 1 KRPG hat die Stadtplanung Vorrang vor raumbedeutsamen Planungen nach anderen Gesetzen. Daher ist das KRPG im rechtlichen Planungssystem unverkennbar von großer praktischer Bedeutung.

Angesichts der kommunalen Planungshoheit sieht § 18 Abs. 1 KRPG vor, dass ein Stadtgrundplan vom jeweiligen Bürgermeister (*the Mayor of a City, the Governor of a Province and the head of a Si/Gun*) aufzustellen ist. Die Gewährleistung der kommunalen Planungshoheit liegt in Art. 117 Abs. 1 KV[840] begründet, in dem das Recht der kommunalen Selbstverwaltungskörperschaften verankert ist. Der Stadtgrundplan muss von den Bürgermeistern gemäß § 22 Abs. 1 KRPG vorab im Einvernehmen mit den betroffenen Behörden einschließlich des Ministers für Bau und Verkehr (§ 18 Abs. 1 KRPG) bestimmt werden. Ungeachtet dessen darf dort der Minister für Bau und Verkehr gemäß § 29 KRPG einen Stadtmanagementplan beschließen, der eigentlich gemäß § 24 Abs. 1 KRPG in der Zuständigkeit der Bürgermeister liegt.

Im KRPG gliedert sich das allgemeine Planungsverfahren in die Aufstellung der Planung, die Bürgerbeteiligung und den eigentlichen Beschluss (vgl. die §§ 18 ff. KRPG). Gegenstand der Stadtplanung sind gemäß § 2 Nr. 6 KRPG in erster Linie die Planung und Durchführung von Großprojekten, wie den Verkehrsinfrastrukturvorhaben. Dies vor allem deshalb, weil die südkoreanischen Fachplanungsgesetze hinsichtlich der Planung von Großprojekten keine oder nur sehr wenige Verfahrensvorschriften enthalten. Für die Planung und Durchführung von Großprojekten bestimmen mithin die raumplanungsgesetzlichen Regelungen das allgemeine Planungsverfahren.

838 *T.-Y. Jung*, Public Law Vol. 37 Nr. 1, S. 263 (267).
839 *H.-S. Cha*, Public Land Law Review Vol. 52, S. 93 (102).
840 Art. 117 Abs. 1 KV lautet: „Die kommunalen Selbstverwaltungskörperschaften behandeln Angelegenheiten der Wohlfahrt der Bürger, verwalten Vermögen und erlassen im Rahmen der Gesetze und Rechtsverordnungen Vorschriften für die Selbstverwaltung."

IV. Zwischenergebnis

Die Planung ist begrifflich durch die planerische Gestaltungsfreiheit und das planerische Abwägungsgebot geprägt. Diese ursprünglich aus den deutschen Planungsnormen stammenden Regelungen wurden seit den 1980er Jahren weiterentwickelt. Grundsätzlich ist das rechtlich von Art. 120 Abs. 2 KV begründete Planungssystem in dem KROG und dem KRPG verankert. Das KROG enthält zwar die Leitsätze und den Zweck der gesamten Raumentwicklung sowie die Normierung der Raumordnung, besitzt aber weder Bindungswirkung für die Bürger noch Vorrang gegenüber anderen Gesetzen. Demgegenüber beinhalten die Regelungen des KRPG die Bestimmung der vier Flächennutzungsgebiete und allgemeine Planungsverfahren. Dabei sind die raumplanungsgesetzlichen Regelungen der allgemeinen Aufstellungsverfahren auf die Planung und Durchführung von Verkehrsinfrastrukturprojekten anwendbar.

B. Das Realisierungssystem

Im Folgenden ist auf das südkoreanische Realisierungssystem einzugehen.

I. Vorbemerkung

Die bereits mit Blick auf die deutsche Rechtslage verwendete Definition der Realisierung[841] gilt auch für Südkorea. Demgemäß umfasst die Realisierung eines Projekts sämtliche Aufgaben in Bezug auf seinen Bau und seine Unterhaltung im öffentlich-rechtlichen Sinne. In Südkorea ist sowohl bei der Planung als auch bei der Realisierung eines Projekts vor allem die Bestimmung der Flächennutzung gemäß § 6 KRPG einzuhalten. Diese Regulierung der Flächennutzungen wurde unter dem Einfluss des US-amerikanischen *Zoning Systems* durch die Chosun-Städtebauverordnung im Jahr 1934[842] in das südkoreanische Recht eingeführt.[843] Diese ist bis heute in Kraft. Hierbei ist zu beachten, dass die Bestimmung der Flächennutzungen nicht nur der Gefahrenabwehr dient, sondern auch Verunstaltungen der Städte verhindern und ökologische Probleme vermeiden soll.[844]

Nach § 6 KRPG soll das Projekt grundsätzlich im Stadtgebiet bzw. Kontrollgebiet realisiert werden. Auf Grund der Gewährleistung der Eigentumsrechte nach Art. 23 Abs. 1 KV[845] muss dabei in der Regel im Stadtgebiet die Baufreiheit sichergestellt

841 Dazu oben in 1. Teil, § 1, B, I.

842 Siehe auch den 2. Teil, § 1, A, II, 1.

843 In der Tat wurde die damalige Regulierung der Flächennutzungen für militärische Zwecke der Besatzungsmacht herangezogen, um das Grundstückseigentum in Korea einzuschränken.

844 *N.-C. Chung*, Public Law Vol. 34 Nr. 4–2, S. 417 (419).

845 Art. 23 Abs. 1 KV lautet: „Jedem Staatsbürger wird das Eigentumsrecht gewährleistet. Inhalt und Grenzen werden durch die Gesetze bestimmt."

werden.[846] Zugleich wird die Sozialbindung des Eigentums durch Art. 23 Abs. 2 KV[847] betont, weshalb die Baufreiheit im Kontrollgebiet auch aus Gründen des Umweltschutzes eingeschränkt werden kann.

II. Rechtliche Anforderungen zur Realisierung

Die Realisierung des Projekts muss mit den rechtlichen Anforderungen verknüpft werden. Im Hinblick auf die Realisierung von Verkehrsinfrastrukturprojekten gelten die Regelungen des KRPG sowie die einfachgesetzlichen Regelungen aus dem Straßengesetz (KStrG, *Road Act*)[848], dem Eisenbahngesetz (KEG, *Railroad Construction Act*)[849], dem Wasserstraßengesetz (KWaStrG, *River Act*)[850] sowie dem Luftverkehrsgesetz (KLuftVG, *Aviation Act*)[851]. Außerdem sind diverse umweltrechtliche Vorschriften wie z.B. das Bodenschutzgesetz (KBodSchG, *Enforcement Decree of the Soil Entvironment Conservation Act*)[852], das Luftreinhaltegesetz (KLRG, *Clean Air Conservation Act*)[853], das Gesetz zum Schutz vor Lärm und Erschütterungen (KLESchG, *Noise and Vibration Control Act*)[854], das Wasserqualitätsgesetz (KWQG, *Water Quality and Aquatic Ecosystem Conservation Act*)[855] sowie das Gesetz zum Schutz der natürlichen Umwelt (KNatSchG, *Natural Environment Conservation Act*)[856] zu berücksichtigen.

Ebenso wie mit Blick auf die rechtlichen Anforderungen zur Realisierung eines geplanten Vorhabens in Deutschland[857] geht es in diesem Abschnitt auch um die

---

846 *N.-C. Kim*, Public Law Journal Vol. 5 Nr. 2, S. 413 (423).

847 Art. 23 Abs. 2 KV lautet: „Die Ausübung des Eigentumsrechts hat mit dem Gemeinwohl vereinbar zu sein."

848 Das KStrG wurde vom 27.12.1961 (Gesetz-Nr. 871) erlassen und zuletzt vom 19.1.2016 (Gesetz-Nr. 13791) geändert.

849 Das KEG wurde vom 31.12.2004 (Gesetz-Nr. 7304) erlassen und zuletzt vom 11.8.2015 (Gesetz-Nr. 13490) geändert.

850 Das KWaStrG wurde vom 30.12.1961 (Gesetz-Nr. 892) erlassen und zuletzt vom 19.1.2016 (Gesetz-Nr. 13808) geändert.

851 Das KLuftVG wurde vom 7.3.1961 (Gesetz-Nr. 591) erlassen und zuletzt vom 19.1.2016 (Gesetz-Nr. 13810) geändert.

852 Das KBodSchG wurde am 5.1.1995 (Gesetz-Nr. 4906) erlassen und zuletzt am 1.12.2015 (Gesetz-Nr. 13533) geändert.

853 Das KLRG wurde am 1.8.1990 (Gesetz-Nr. 4262) erlassen und zuletzt am 14.1.2014 (Gesetz-Nr. 12248) geändert.

854 Das KLESchG wurde am 1.8.1990 (Gesetz-Nr. 4259) erlassen und zuletzt am 18.3.2014 (Gesetz-Nr. 12462) geändert.

855 Das KWQG wurde am 1.8.1990 (Gesetz-Nr. 4260) erlassen und zuletzt am 1.12.2015 (Gesetz-Nr. 13530) geändert.

856 Das KNatSchG wurde erstmals am 31.12.1991 (Gesetz-Nr. 4492) erlassen und zuletzt am 27.1.2016 (Gesetz-Nr. 13885) geändert.

857 Siehe auch den 1. Teil, § 1, B, II.

Zulassung (1), die Aufsicht durch die Behörden (2) und um die Durchführung seitens der Vorhabenträger (3).

1. Zulassung

Art. 122 KV[858] enthält einen Gesetzesvorbehalt für die Raumentwicklung und -nutzung. Dementsprechend ist eine öffentlich-rechtliche Zulassung (z.B. eine Genehmigung) für den Flächenbedarf solcher Vorhaben zur Realisierung eines solchen geplanten Projekts erforderlich. Als Verwaltungshandlung dient die öffentlich-rechtliche Zulassung auch dazu, die beabsichtigte Tätigkeit eines Projektträgers zu kontrollieren.[859] Auf diese Weise wird geprüft, ob das Projekt die geltenden öffentlich-rechtlichen Vorschriften entspricht.[860] Dabei sind die umweltrechtlichen Regelungen hinsichtlich der Belange des Umweltschutzes zu beachten, zu denen etwa der Bodenschutz (z.B. § 10–3 KBodSchG[861]), der Naturschutz und die Landschaftspflege (z.B. § 15 KNatSchG[862] und § 45 KNatSchG[863]), der Gewässerschutz (z.B. § 3 KWQG[864]) sowie der Immissionsschutz (z.B. die §§ 26 KLESchG[865]) zählen.

Bei der Planung und Realisierung von Verkehrsvorhaben handelt es sich in der Regel um eine staatliche Aufgabe im Sinne der Artt. 120 Abs. 2 KV und 122 KV.[866] In diesem Rahmen ist das in den §§ 20 ff. KRPG geregelte Stadtplanungsverfahren durchzuführen, weil die jeweiligen Fachgesetze keine konkreten Planungsverfahren

---

858 Art. 122 KV lautet: „Der Staat ist ermächtigt, den Staatsbürgern zur ausgewogenen und effektiven Entwicklung und Nutzung des gesamten Raums gesetzliche Einschränkungen und Verpflichtungen aufzuerlegen."

859 *J.-S. Hong*, Verwaltungsrecht, S. 192; *Peine*, Franz-Joseph, Allgemeines Verwaltungsrecht, § 7 Rn. 469; siehe auch den 1. Teil, § 1, B, II, 1.

860 Vgl. *Hoppe/Bönker/Grotefels,* Öffentliches Baurecht, § 16 Rn. 10; In diesem Zusammenhang siehe auch den 1. Teil, § 1, B, II, 1.

861 § 10–3 KBodSchG enthält das Prinzip der verschuldensunabhängigen Haftung für schädliche Bodenverschmutzungen. Dazu Näheres in *K.-S. Park/T.-S. Hahm*, Umweltrecht, S. 525 f.; siehe auch den 2. Teil, § 2, D, II, 3, b).

862 § 15 KNatSchG regelt, dass in Naturschutz- und Landschaftspflegegebieten bestimmte Verhaltensweisen einzuschränken sind. Dazu Näheres in 2. Teil, § 2, D, II, 3, d), (1).

863 § 45 KNatSchG regelt, dass Maßnahmen für den Schutz von Wildtieren und Pflanzen zu ergreifen sind, wie etwa Biotopverbunde („*Eco-corridor*") oder eine Schutzanlage von Wildtieren. Dazu Näheres in *K.-S. Park/T.-S. Hahm*, Umweltrecht, S. 577; siehe auch den 2. Teil, § 2, D, II, 3, d), (3).

864 § 3 KWQG enthält eine allgemeine Pflicht zum Gewässerschutz. Dazu Näheres in 2. Teil, § 2, D, II, 3, e).

865 §§ 26 bis 29 Abs. 1 KLESchG regeln die Bestimmung der Regulierungsgebiete zum Schutz vor Verkehrslärm und die Lärmschutzmaßnahmen. Dazu Näheres in 2. Teil, § 2, D, II, 3, c), (1).

866 Dazu Näheres in 2. Teil, § 2, D, I, 1.

enthalten.[867] Im Ergebnis dient gemäß § 61 Abs. 1 Nr. 6 und Nr. 18 KRPG insbesondere die Stadtplanung von Straßen und Wasserstraßen als „Gesamtentscheidung der Zulässigkeit“ (Beschluss der Stadtplanung).[868] Abgesehen von diesem Beschluss der Stadtplanung bedarf es zur Realisierung von Eisenbahnen und Verkehrsflughäfen der Zulassung nach den §§ 9 Abs. 1 KEG und 95 Abs. 3 KLuftVG. Diese Zulassung wie auch der Beschluss der Stadtplanung haben eine Konzentrationswirkung (vgl. die §§ 61 Abs. 1 Nr. 6 und Nr. 18 KRPG, 9 Abs. 1 KEG und 95 Abs. 3 KLuftVG).[869] Dementsprechend ist ebenso wie bei dem deutschen Planfeststellungsbeschluss keine weitere Verwaltungsentscheidung über Verkehrsvorhaben erforderlich.

2. *Aufsicht der Behörden*

Vergleichbar der Projektbeaufsichtigung in Deutschland durch die zuständigen Behörden[870] verhält es sich auch in Südkorea: Die jeweiligen Behörden müssen regelmäßig kontrollieren, dass der Vorhabenträger die mit dem Bau und der Unterhaltung von Verkehrsvorhaben zusammenhängenden Aufgaben wahrnimmt (vgl. die §§ 3 KStrG, 25 Abs. 1 KEG, 27 Abs. 1 KWaStG, 110 Abs. 1 KLuftVG).[871] Dementsprechend haben die zuständigen Behörden darauf zu achten, dass geeignete Baumaßnahmen wie etwa Aufschüttungen, Ausschachtungen und die Nutzung geeigneter Baustoffe, Baumaterialien und Bauelemente für Kunstbauten (z.B. Brücken oder Tunnel) ergriffen werden. Dazu gehören auch Umweltschutzmaßnahmen wie etwa Einrichtungen von Wällen und Lärmschutzwänden zum Verkehrslärmschutz.[872] Die Aufsicht der Behörden dient daher dazu, sicherzustellen, dass die Vorhaben entsprechend der Planung recht- und zweckmäßig verwirklicht werden können.

3. *Durchführung der Vorhabenträger*

Die Durchführung der Vorhabenträger, die im Hinblick auf die deutsche Rechtslage zur Realisierung der Vorhaben bereits erläutert wurde,[873] erfolgt in Südkorea auf die gleiche Weise. Daher muss der Vorhabenträger zur Vorbereitung der vorhabenbezogenen Flächen zunächst den natürlichen Bewuchs oder künstliche Objekte wie etwa eventuell noch vorhandene bauliche Altanlagen beseitigen, um die betroffenen Grundstücke freizulegen und freizuhalten. Danach hat der Vorhabenträger dort Geräte und Maschinen einzusetzen, Verkehrsflächen, Wasser- und Energieversorgungsanlagen (z.B. Strom, Gas und Wärme) herzustellen sowie

867 Dazu Näheres in 2. Teil, § 2, D, I, 2.
868 *J.-S. Hong*, Verwaltungsrecht, S. 173.
869 Dazu Näheres in 2. Teil, § 2, D, I, 5, c). und E.
870 Siehe auch den 1. Teil, § 1, B, II, 2.
871 Vgl. *J.-S. Hong*, Verwaltungsrecht, S. 1203 f.; *N.-C. Chung*, Korean Lawyers Association Journal Vol. 59 Nr. 6, S. 250 (263); Dazu Näheres unten 2. Teil, § 2, E.
872 Dazu Näheres in 2. Teil, § 2, D, II, 3.
873 Dazu oben in 1. Teil, § 1, B, II, 3.

Vorkehrungen zur Abfall- und Abwasserentsorgung zu treffen,[874] um die Baustelle einzurichten.

Die Realisierung geplanter Verkehrsvorhaben durch geeignete Baumaßnahmen ist naturgemäß Aufgabe des Vorhabenträgers. Daraus resultiert, dass zur Deckung der regelmäßigen Verkehrsbedürfnisse die jeweiligen geplanten Verkehrsvorhaben zu errichten, zu unterhalten, zu erweitern oder sonst zu verbessern sind. Im Hinblick auf die geeigneten Baumaßnahmen werden die Grundlagen für die jeweiligen Verkehrsanlagen geschaffen (z. B. Bodenmassenbewegungen mit Maschineneinsatz), die Verkehrswege durch Verwendung der geeigneten Baustoffe befestigt, Baumaterialien beschafft und die Kunstbauten hergestellt, wie etwa Brücken und Tunnel.[875] Dabei muss der Vorhabenträger auch Maßnahmen zur Entwässerung ergreifen, zu denen technische Einrichtungen zur Durchleitung von Gewässern sowie Dämme und Kanäle zur Wasserableitung bzw. Beseitigung von Abwässern zählen.[876] Außerdem sind dabei Umweltschutzmaßnahmen (wie z. B. Lärmschutzmaßnahmen im Sinne des § 29 Abs. 1 KLESchG[877] oder Vorkehrungen für den Schutz der Wildtiere und Pflanzen nach § 45 KNatSchG[878]) zu ergreifen.

III. Zwischenergebnis

Ähnlich wie die Realisierung der Vorhaben nach dem einschlägigen rechtlichen Regelwerk in Deutschland erfolgt, wird sie zur Umsetzung der Planung entsprechend den Regeln auch in Südkorea durchgeführt. Sie umfasst alle Aufgaben in Bezug auf den Bau und die Unterhaltung des Projekts im öffentlich-rechtlichen Sinne. Dabei sind die umweltrechtlichen Vorschriften (z. B. KBodSchG, KLRG, KLESchG, KWQG, KNatSchG) nach dem KStrG, KEG, KWaStrG und dem KLuftVG zu beachten. Dieser Aspekt wird unten im Rahmen des „§ 2“ (Umweltschutz bei der Planung und Realisierung von Verkehrsinfrastrukturprojekten) näher behandelt.[879]

---

874 Vgl. *Löhr*, Battis/Krautzberger/Löhr, BauGB, Vorbemerkung zu den §§ 123 bis 135, Rn. 1; siehe auch den 1. Teil, § 1, B, II, 3.

875 Dazu oben in 1. Teil, § 1, B, II, 3.

876 Vgl. Vgl. *Herber*, in: Kodal (Hrsg.), Straßenrecht, Kap. 7 Rn. 8 ff.; siehe auch in 1. Teil, § 1, B, II, 3.

877 Siehe auch den 2. Teil, § 2, D, II, 3, b), (2).

878 Siehe auch den 2. Teil, § 2, D, II, 3, c), (3).

879 Dazu Näheres unter 2. Teil, § 2, D und E.

§ 2. Umweltschutz bei der Planung und Realisierung von Verkehrsinfrastrukturprojekten

Die Planung, insbesondere jedoch die Realisierung von Verkehrsinfrastrukturprojekten führt zu erheblichen Umweltproblemen wie z.B. Luftverunreinigung oder Gewässerverschmutzung. Um diese Probleme zu lösen, sind in Südkorea auch bei der Planung und Realisierung von Verkehrsprojekten Umweltschutzmaßnahmen zu berücksichtigen. Im Folgenden wird daher der Umweltschutz bei der Planung und Realisierung von Verkehrsinfrastrukturprojekten vor dem Hintergrund der südkoreanischen Rechte untersucht.

A. Vorbemerkung: Über die südkoreanische Umweltrechtsentwicklung

Um das südkoreanische Umweltrechtssystem besser verstehen zu können, wird im Folgenden die Umweltrechtsentwicklung des Landes vorgestellt. Sie lässt sich nach der Umweltgesetzgebung in drei Phasen klassifizieren, nämlich den Anfang des südkoreanischen Umweltrechts (I), seine Wandlung zum einheitlichen modernen Umweltschutzrecht (II) und die Intensivierung der Umweltgesetzgebung (III).

I. Anfang des südkoreanischen Umweltrechts: *The „Pollution Prevention Act"* von 1963

Die südkoreanische Umweltrechtsentwicklung lässt sich nicht vom Industrialisierungsprozess des Landes trennen. Nach dem Koreakrieg initiiert die südkoreanische Regierung einen Industrialisierungsprozess zur Förderung des Wirtschaftswachstums. Der Aufbau der Industrie wurde maßgeblich unter staatlichem Einfluss forciert. Insbesondere mit dem ersten Fünfjahres-Plan zur Wirtschaftsentwicklung[880] erlebte Südkorea einen raschen Industrialisierungsaufschwung. Damals blieben jedoch der Umweltschutz und die Erhaltung der natürlichen Ressourcen weitgehend unberücksichtigt, was anschließend Umweltprobleme zur Folge hatte.[881] In dieser Zeit wurde das Gesetz zum Schutz vor Umweltverschmutzung (*„Pollution*

880 Um einen raschen und hohen Industrialisierungsgrad zu erreichen, stellte die südkoreanische Regierung zwischen 1962 bis 1996 mehrere Pläne zur Wirtschaftsentwicklung auf, die jeweils auf fünf Jahre angelegt waren.

881 *M.-H. Koh*, Public Law Journal Vol. 9 Nr. 3, S. 555 (556).

Prevention Act") von 1963[882] verabschiedet, das als Ursprung des südkoreanischen Umweltrechts betrachtet werden kann.[883] Allerdings bestand dieses Gesetz nur aus insgesamt 21 Vorschriften und betraf als „Polizeirecht des Umweltschutzes"[884] nur die Abwehr von Umweltschäden, nämlich Luft- und Gewässerverschmutzung sowie Geräuschbelastungen und Erschütterungen.[885] In der Tat waren die damals auftretenden Umweltprobleme noch nicht so gravierend wie heute. Außerdem war die Öffentlichkeit für Umweltschutzfragen noch unsensibilisiert.

II. Wandlung zum einheitlichen modernen Umweltschutzrecht: *The „Environment Conservation Act"* von 1977

In den 1970er Jahren zeigten sich jedoch vielfältige, äußerst schwerwiegende Umweltbelastungen, z. B. Luft- und Gewässerverschmutzung durch industrielle Schadstoffe, die nicht zuletzt das Resultat eines starken wirtschaftlichen Aufschwunges darstellen. Zur effektiven und wirksamen Bewältigung dieser Umweltbelastungen wurde im Jahr 1977 das aus 11 Kapiteln und 70 Abschnitten bestehende Umweltschutzgesetz („*Environment Conservation Act*")[886] erlassen. Dieses Gesetz vollzog den Wandel zu einem einheitlichen modernen Umweltschutzrecht in Südkorea.[887] Es enthielt nicht nur Vorschriften zum Umgang mit Umweltschadstoffen, sondern führte auch die Umweltqualität betreffende Standards, die Umweltverträglichkeitsprüfung, die Behandlung und Entsorgung von industriellen Abfällen sowie die Überwachung umweltrelevanter Tätigkeiten ein. Alles in allem enthält das Gesetz von 1977 relativ moderne und umfassende Regelungen zum Umweltschutz. Ferner wurde 1980 als Art. 33[888] erstmals ein Umweltgrundrecht in die Verfassung eingefügt, dessen Vorschriften jedoch von der Praxis weitgehend ignoriert wurde. Im Wesentlichen handelte es sich bei Art. 33 KV wohl nur um eine Erklärung, die lediglich Symbolcharakter hatte, was vor allem darauf zurückzuführen war, dass der Umweltschutz aus staatlicher Sicht hinter der Industrialisierung zurückzustehen hatte.[889]

---

882 Das Gesetz zum Schutz vor Umweltverschmutzung wurde am 5.11.1963 (Gesetz-Nr. 1436) erlassen, durch die Verabschiedung des Umweltschutzgesetzes von 1977 jedoch wieder abgeschafft.

883 *K.-S. Park/T.-S. Hahm*, Umweltrecht, S. 30.

884 *J.-H. Hong*, Umweltrecht, S. 39.

885 *M.-H. Koh*, Public Law Journal Vol. 9 Nr. 3, S. 555 (557).

886 Das Umweltschutzgesetz (Gesetz-Nr. 3078) wurde am 31.12.1977 erlassen, im Zuge der Verabschiedung des Umweltpolitikgrundgesetzes von 1990 jedoch wieder abgeschafft.

887 *K.-S. Park/T.-S. Hahm*, Umweltrecht, S. 31.

888 Art. 33 KV 1980 lautet: „Jeder Staatsbürger hat das Recht, in einer sauberen Umwelt zu leben; zudem bemühen sich der Staat und alle Staatsbürger, die Umwelt zu schützen."

889 *M.-H. Koh*, Public Law Journal Vol. 9 Nr. 3, S. 555 (558).

III. Intensivierung der Umweltgesetzgebung: *Framework Act on Environmental Policy* von 1990

Seit den 1990er Jahren verfestigt sich in der südkoreanischen Gesellschaft ein Umweltbewusstsein. Schon 1990 wurde ein mit wichtigen umweltpolitischen Kompetenzen ausgestaltetes Umweltamt gegründet.[890]

Mit dem nunmehr in Art. 35 KV formulierten Umweltgrundrecht wurde das Umweltpolitikgrundgesetz (KUPGG, *Framework Act on Environmental Policy*) von 1990[891] verabschiedet. Ferner ergingen als besonderes Umweltrecht etwa ein Luftreinhaltegesetz (*Clean Air Conservation Act*), ein Wasserqualitätsgesetz (*Water Quality Conservation Act*) und ein Gesetz zum Schutz vor Lärm und Erschütterungen (*Noise and Vibration Control Act*). Gegenwärtig sind über 50 umweltschutzrelevante Gesetze in Kraft.[892]

Im Hinblick auf die Intensivierung der südkoreanischen Umweltgesetzgebung wird oft die Auffassung vertreten, dass das südkoreanische Umweltrecht vereinfacht, in einem Umweltgesetzbuch zusammengefasst und konsolidiert werden sollte. Dies wird zwar derzeit diskutiert, doch steht eine rasche Einführung nicht zu erwarten.

B. Verfassungsrechtliche Vorgaben

Bei den folgenden Regelungen handelt es sich vor allem um diejenigen Vorgaben in der Koreanischen Verfassung, die den Umweltschutz betreffen. Von besonderer Bedeutung sind hierbei Art. 35 Abs. 1 (I) und einige grundrechtliche Bestimmungen (II).

I. Art. 35 Abs. 1 KV als Umweltgrundrecht

Anders als das deutsche Grundgesetz enthält Art. 35 Abs. 1 KV ein sog. Umweltgrundrecht (*environmental right*).[893] [894] Dabei legt dieser Artikel fest, dass jeder Staatsbürger das Recht hat, in einer gesunden und erbaulichen Umwelt (*healthy and pleasant environment*) zu leben und verpflichtet den Staat sowie alle Staatsbürger dazu, die Umwelt zu schützen. Der Begriff der Umwelt umfasst dabei nach

---

890 Das Umweltamt wurde vom 3.1.1990 erstmals durch § 26 des Regierungsorganisationsgesetzes (*Government Organization Act*) (Gesetz-Nr. 4268) eingerichtet und war dem Amt des Premierministers direkt unterstellt. Am 23.12.1994 wurde es in den Ministerrang erhoben und zum Umweltministerium befördert. Dazu Näheres in: *K.-S. Park/T.-S. Hahm*, Umweltrecht, S. 32.

891 Das Umweltpolitikgrundgesetz wurde am 1.8.1990 (Gesetz-Nr. 4257) erlassen und zuletzt am 27.1.2016 (Gesetz-Nr. 13894) geändert.

892 Dazu Näheres in: *K.-S. Park/T.-S. Hahm*, Umweltrecht, S. 35 f.

893 *S.-B. Hong*, Environmental Law Review Vol. 22, S. 473 (474).

894 Unter dem Titel „Grundrecht und Pflicht der Staatsbürger (*Rights and Duties of Citizens*)“ sind die Grundrechte in Art. 10 bis Art. 39 KV aufgeführt.

der herrschenden Lehre[895] sowie der Rechtsprechung des KVerfG[896] sowohl die natürliche Umwelt, z.B. Boden, Wasser und Luft, als auch die soziale und kulturelle Umwelt, wie etwa Einrichtungen der Infrastruktur und Kulturgüter. Die Verankerung des Umweltschutzes in Art. 35 Abs. 1 KV legt die verfassungsrechtlichen Grundlagen für die Statuierung des südkoreanischen Umweltrechts.

Nach der überwiegenden Ansicht[897] stellt das Umweltgrundrecht des Art. 35 Abs. 1 KV sicher, dass Ansprüche auf Beseitigung von Umweltschäden nicht nur als reines Gefahrenabwehrrecht erhoben werden, sondern dass präventive Umweltschutzmaßnahmen auch unter dem Aspekt der Umweltvorsorge verlangt werden können. Insbesondere wird die Garantie des Umweltgrundrechts mit dem subjektiv-öffentlichen Recht verknüpft. Demgemäß kann ein Bürger gestützt auf Art. 35 Abs. 1 KV Anfechtungsklage (*revocation litigation*) nach § 12 Abs. 1 des Verwaltungsprozessgesetzes (KVwPG)[898] bzw. Feststellungsklage auf Rechtswidrigkeit der Unterlassung (*litigation for the affirmation of illegality of an omission*) gemäß § 36 KVwPG erheben, falls durch die öffentliche Gewalt sein subjektiv-öffentliches Recht verletzt wird.[899] Außerdem kommt im Falle der Grundrechtsverletzung eine Verfassungsbeschwerde nach Art. 111 Abs. 1 Nr. 5 KV i. V. m. § 68 des Verfassungsgerichtsgesetzes (KVerfGG)[900] in Betracht.[901]

Dabei stellt sich die Frage, ob jemand das Recht aus Art. 35 Abs. 1 KV auf Abwehr schädlicher Umweltauswirkungen gegenüber dem Staat auch dann unmittelbar einfordern kann, wenn er durch Private in seinen Grundrechten beeinträchtigt wird. Diese Frage hat der KOGH verneint und festgestellt, dass das Umweltgrundrecht nach Art. 35 Abs. 1 KV durch Gesetze konkretisiert werden muss, da Gegenstand, Inhalt und Ausführung des Umweltgrundrechts im Rahmen des Art. 35 Abs. 1 KV sonst unbestimmbar bleiben.[902] Damit degradiert das Gericht den Art. 35 Abs. 1 KV zu einem bloßen Programmsatz. Außerdem ist das KOGH der Auffassung, dass ein Ausgleich zwischen den Bedürfnissen der wirtschaftlichen Entwicklung und den Belangen des Umweltschutzes durch den Gesetzgeber zu konkretisieren ist. Daher kann man bei Beeinträchtigungen durch Private nur einen zivilrechtlichen Anspruch auf

---

895 Vgl. *Y.-S. Kwon*, Verfassungsrecht, S. 699; *H.-Y. Kay*, Verfassungsrecht II, S. 797; *J.-B. Kim/B.-W. Kim*, Pusan Law Review Vol. 53 Nr. 1, S. 29 (31 f.).

896 KVerfG, Urt. vom 15.9.1995, 95 Da 23378.

897 *Y.-S. Kwon*, Verfassungsrecht, S. 604; *K.-S. Park/T.-S. Hahm*, Umweltrecht, S. 36; *J.-H. Hong*, Umweltrecht, S. 41; *H.-J. Kim*, Public Land Law Review Vol. 13, S. 303 (317).

898 Das Verwaltungsprozessgesetz wurde erstmals am 24.8.1951 (Gesetz-Nr. 213) erlassen und zuletzt am 19.11.2014 (Gesetz-Nr. 12844) geändert.

899 *Maurer*, Allgemeines Verwaltungsrecht, § 8 Rn. 5.

900 Das Verfassungsgerichtsgesetz wurde erstmals am 5.8.1988 (Gesetz-Nr. 4017) erlassen und zuletzt am 30.12.2014 (Gesetz-Nr. 12897) geändert.

901 *Y.-D. Park*, in: KLRI (Hrsg.), Einführung in das koreanische Recht, S. 47.

902 KOGH, Urt. vom 23.5.1995, 94 Ma 2218; KOGH, Urt. vom 22.7.1997, 96 Da 56153; KOGH, Urt. vom 16.3.2006, 2006 Du 330.

Beseitigung von Umweltschäden aus dem Eigentumsrecht nach Art. 23 KV i. V. m. Art. 35 Abs. 1 KV geltend machen.[903] Diese Rechtsprechung führt dazu, dass das Umweltgrundrecht für den Umweltschutz nur geringe rechtliche Bedeutung besitzt. Dies gilt auch für die Planung und Realisierung von Verkehrsinfrastrukturprojekten, weil diese sich tatsächlich erheblich auf die Umwelt auswirken können, und zwar insbesondere die Realisierung. Sie kann z.B. zu Boden- und Gewässerverschmutzungen, Verkehrslärm, Luftverunreinigungen oder Beeinträchtigungen von Natur und Landschaft führen. Ein Eigentümer kann gegen den Staat nur einen in Art. 23 KV i. V. m. dem Umweltgrundrecht nach Art. 35 Abs. 1 KV begründeten Anspruch auf die Abwehr der Umweltbelastungen geltend machen, wenn sein Eigentum bei der Planung und Realisierung von Verkehrsinfrastrukturprojekten sachlich oder finanziell beeinträchtigt oder gefährdet wird.[904] Darüber hinaus ist der Staat durch Art. 35 Abs. 1 KV dazu verpflichtet, im Hinblick auf die Umweltvorsorge geeignete Umweltschutzmaßnahmen zu ergreifen.

II. Grundrechtliche Vorgaben

Neben dem Umweltgrundrecht in Art. 35 Abs. 1 KV fungieren auch das Recht auf Eigenwert und Menschenwürde in Art. 10 KV (1) und das Eigentumsrecht in Art. 23 KV (2) als verfassungsrechtliche Vorgaben für den Umweltschutz. Deswegen werden sie nachfolgend ebenfalls untersucht.

1. Recht auf Eigenwert und Menschenwürde in Art. 10 KV

In Art. 10 KV werden das Recht auf Eigenwert und die Menschenwürde (*human worth and dignity*) sowie das Recht vorgeschrieben, nach Wohlergehen zu streben (*the right to pursue happiness*). Zudem ist der Staat verpflichtet, die grundlegenden und unverletzlichen Menschenrechte des Einzelnen anzuerkennen und sicherzustellen.[905] Dabei stellt auch das KVerfG[906] klar, dass der Staat gemäß Art. 10 KV verpflichtet ist, das Recht auf Leben und körperliche Unversehrtheit vor Beeinträchtigungen sowohl durch die öffentliche Staatsgewalt als auch durch Private zu schützen. Art. 10 KV bildet somit die Grundlage für die Abwehr schädlicher Umweltbeeinträchtigungen. Dies wirkt sich naturgemäß auch auf den Umweltschutz im Zusammenhang mit Verkehrsinfrastrukturprojekten aus, wenn die Gesundheit des Grundrechtsträgers im Sinne des Grundrechts aus Art. 10 KV beeinträchtigt oder gefährdet wird. Der Grundrechtsträger hat in diesem Falle gegen den Staat einen Anspruch auf Abwehr von Umweltbeeinträchtigungen, die mit der Planung und Realisierung von Verkehrsinfrastrukturprojekten verbunden sind. Der Staat

903 KOGH, Urt. vom 23.5.1995, 94 Ma 2218; KOGH, Urt. vom 22.7.1997, 96 Da 56153.
904 Vgl. *H.-Y. Jung*, Public Law Journal Vol. 14 Nr. 1, S. 275 (280 ff.).
905 *Y.-S. Kwon*, Verfassungsrecht, S. 375.
906 KVerfG, Urt. vom 16.1.1997, 90 Ma 110.

wiederum ist gemäß Art. 10 KV verpflichtet, geeignete Umweltschutzmaßnahmen zu ergreifen.

2. *Eigentumsrecht in Art. 23 KV*

Wenn die Planung und Realisierung von Verkehrsinfrastrukturen rechtsverbindlich festgesetzt wird, greift sie in das Eigentum der Betroffenen ein. Dabei ist das in Art. 23 KV[907] gewährleistete Recht auf Eigentum zu beachten. Entsprechend Art. 23 Abs. 3 KV sind aus Gründen des Gemeinnutzes in erster Linie die Enteignung, die Benutzung, die Einschränkung und die Entschädigung von Eigentumsrechten durch Gesetze zulässig. Das KVerfG[908] hat im Hinblick auf die Bestimmung von Sonderflächen zur Entwicklungseinschränkung, entsprechend dem sog. *Greenbelt* in § 21 des Städtebaugesetzes,[909] betont, dass Inhalt und Umfang von Beschränkungen des Eigentumsrechts durch ein einfaches Gesetz eindeutig bestimmt werden müssen. Darüber hinaus hat es festgestellt, dass der Gesetzgeber den Wesensgehalt der Eigentumsgewährleistung beachten muss, und zwar auch dann, wenn die Sozialbindung des Eigentumsrechts nicht nur bestätigt wird, sondern dadurch auch Nutzung und Umfang des Eigentums beschränkt werden.

Hiernach handelt es sich zwar primär um die verfassungsrechtliche Auslegung des Eigentums im Sinne des Zivilrechts, doch muss Art. 23 KV (zusammen mit Art. 35 Abs. 1 KV) zudem als verfassungsrechtliche Grundlage verstanden werden, um Umweltschutzgesetze zu erlassen. Denn der Staat ist nach Art. 23 Abs. 1 KV verpflichtet, nicht nur die Eigentumsfreiheit sicherzustellen, sondern auch Grundstücke vor Gefahren zu schützen.[910] Dies gilt auch für die Planung und Realisierung von Verkehrsinfrastrukturprojekten. Daher muss der Staat im Rahmen der Eigentumsgarantie des Art. 23 KV ebenso wie im Rahmen des Art. 10 KV sicherstellen, dass in Bezug auf die Planung und Realisierung von Verkehrsinfrastrukturprojekten Umweltschutzmaßnahmen ergriffen werden, die dazu geeignet sind, Eigentumsverletzungen zu vermeiden.

---

907 Art. 23 KV lautet: „(1) Jedem Staatsbürger werden Eigentumsrechte garantiert. Deren Inhalt und Grenzen werden durch Gesetze bestimmt. (2) Die Ausübung der Eigentumsrechte muss mit dem Gemeinwohl vereinbar sein. (3) Die Zulässigkeit von Enteignung, Benutzung, Einschränkung und Entschädigung der Eigentumsrechte kann durch Gesetze aus Gründen des Gemeinnutzes vorgesehen werden."

908 KVerfG, Urt. vom 24.12.1998, 89 Ma 214.

909 Der sog. *Greenbelt* ist zurzeit in § 38 KRPG geregelt und kann als Sonderfläche für Entwicklungseinschränkung (*Development-Restriction Zone*) durch den Minister für Bau und Verkehr festgesetzt werden. Gerade der *Greenbelt* dient dazu, eine unordentliche Stadtentwicklung zu verhindern und den städtischen Umweltschutz zu gewährleisten.

910 *H.-Y. Jung*, Public Law Journal Vol. 14 Nr. 1, S. 275 (291).

C. Einfachgesetzliche Grundlage

Aus den verfassungsrechtlichen Vorgaben für den Umweltschutz resultiert das eigentliche südkoreanische Umweltrecht. Im Folgenden werden die einfachgesetzlichen Grundlagen des Umweltschutzes für die Planung und Realisierung von Verkehrsinfrastrukturprojekten untersucht. Hierbei ist zwischen allgemeinem (I) und besonderem Umweltrecht (II) zu unterscheiden.

I. Allgemeines Umweltrecht

Das allgemeine Umweltrecht enthält Regelungen, die bereichsübergreifend anwendbar sind.[911] Insoweit sind das Umweltpolitikgrundgesetz und das Umweltverträglichkeitsprüfungsgesetz hier einschlägig.

1. Das Umweltpolitikgrundgesetz (KUPGG)

Wie bereits erwähnt, wurde das Umweltpolitikgrundgesetz (KUPGG) im Jahr 1990 erlassen und trat am 1.2.1991 in Kraft. Es legt die wesentlichen Ziele der Umweltpolitik bzw. die Prinzipien und die staatlichen Pflichten für den Umweltschutz fest.[912] Insbesondere die drei wichtigsten Prinzipien des Umweltschutzes, nämlich das Vorsorge-, Verursacher- und Kooperationsprinzip[913], werden im KUPGG ausdrücklich erwähnt.[914]

§ 8 KUPGG regelt zunächst das Vorsorgeprinzip. Demnach sollen sich der Staat und die kommunalen Selbstverwaltungskörperschaften nicht nur bemühen, Umweltschäden zu beseitigen und drohende Gefahren einzuschränken, sondern auch vorbeugende bzw. vorsorgende Maßnahmen ergreifen, um Gefahren von Unternehmen abzuwenden. § 8 Abs. 3 KUPGG sieht vor, dass der Staat, die kommunalen Selbstverwaltungskörperschaften sowie die betroffenen Unternehmen sich bei der Planung und Ausführung von Großprojekten bemühen sollen, die Umwelt vor schädlichen Auswirkungen des jeweiligen Projekts zu schützen. Weiterhin bestimmt das Verursacherprinzip in § 7 KUPGG, dass derjenige, der Umweltbelastungen verursacht, verpflichtet ist, einer drohenden Umweltverschmutzung bzw. -zerstörung vorzubeugen und schädliche Folgen für die Umwelt zu beseitigen. Die Kosten zur Beseitigung und zum Ausgleich von Umweltbeeinträchtigungen sowie zur Wiederherstellung der geschädigten Umwelt sollen dabei dem Verursacher auferlegt werden. Schließlich ist in den §§ 5 und 6 KUPGG das Kooperationsprinzip vorgeschrieben. Nach § 5 KUPGG sollen Unternehmer vorbeugende Maßnahmen gegen Umweltverschmutzungen bzw. -zerstörungen ergreifen, die durch ihre Tätigkeit verursacht werden können, sind zudem verpflichtet, sich an der staatlichen bzw.

---

911 *Kotulla*, Umweltrecht, 1. Teil Rn. 14.
912 *K.-S. Park/T.-S. Hahm*, Umweltrecht, S. 180.
913 *Kotulla*, Umweltrecht, 1. Teil Rn. 8 ff.
914 *J.-S. Hong*, Verwaltungsrecht, S. 1329.

kommunalen Umweltpolitik zu beteiligen. § 6 KUPGG regelt anschließend sowohl das Recht der Staatsbürger auf eine gesunde und erbauliche Umwelt als auch ihre Pflicht, sich an der staatlichen bzw. kommunalen Umweltpolitik zu beteiligen und mit dem Staat zu kooperieren.

Die umweltpolitischen Handlungsprinzipien nach §§ 5 bis 8 KUPG werden durch weitere Umweltgesetze konkretisiert, die ebenfalls den Umweltschutz bei der Planung und Realisierung von Verkehrsinfrastrukturprojekten betreffen.

2. *Das Umweltverträglichkeitsprüfungsgesetz (KUVPG)*

Bei dem Umweltverträglichkeitsprüfungsgesetz (KUVPG)[915] handelt es sich um ein Verfahrensrecht für den medienübergreifenden Umweltgüterschutz.[916] Die UVP wurde bereits durch das Umweltschutzgesetz 1977 eingeführt und dabei durch die Vorschrift des § 102 NEPA beeinflusst.[917] Auf einfachgesetzlicher Ebene wurde das KUVPG im Jahr 1993 selbstständig kodifiziert und unter dem Einfluss der UN-Konferenz für Umwelt und Entwicklung wurde im Juni 1992 in Rio de Janeiro der Grundsatz der nachhaltigen Entwicklung (*sustainable development*) darin aufgenommen.[918] Am 22.7.2012 lag das KUVPG in einer Neufassung vor, in die eine SUP[919] integriert wurde. Dieses trat am 23.3.2013 in Kraft.

Nach § 1 KUVPG zielt die Durchführung der SUP und UVP darauf ab, eine umweltfreundliche bzw. nachhaltige Entwicklung sicherzustellen und die gesunden und angenehmen Lebensgrundlagen aller zu fördern, indem die Umweltauswirkungen von Plänen und Vorhaben vorausgesehen und entsprechende Schutzvorkehrungen getroffen werden. Bei der Planung und Realisierung von Verkehrsinfrastrukturprojekten, wie Straßen, Eisenbahnen, Wasserstraßen und Flughäfen, sind die SUP und UVP nach § 9 Abs. 1 KUVPG[920] und § 22 Abs. 1

---

915 Das Umweltverträglichkeitsprüfungsgesetz wurde erstmals am 11.6.1993 (Gesetz-Nr. 4567) erlassen und zuletzt am 24.7.2015 (Gesetz-Nr. 13426) geändert.

916 *H.-J. Kim*, Public Land Law Review Vol. 46, S. 1 (4); vgl. *Appold*, in: Hoppe/Beckmann (Hrsg.), UVPG, § 1 Rn. 4.

917 *B.-G. Jung*, Public Law Journal Vol. 10 Nr. 2, S. 327 f.

918 *K.-S. Park/T.-S. Hahm*, Umweltrecht, S. 222 f.

919 Eigentlich wurde die SUP in § 25 KUPGG am 1.6.2006 eingeführt.

920 Nach § 9 Abs. 1 KUVPG behandelt die SUP folgende Gegenstände:
1. Pläne zur Stadtentwicklung
2. Erstellungspläne für ein Industriegebiet oder einen Industriekomplex
3. Energieerschließungspläne
4. Ausbaupläne für Häfen
5. Ausbaupläne für Straßenwege
6. Wasserwirtschaftliche Pläne
7. Ausbaupläne für Eisenbahnen (einschließlich Städtebahn)
8. Ausbaupläne für Flughäfen
9. Nutzungs- sowie Entwicklungspläne für Flussgebiete
10. Pläne über die Urbarmachung und Trockenlegung von öffentlichen Gewässern

KUVPG[921] durchzuführen. Zudem hat die zuständige Behörde nach § 27 Abs. 1 KUVPG eine Stellungnahme des Umweltministers zum Umweltbericht anzufordern, bevor sie einem bestimmten Vorhaben die Zulassung erteilt. Diese Stellungnahme bedeutet nicht nur „eine Billigung bzw. eine Erteilung“[922], sondern ist bei der Zulassung des Vorhabens auch im Umweltbericht zu berücksichtigen. Als umweltvorsorgende Instrumente des Umweltschutzes dienen SUP und UVP dazu, Großprojekte in Südkorea möglichst umweltschonend zu planen und zu realisieren.

II. Besonderes Umweltrecht

Mit Blick auf das besondere Umweltrecht sind für den Umweltschutz im Rahmen der Planung und Realisierung von Verkehrsinfrastrukturprojekten das KBodSchG für den Bodenschutzbereich (1), das KLESchG und das KLRG für den

---

11. Entwicklungspläne für Touristenkomplexe
12. Entwicklungspläne für Gebirgslandschaften
13. Entwicklungspläne für besondere Gebiete
14. Durchführungspläne für Sportstätteneinrichtungen
15. Durchführungspläne für Deponien
16. Durchführungspläne für nationale Verteidigungs- und Militäranlagen
17. Pläne zur Gewinnung von Erde, Stein, Sand, Kies und Mineralien etc.
18. Durchführungspläne für Anlagen, die durch die Präsidialverordnung als sich auf die Umwelt auswirkende Anlagen bestimmt wurden.

921 Nach § 22 Abs. 1 KUVPG sind die Gegenstände der UVP folgende:
1. Vorhaben zur Stadtentwicklung
2. Erstellungsvorhaben eines Industriegebiets sowie –komplexes
3. Energieerschließungsvorhaben
4. Ausbauvorhaben von Häfen
5. Ausbauvorhaben von Straßenwegen
6. Wasserwirtschaftliche Vorhaben
7. Ausbauvorhaben von Eisenbahnen (einschließlich Stadtbahnen)
8. Ausbauvorhaben von Flughäfen
9. Nutzungs- sowie Entwicklungsvorhaben von Flussgebieten
10. Vorhaben über Urbarmachung und Trockenlegung von öffentlichen Gewässern
11. Entwicklungsvorhaben von Touristenkomplexen
12. Entwicklungsvorhaben von Gebirgslandschaften
13. Entwicklungsvorhaben von besonderen Gebieten
14. Durchführungsvorhaben von Sportstätteneinrichtungen
15. Durchführungsvorhaben von Deponien
16. Durchführungsvorhaben von nationalen Verteidigungs- und Militäranlagen
17. Vorhaben zur Gewinnung von Erde, Stein, Sand, Kies und Mineralien etc.
18. Durchführungsvorhaben von Anlagen, die durch Präsidialverordnung als sich auf die Umwelt auswirkende Anlagen bestimmt werden.

922 *H.-J. Kim*, Public Land Law Review Vol. 46, S. 1 (16).

Immissionsschutzbereich (2), das KNatSchG für den Bereich von Naturschutz und Landschaftspflege (3) sowie das KWQG für den Gewässerschutzbereich (4) relevant.

1. Im Bodenschutzbereich

Der Bodenschutz ist in erster Linie im das Bodenschutzgesetz (KBodSchG, *Enforcement Decree of the Soil Entvironment Conservation Act*) geregelt. Gemäß § 1 KBodSchG zielt dieses Gesetz darauf ab, Schädigungen der Bürgergesundheit und der Umwelt zu vermeiden, die durch Bodenschäden hervorgerufen wurden. Der verschmutzte Boden soll gereinigt und dessen Reinigung überwacht werden. Gleichzeitig soll dadurch das Bodenökosystem geschützt und der Wert des Bodens erhöht werden, sodass alle Bürger ein gesundes und angenehmes Leben genießen können.

§ 10–3 KBodSchG regelt vor allem das Prinzip der verschuldensunabhängigen Haftung für schädliche Bodenverschmutzungen (*Strict Liability for Damages Resulting from Soil Contamination*). Diese Vorschrift dient der Grundlage für Vorsorgemaßnahmen gegen Bodenverschmutzungen im Rahmen der Planung und Realisierung von Verkehrsinfrastrukturprojekten.[923]

2. Im Immissionsschutzbereich

Im Unterschied zum deutschen BImSchG gibt es in Südkorea keine umfassenden Regelungen im Hinblick auf den Immissionsschutz. Vergleichbares ergibt sich hier allenfalls eine Zusammenschau der für den Lärmschutz und die Luftreinhaltung einschlägigen Gesetze. Im Folgenden werden daher das KLESchG und das KLRG dargestellt.

a) Das Gesetz zum Schutz vor Lärm und Erschütterungen (KLESchG)

Der Schutz vor Lärm und Erschütterungen ist ein wichtiges Anliegen für die südkoreanische Gesellschaft.[924] Entsprechend den konkreten Bedarfen wurde das KLESchG von 1990 erlassen. Gemäß § 1 KLESchG zielt es darauf ab, vor Lärm und Erschütterungen zu schützen, die durch die Industrie, Baustellen, Straßen sowie Eisenbahnen usw. erzeugt werden. Das Gesetz soll allen Bürgern ermöglichen, in einer ruhigen und friedlichen Umgebung zu leben. In Form zahlreicher Verbote und Gebote enthält es in erster Linie polizeiliche Maßnahmen gegen Lärm und

---

923 Vgl. *J.-H. Hong*, Umweltrecht, S. 449.

924 *J.-H. Hong*, Umweltrecht, S. 517; *W.-S. Chae*, Environmental Law Review Vol. 27 Nr. 2, S. 349 (350); In diesem Zusammenhang berechnete das nationale Umweltmediationskomitee, das als administratives Komitee quasi-judikative Funktionen erfüllt, die Anzahl von Streitigkeiten über Umweltschäden aufgrund von Lärm und Erschütterungen für den Zeitraum von 1991 bis 2013 mit etwa 2600 von insgesamt 3045 Fällen in Südkorea. Der Anteil der Streitigkeiten über Umweltschäden aufgrund von Lärm und Erschütterungen betrug ca. 85 %. Dazu Näheres in: Umweltministerium (*der Republik Korea*), Umweltweißbuch 2014, S. 92 ff.

Erschütterungen.[925] Insbesondere der Umgang mit Lärm und Erschütterungen durch die Industrie ist in den §§ 7 bis 20 ff. KLESchG detailliert geregelt. Im Hinblick auf den Verkehrslärm sind die §§ 26 ff. KLESchG einschlägig. In § 39 KLESchG ist zwar der Schutz vor Fluglärm geregelt, es finden sich dort jedoch keine konkreten Maßnahmen zum Fluglärmschutz.[926] Dieser wird vielmehr in dem Gesetz zum Schutz gegen Fluglärm (KFluglSchG, *Airport Noise Prevention and Areas Assistance Act*)[927] gesondert behandelt.

b) Das Luftreinhaltegesetz (KLRG)

In Südkorea sind die Überwachung und die Verbesserung der Luftqualität im KLRG geregelt. Nach § 1 KLRG ist es der Zweck dieses Gesetzes, die Gesundheit der Menschen sowie die Atmosphäre vor Luftverschmutzungen zu schützen und deren Entstehen vorzubeugen. Dadurch soll es möglich werden, in einer ruhigen und friedlichen Umgebung zu leben. Das KLRG lässt sich wie folgt einteilen: Regelungen zur industriellen Luftverschmutzung (*Regulation of Emissions of Air Pollutants in Places of Business*), Regelungen zur Luftverschmutzung im Wohnbereich (*Regulation on Emission of Air Pollutants in Living Environment*) sowie Regelungen zur Beschaffenheit und zum Betrieb von Fahrzeugen (*Regulation of Exhaust Gases from Motor Vehicles, Ships, etc.*). Ähnlich wie das KLESchG, sieht auch das KLRG polizeiliche Maßnahmen gegen die Luftverschmutzung vor, wobei auch Instrumente indirekter Verhaltungssteuerung akzentuiert werden, indem z. B. ein ökonomischer Anreiz gesetzt wird.[928] Für die Planung und Realisierung von Verkehrsinfrastrukturprojekten existieren jedoch keine Regelungen zur Luftreinhaltung. Es gibt lediglich eine Regulierung, die sich auf Fahrzeuge und die von ihnen ausgestoßenen Abgase bezieht, die Luftverschmutzung und Lärm verursachen, vgl. die §§ 41 ff. KLRG.

3. Im Bereich von Naturschutz und Landschaftspflege

Im Hinblick auf Naturschutz und Landschaftspflege greift das Gesetz zum Schutz der natürlichen Umwelt (KNatSchG, *Natural Environment Conservation Act*).[929] Der

---

925 *C.-H. Kim*, Environmental Law Review Vol. 27 Nr. 1, S. 73 (76).

926 Siehe auch in 2. Teil, § 2, D, 3, c), (3).

927 Das KFluglSchG wurde erstmals am 22.3.2010 (Gesetz-Nr. 10161) erlassen und zuletzt am 21.5.2014 (Gesetz-Nr. 12636) geändert.

928 *K.-S. Park/T.-S. Hahm*, Umweltrecht, S. 281.

929 Im Hinblick auf den Naturschutz wurden speziell das Naturparkgesetz (*Natural Parks Act*) vom 4.1.1980 (Gesetz-Nr. 3243), das Gesetz zum Schutz von Feuchtgebieten (*Wetlands Conservation Act*) vom 8.2.1999 (Gesetz-Nr. 5866), das Gesetz zum Schutz der wild lebenden Tier- und Pflanzenarten (*Wildlife Protection and Management Act*) vom 9.2.2004 (Gesetz-Nr. 7167) sowie das Gesetz über die nationale Treuhand für das Kulturerbe und die natürlichen Umweltgüter vom 24.3.2006 (Gesetz-Nr. 7912) usw. erlassen. Dazu Näheres in *T.-S. Hahm*, Environmental Law Review Vol. 28 Nr. 2, S. 9 ff.

Zweck dieses Gesetzes ist es, die natürliche Umwelt systematisch vor Zerstörungen zu schützen und ihre nachhaltige Entwicklung sicherzustellen. Gemäß § 2 Nr. 1 KNatSchG sind die natürliche Umwelt (*the natural environment*) als die darin existierenden Lebewesen und deren Lebensraum zu verstehen, einschließlich der Ökosysteme und der Landschaft (sog. Umweltzustand, *the state of nature*). § 4 KNatSchG regelt die allgemeine Verpflichtung des Staates, der Selbstverwaltungskörperschaften und Unternehmern zu Naturschutz und Landschaftspflege. Gemäß § 4 Abs. 1 KNatSchG[930] sind in erster Linie der Staat und die Selbstverwaltungskörperschaften verpflichtet, geeignete Maßnahmen vorzunehmen. Nach § 4 Abs. 2 KNatSchG müssen Unternehmer bei ihrer Tätigkeit die natürliche Umwelt und die Landschaft vorrangig schützen und vorbeugende Maßnahmen gegen Umweltbelastungen ergreifen. § 4 KNatSchG gilt auch für die Planung von Verkehrsinfrastrukturprojekten. Diese Regelung bedarf daher der Konkretisierung durch weitere Vorschriften. Zu diesem Zweck wurden durch die Novellierung vom 31.12.2004[931] die Bestimmungen der §§ 12 ff. KNatSchG für Naturschutz- und Landschaftspflegegebiete (*Designation of Ecological and Scenery Conservation Areas*) und die Beratungskommission für Naturschutz und Landschaftspflege (*Natural Scenery Deliberation Committee*) eingeführt, die in § 28 KNatSchG geregelt sind. Bei der Planung und Realisierung von Großprojekten einschließlich der Verkehrsinfrastrukturprojekte dienen sie als Hauptinstrument des Naturschutzes und der Landschaftspflege.[932]

4. Im Gewässerschutzbereich

Der Gewässerschutz ist in erster Linie im Wasserqualitätsgesetz (KWQG, *Water Quality and Aquatic Ecosystem Conservation Act*) geregelt. Gemäß § 1 KWQG besteht der Zweck des KWQG darin, die Gesundheit der Bürger sowie die Umwelt vor Beeinträchtigungen zu schützen, die durch Gewässerverschmutzungen verursacht werden, sowie die Wasserqualität der öffentlichen Gewässer wie etwa der Flüsse und Seen angemessen zu kontrollieren und zu erhalten, damit die Bürger

930 § 4 Abs. 1 KNatSchG lautet: „Entsprechend dem Zweck des § 1 KNatSchG und den allgemeinen Grundsätzen des Naturschutzes des § 3 KNatSchG verpflichten sich der Staat und die Gemeinde, die Maßnahmen des Naturschutzes und der Landschaftspflege wie folgt einzuleiten:
1. Aufstellung und Durchführung der Maßnahmen des Naturschutzes zur Vermeidung erheblicher Beeinträchtigungen von Natur und Landschaft und zur nachhaltigen Entwicklung;
2. Aufstellung und Durchführung räumlicher Pläne zum Ausgleich zwischen Naturschutz und Landschaftspflege und der Bodennutzung;
3. Aufstellung und Durchführung von Maßnahmen zur dauerhaften Erhaltung von Ökosystemen, z.B. Einrichtung eines Biotopverbunds (*ecological corridors*);
4. Aufstellung und Durchführung von Maßnahmen zur Wiederherstellung der beeinträchtigten Natur."

931 Gesetz-Nr. 7297.

932 *K.-S. Park/T.-S. Hahm*, Umweltrecht, S. 551.

die öffentlichen Gewässer ausreichend genießen und unversehrt Gewässer an die künftigen Generationen weitergeben können.

Im Rahmen der Planung und Realisierung von Verkehrsinfrastrukturprojekten ist vor allem die Regelung der allgemeinen Pflicht des Staates, der Selbstverwaltungskörperschaften sowie der Bürger einschließlich der Unternehmer zum Gewässerschutz anwendbar. Darüber hinaus regeln §§ 14 ff. KWQG, dass bei der Stadtplanung nach §§ 18 ff. KRPG Gewässerschutzmaßnahmen zu ergreifen sind, um Beeinträchtigungen der öffentlichen Gewässer zu vermeiden. Im Hinblick auf die Belange des Gewässerschutzes gilt dies auch für die Planung und Realisierung von Verkehrsinfrastrukturprojekten, weil die Planung bestimmter Projekte dieser Art grundsätzlich Gegenstand der Stadtplanung nach § 19 Abs. 1 Nr. 6 KPRG i. V. m. § 2 Nr. 6 KRPG ist und nach dem Stadtplanungsverfahren entsprechend den §§ 20 ff. KRPG verwirklicht wird.[933]

D. Umweltschutz bei Planung von Verkehrsinfrastrukturprojekten im einfachgesetzlichen Rahmen

Die Planung von Verkehrsinfrastrukturprojekten erfolgt von Rechts wegen in mehreren Stufen, wobei die Belange des Umweltschutzes zu berücksichtigen sind. Im Folgenden soll untersucht werden, wie das oben dargestellte Umweltrecht auf sie angewendet wird. Dabei handelt es sich zunächst um rechtliche Grundlagen der Planung von Verkehrsinfrastrukturprojekten als Vorüberlegung (I) sowie um den Umweltschutz in räumlichen Planungsverfahren (II).

I. Vorüberlegung: Rechtliche Grundlagen der Planung von Verkehrsinfrastrukturprojekten

Planung und Bau von Verkehrsvorhaben erfolgen im Rahmen des KROG und KRPG sowie der verschiedenen Fachgesetze. Im Folgenden werden vor allem die rechtlichen Grundlagen der Verkehrsvorhaben dargestellt.

1. Verfassungsrechtliche Grundlage

Die verfassungsrechtlichen Grundlagen für die Planung von Verkehrsinfrastrukturprojekten, wie Straßen, Schienenwegen von Eisenbahnen, Wasserstraßen und Verkehrsflughäfen, liegen in Art. 120 Abs. 2 KV und Art. 122 KV begründet. Zunächst ist der Staat nach Art. 120 Abs. 2 KV verpflichtet, die zur ausgewogenen Entwicklung und Nutzung des gesamten Raums erforderlichen Pläne aufzustellen. Zusätzlich ist er nach Art. 122 KV ermächtigt, den Staatsbürgern gesetzliche Einschränkungen

---

933 Dazu Näheres in 2. Teil, § 2, D.

und Verpflichtungen aufzuerlegen, um die ausgewogene und effektive Entwicklung und Nutzung des gesamten Raums sicherzustellen.

Diese Vorschriften gelten als verfassungsrechtliche Grundlage für alle raumbezogenen Planungen in Südkorea. Aus diesem Grund wurden das KROG, das KRPG und hinsichtlich der Fachgesetze von Verkehrsinfrastrukturprojekten das KStrG, das KEG, das KWaStrG sowie das KLuftVG erlassen.

2. *Gesetzliche Grundlage*

Verkehrsinfrastrukturprojekte, also Straßen, Schienenwege von Eisenbahnen, Wasserstraßen und Verkehrsflughäfen, sind als räumliche Fachplanung (*sector plan*) nach § 6 Abs. 2 Nr. 5 KROG im KStrG, KEG, KWaStrG sowie KLuftVG geregelt. Insbesondere § 5 KStrG, § 4 KEG sowie § 25 KWaStrG umfassen die jeweilige Vernetzungsplanung für Straßen, Schienenwege von Eisenbahnen und Wasserstraßen. Diese hat als Verwaltungsakt ausschließlich verwaltungsinterne Rechtswirkung. Darüber hinaus enthalten diese Fachgesetze keine konkreten Planungsverfahren für die einzelnen Pläne, sondern bestimmen vielmehr die Verwaltung der jeweiligen verkehrsinfrastrukturellen Anlagen. Im Hinblick auf die Planung von Verkehrsflughäfen ist die Planaufstellung im § 89 Abs. 1 KLuftVG geregelt.

Im südkoreanischen Planungssystem fungiert dabei das raumplanungsgesetzliche Stadtplanungsverfahren als allgemeines Planungsverfahren, da nach § 4 Abs. 1 KRPG die Stadtplanung Vorrang vor raumbedeutsamen Planungen nach anderen Gesetzen hat. Die Planung bestimmter Infrastrukturprojekte ist in Südkorea grundsätzlich Gegenstand der Stadtplanung nach § 19 Abs. 1 Nr. 6 KPRG i. V. m. § 2 Nr. 6 KRPG und wird nach dem Stadtplanungsverfahren entsprechend den §§ 20 ff. KRPG verwirklicht. Dies gilt auch für die Planung von Verkehrsinfrastrukturprojekten.

II. Umweltschutz in räumlichen Planungsverfahren

Die Regelungen der allgemeinen Planungsverfahren betreffen die Aufstellung der Pläne, die Bürgerbeteiligung, den Beschluss und die Bekanntmachung (vgl. die §§ 20 ff. KRPG). Sie gelten auch für die Planung von Verkehrsinfrastrukturprojekten. In diesem Rahmen sind auch die Belange des Umweltschutzes zu berücksichtigen. Im Folgenden werden konkrete Umweltschutzmaßnahmen untersucht, die im Planungsverfahren von Verkehrsinfrastrukturprojekten ergriffen werden können. Zuvor wird die Aufstellung der Pläne von Verkehrsinfrastrukturprojekten nach den einschlägigen Fachgesetzen dargestellt.

1. *Aufstellung des* Masterplans *von Verkehrsinfrastrukturprojekten*

Die Fachgesetze, d. h. KStrG, KEG und KWaStrG, enthalten die Vernetzungsplanung für Straßen (a), Schienenwege von Eisenbahnen (b) und Wasserstraßen (c). Das KLuftVG sieht die Planung von Verkehrsflughäfen vor. Allerdings ist eine derart allgemeine Planung als sog. *Masterplan* nicht in einem förmlichen Planungsverfahren geregelt, sondern wird ausschließlich nach Bedarf vorgenommen. Als bloße verwaltungsinterne Regelung hat sie keine Rechtswirkung nach außen.[934]

a) Straßen

In § 5 KStrG sind die Regelung über eine Vernetzungsplanung für Straßen vorgeschrieben. Sie existiert erst seit der Gesetzänderung vom 14.1.2014.[935] Mithin soll nunmehr die Planung des Straßennetzes erfolgen und zugleich die Straßenpolitik vorgezeichnet werden. Gemäß § 5 Abs. 1 KStrG muss der Minister für Bau und Verkehr periodisch alle zehn Jahre eine Vernetzungsplanung für Straßen (*National road master plan*) aufstellen[936], damit Straßennetze in Südkorea gebaut und effektiv verwaltet werden können. Nach § 5 Abs. 3 KStrG enthält der Vernetzungsplan für Straßen eine Übersicht über den Bestand des gegenwärtigen Straßennetzes, ferner Angaben über den Bedarf und Prognosen zur Entwicklung des künftigen Straßenverkehrs und über die Zielbestimmung der Straßenpolitik sowie Vorgaben zum umweltfreundlichen Straßenbau, zur Sicherstellung der nachhaltigen Entwicklung und für die Öffentlichkeitsbeteiligung zur Bewältigung von Konflikten. Nach § 5 Abs. 4 KStrG entscheidet der Minister für Bau und Verkehr darüber im Einvernehmen mit den betroffenen Bürgermeistern.

Entsprechend der Vernetzungsplanung für Straßen werden nach § 6 Abs. 1 KStrG durch die zuständige Behörde für Straßenbau und Verkehr – nach § 2 Nr. 5 KStrG ist dies der Minister für Bau und Verkehr bzw. der Bürgermeister – Fünfjahrespläne für Straßen aufgestellt, die gemäß § 9 Abs. 1 Nr. 5 KUVPG Gegenstand einer SUP sind. Im Rahmen einer solchen SUP muss ein strategischer Umweltbericht nach § 12 KUVPG verfasst werden. Der Entwurf dieses Umweltberichts ist dem Umweltminister vorzulegen, der ihn anschließend daraufhin prüft, welche möglichen Auswirkungen das Projekt haben könnte.

Nach der Vernetzungsplanung für Straßen legt der Minister für Bau und Verkehr nach § 11 KStrG die Linienführung der jeweiligen Straßen fest und macht sie öffentlich bekannt. Darüber hinaus sind die Bürgermeister nach den §§ 14 bis 18 KStrG zwar für die Linienführung der öffentlichen Straßen im Rahmen der Stadtplanung zuständig, aber die definitive Entscheidung darüber wird dennoch vom Minister für Bau und Verkehr getroffen (vgl. § 21 Abs. 1 KStrG).

b) Schienenwege von Eisenbahnen

Auch das KEG sieht eine Vernetzungsplanung vor. Zudem regelt es den Bau der Schienenwege von Eisenbahnen. Nach § 4 Abs. 1 KEG muss die Vernetzungsplanung der Schienenwege (*Nationwide railway network plan*) vom Minister für Bau und

934 Vgl. KOGH, Urt. vom 21.4.2011, 2010 Mu 111.
935 Gesetz-Nr. 12248.
936 Die erste Vernetzungsplanung für Straßen wird vom Minister für Bau und Verkehr für einen Zeithorizont von 2016 bis 2025 ausgelegt; Dazu Näheres in: Ministerium für Bau und Verkehr, Kommentar zum KStrG, S. 80.

Verkehr periodisch alle zehn Jahre aufgestellt werden. Nach § 5 Abs. 1 KEG umfasst sie die langfristigen Pläne zum Bau von Schienenwegen, den Ausbau der Schienenwege und deren Verknüpfung mit den übrigen Verkehrsmitteln, die Finanzierung dieser Planung sowie die umweltschutzrelevanten Aspekte des Schienenwegebaues. Die Vernetzungsplanung der Schienenwege ist nach § 9 Abs. 1 Nr. 7 KUVPG ebenfalls Gegenstand einer SUP. Im Rahmen der Durchführung der SUP ist zugleich ein strategischer Umweltbericht zu entwerfen.

Anschließend erstellt der Minister für Bau und Verkehr nach § 7 Abs. 1 KEG die Pläne für die Schienenwege von Eisenbahnen (*Railroad master plan*). Nach § 7 Abs. 2 KEG enthalten sie Angaben über den Bedarf und Prognosen zur Entwicklung des Eisenbahnverkehrs, über die Wirtschaftlichkeit der Anlagen, den Entwurf der Eisenbahntrassen, die vorgesehenen Bauzeiten sowie über die Vorhabenträger und die Finanzierung des Baues. Der Minister für Bau und Verkehr muss im Einvernehmen mit den betroffenen Behörden bzw. Bürgermeistern den Plan bestimmen, vgl. § 7 Abs. 3 KEG.

c) Wasserstraßen

Die Planung von Wasserstraßen ist im KWaStrG festgesetzt. Nach § 25 Abs. 1 KWaStrG sollte ein Wasserstraßenverwaltungsamt (*River management agency*) periodisch alle zehn Jahre einen Plan von Wasserstraßen (*Basic river plan*) aufstellen. Dabei kann der Minister für Bau und Verkehr nach § 25 Abs. 2 KWaStrG die Wasserstraßen unmittelbar planen, wenn er die Aufstellung mit dem Wasserstraßenverwaltungsamt bzw. mit den betroffenen Bürgermeistern verhandelt. Die Planung von Wasserstraßen nach § 25 KWaStrG bedarf ebenfalls der Durchführung der SUP nach § 9 Abs. 1 Nr. 9 KUVPG sowie der Erstellung des Umweltberichts nach § 12 KUVPG.

Im Hinblick auf eine Linienführung der Planung von Wasserstraßen gibt es im KWaStrG keine gesetzliche Grundlage.

d) Verkehrsflughäfen

Nach § 89 Abs. 1 KLuftVG muss der Minister für Bau und Verkehr zur systematischen und effektiven Ausführung langfristig eine Bedarfsplanung für die Verkehrsflughäfen (*Mid and long-term master plan for airport development*) aufstellen. Diese beinhaltet Aufgaben zum Bedarf und Prognosen zum Luftverkehr, über die langfristigen Baupläne der regionalen Verkehrsflughäfen, den Investitionsbedarf sowie über die Finanzierungsformen und sonstige notwendige Angelegenheiten in Bezug auf die Entwicklung der Verkehrsflughäfen. Entsprechend der Bedarfsplanung für Verkehrsflughäfen muss der Minister für Bau und Verkehr nach § 89 Abs. 2 KLuftVG eine Ausbauplanung der Verkehrsflughäfen (*Basic plan for airport development*) aufstellen, in der der Flughafenstandort, die Größe und Anordnung des Flughafens, seine Betriebspläne, die vorgesehenen Finanzierungsformen sowie die am Flughafen erforderlichen Umweltschutzmaßnahmen bestimmt werden. Bei der Bedarfs- bzw.

Ausbauplanung von Verkehrsflughäfen kann der Minister für Bau und Verkehr nach § 89 Abs. 3 KLuftVG die Stellungnahmen der betroffenen Bürgermeister anhören.

Die Ausbauplanung für Verkehrsflughäfen nach § 89 Abs. 2 KLuftVG ist Gegenstand der SUP (§ 9 Abs. 1 Nr. 8 KUVPG). Dementsprechend muss die SUP durchgeführt und der strategische Umweltbericht nach § 12 KUVPG entworfen werden. Anschließend ist auch in diesem Fall der Entwurf des strategischen Umweltberichts dem Umweltminister vorzulegen, der die Auswirkungen auf die Umwelt prüft.

2. Planaufstellung nach dem KRPG

Die verschiedenen Aufstellungen des *Masterplans* von Verkehrsinfrastrukturprojekten nach den Fachgesetzen werden durch das Stadtplanungsverfahren des KPRG verwirklicht, da die Fachgesetze kein konkretes Planungsverfahren mit Blick auf die einzelnen Pläne enthalten.

a) Grundlegende Untersuchung zur Planaufstellung

Straßen, Schienenwege von Eisenbahnen, Wasserstraßen sowie Verkehrsflughäfen sind als Verkehrsinfrastrukturprojekte im Sinne des § 2 Nr. 6 (a) KRPG. Sie bilden nach § 19 Abs. 1 Nr. 6 KRPG einen Gegenstand der Stadtplanung und werden daher im Rahmen des Stadtplanungsverfahrens entwickelt. Zu diesem Zweck muss der Bürgermeister eine grundlegende Untersuchung (*Basic investigation*) nach § 20 KRPG i. V. m. § 13 KRPG durchführen. Dementsprechend müssen für bestimmte Verkehrsinfrastrukturprojekte die Einwohnerzahl, die wirtschaftliche Lage, die Situation der Bodennutzung und sonstige für die Planung eventuell notwendige Aspekte ermittelt oder untersucht werden. Dabei sind auch andere raumrelevante Planungen, wie z. B. eine Vernetzungsplanung für Straßen, Schienenwege von Eisenbahnen sowie Wasserstraßen und die Bedarfs- bzw. Ausbauplanung von Verkehrsflughäfen zu berücksichtigen.[937]

b) Aufstellung der Planung

Nach § 18 Abs. 1 KRPG ist die Stadtplanung (*Basic urban plan*) grundsätzlich von den Bürgermeistern aufzustellen und dabei höheren Planungen, wie etwa einer großräumigen Planung (*Metropolitan plan*) als überfachliche und gebietsbezogene Gesamtplanung oder verschiedenen Planungen von Verkehrsinfrastrukturprojekten (*Masterplan*) gemäß den Fachgesetzen anzupassen (vgl. § 18 Abs. 3 KRPG).

Die Aufstellung der Stadtplanung nach § 18 KRPG hat als Verwaltungsmaßnahme keine Rechtswirkung nach außen, sondern nur verwaltungsinterne Bedeutung.[938] Daher kann sie auch nicht Gegenstand der Verwaltungsklagen nach § 3 KVwPG sein.[939]

---

937 *J.-E. Yoon*, Administrative Law Journal Vol. 24, S. 159 (169 f.).
938 *W.-H. Cheong*, Stadtplanung und Umweltrecht, S. 31 f.
939 *W.-H. Cheong*, Stadtplanung und Umweltrecht, S. 31.

3. *Anforderungen des Umweltschutzes im einfachgesetzlichen Rahmen*

Im Rahmen der Planung von Verkehrsinfrastrukturprojekten im Stadtplanungsverfahren gemäß den §§ 18 ff. KRPG sind die Belange des Umweltschutzes zu berücksichtigen. Insoweit finden umweltrechtliche Regelungen Anwendung. Diese werden nachfolgend auf ihre konkreten Anforderungen für den Umweltschutz untersucht.

a) Berücksichtigung der Umweltgesamtplanung

Das KUPGG regelt die langfristige Umweltgesamtplanung einschließlich der Ziele der Umweltpolitik bzw. der Prinzipien und der staatlichen Verpflichtung zum Umweltschutz[940].[941]

Diese staatliche Umweltgesamtplanung (*Comprehensive national environmental plan*) ist in den §§ 14 bis 20 KUPGG verankert und besteht aus einer überregionalen langfristigen und einer regionalen Umweltplanung (*City/Do*[942] *environmental plan*). Zunächst einmal ist der Umweltminister nach § 14 Abs. 1 KUPGG verpflichtet, im Einvernehmen mit den betroffenen Behörden alle zehn Jahre einen staatlichen Plan zum Umweltschutz als langfristige Umweltplanung[943] aufzustellen. Die langfristige Umweltplanung legt als Leitbild der zukünftigen Umweltpolitik in Südkorea die konkreten Grundsätze und die Aktionsprogramme fest.[944] Nach § 15 KUPGG soll sie vor allem Aussagen zu den Faktoren von Umweltauswirkungen (wie z.B. zur Bevölkerung und Industrieproduktion) und zum gegenwärtigen Umweltzustand machen sowie eine Prognose zu den künftigen Umweltbelastungen abgeben. Weiterhin soll sie die Zielbestimmung des Umweltschutzes sowie die konkreten Maßnahmen benennen, die diesbezüglich zu ergreifen sind; schließlich soll sie angeben, welche ökonomischen Instrumente einzusetzen sind. Dementsprechend ist die regionale Umweltplanung unter Berücksichtigung der regionalen Besonderheiten als untergeordnete Umweltplanung aufzustellen und auszuführen (vgl. § 18 Abs. 1 KUPGG). Die staatliche Umweltgesamtplanung ist gemäß § 21 Abs. 1 KUPGG bei der Bodennutzung bzw. der Aufstellung der räumlichen Planung zu berücksichtigen. Diese Vorschrift gilt auch in Bezug auf die Planung von Verkehrsinfrastrukturprojekten. Obwohl die staatliche Umweltgesamtplanung als medienübergreifende

---

940 Dazu bereits oben in 2. Teil § 2, A, II, 1.

941 *H.-H. Kang*, Public Land Law Review Vol. 35, S. 138 (151).

942 *Do* bezeichnet eine südkoreanische Provinz, die einem Bundesland im deutschen Sinne entspricht. Siehe dazu den 2. Teil, § 1, A, III, 1, a).

943 In diesem Zusammenhang wurde damals von der südkoreanischen Regierung die sog. „Umweltvision 21" (1996 bis 2005) beschlossen. Sie stellte die Zielvorgaben der zukünftigen Umweltpolitik in Südkorea dar und legte zudem die operativen Maßnahmen fest. Insbesondere durch diese langfristige Umweltgesamtplanung verstärkte sich die Umweltpolitik für die Wasserbewirtschaftung, die Verbesserung der Luftqualität und die Abfallbehandlung. Dazu Näheres in Umweltministerium (*der Republik Korea*), Staatliche Umweltgesamtplanung (2006 bis 2015), S. 5 ff.

944 *J.-H. Hong*, Umweltrecht, S. 149.

Gesamtplanung für den Umweltschutz konkrete Maßnahmen erfordert, dient sie bei der Aufstellung der räumlichen Planung als Grundlage für den Umweltschutz.[945] Außerdem ist sie bei der Zulassung der Bodennutzung bzw. der räumlichen Planung gemäß § 21 Abs. 1 KUPGG zu berücksichtigen.

Hierbei hat die staatliche Umweltgesamtplanung keine verbindliche Rechtswirkung gegenüber den Bürgern, weshalb diese unter diesem Aspekt keine subjektiv-öffentlichen Rechte haben. Daher kann der Einzelne vom Staat nicht verlangen, eine Umweltgesamtplanung durchzuführen.[946] Diese Form der Planung ermöglicht es, die verschiedenen umweltfachbezogenen „Gesamtplanungen" – die in Deutschland den einzelnen Fachplanungen entsprechen – zu kombinieren und zu steuern, wie etwa die Kontrollgesamtplanung von Lärm und Erschütterungen (§ 2–3 Abs. 1 KLESchG) oder die Gesamtplanung der Luftreinhaltung (§ 11 Abs. 1 KLRG).

b) Im Bodenschutzbereich

Im Hinblick auf den Bodenschutz sind bei der Planung der jeweiligen Verkehrsinfrastrukturprojekte die Regelungen des KBodSchG zu beachten. Dabei sollen Schädigungen des Bodens (*Soil Contamination*) im Sinne des § 2 Nr. 1 KBodSchG[947] vermieden bzw. minimiert werden.[948] Insbesondere § 10–3 KBodSchG sieht eine Form von verschuldensunabhängiger Haftung für schädliche Bodenverschmutzungen (*Strict Liability for Damages Resulting from Soil Contaminations*) vor, weil vorgesehen ist, dass Gefahrenabwehr- und Vorsorgemaßnahmen gegen schädliche Bodenverschmutzung zu ergreifen sind.[949] Dies gilt auch in Bezug auf die jeweiligen Verkehrsvorhaben.

Gemäß § 10–3 Abs. 1 KBodSchG haben die Verursacher schädlicher Bodenverschmutzungen die davon Betroffenen zu entschädigen und Maßnahmen gegen schädliche Bodenverschmutzung zu ergreifen. Darüber hinaus regelt § 10–3 Abs. 2 KBodSchG, dass gegebenenfalls mehrere beteiligte Personen gemeinsam für die Bodenschäden aufkommen und geeignete Maßnahmen treffen müssen, wenn das entsprechende Vorhaben zu schädlicher Bodenverschmutzung führt und der konkrete Verursacher nicht eindeutig bestimmt werden kann. Dementsprechend sind Verkehrsvorhabenträger verpflichtet, für Verkehrsflächen bei der Planung und Realisierung von Verkehrsvorhaben zu verhindern, dass der Boden kontaminiert wird bzw. die Wahrscheinlichkeit dafür so gering wie möglich zu halten. Außerdem müssen Vorsorgemaßnahmen gegen schädliche Bodenverschmutzungen ergriffen

---

945 Vgl. *N.-C. Kim*, Public Land Law Review Vol. 30, S. 1 (20).

946 *J.-H. Hong*, Umweltrecht, S. 144.

947 § 2 Nr. 1 KBodSchG regelt, dass „Schädigungen des Bodens im Sinne dieses Gesetzes durch Vorhaben oder Aktivitäten von Menschen verursacht werden und sie nachteilige Auswirkungen auf die Bürgergesundheit, das Eigentum oder die Umwelt haben."

948 Vgl. *K.-S. Park/T.-S. Hahm*, Umweltrecht, S. 521; *Kloepfer*, Umweltrecht, § 12 Rn. 84.

949 Vgl. *J.-H. Hong*, Umweltrecht, S. 449.

werden, die durch Grundstücknutzung (z.B. Aufschüttungen, Ausschachtungen) herbeigeführt werden können. In diesem Zusammenhang bewirkt § 10–3 Abs. 2 KBodSchG, dass die Vorhabenträger bei möglichen Bodenschäden stärker zur Verantwortung gezogen werden, weil sie für die von ihnen eventuell verursachten Schäden aufkommen müssen. Im Hinblick auf den Umweltschutz, insbesondere den Bodenschutz, greift daher das „Verursacherprinzip" durch § 10–3 Abs. 2 KBodSchG.

c) *Im Immissionsschutzbereich*

(1) Bestimmung der Regulierungsgebiete zum Schutz vor Verkehrslärm

Nach § 26 KLESchG werden die jeweils zulässigen Verkehrslärmgrenzwerte durch Rechtsverordnung des Umweltministeriums festgelegt. Diese Bedingung wird ist durch § 25 der Rechtsverordnung des Umweltministeriums erfüllt.[950] Dementsprechend können nach § 27 Abs. 1 KLESchG die Regulierungsgebiete zum Schutz vor Verkehrslärm (*a traffic noise and vibration control area*) von den Bürgermeistern bestimmt werden, falls die konkreten Werte von Verkehrsgeräuschen (*control standards for traffic noise*) überschritten werden oder dies grundsätzlich möglich ist. Darüber hinaus kann der Umweltminister nach § 27 Abs. 2 KLESchG erforderlichenfalls von den Bürgermeistern die Bestimmung der Regulierungsgebiete zum Schutz vor Verkehrslärm fordern. Sofern keine besonderen Umstände (z.B. nationale Verteidigungs- und Militäranlagen) vorliegen, müssen die Bürgermeister dem nachkommen. Nach § 27 Abs. 4 KLESchG hat dann jeder Bürgermeister die Bestimmung der Regulierungsgebiete zum Schutz vor Verkehrslärm nach § 27

---

950 § 25 der einschlägigen Rechtsverordnung des Umweltministers lautet: „(1) Der Beurteilungspegel für Straßen darf einen der folgenden Straßenlärmgrenzwerte nicht überschreiten:

	Tag (06:00 – 22:00)	Nacht (22:00 – 06:00)
1. in Wohngebieten, an Krankenhäusern, Schulen, öffentlichen Bibliotheken und Altenheimen		
	68 Dezibel (A)	58 Dezibel (A)
2. in Wirtschaftsgebieten, Industriegebieten		
	73 Dezibel (A)	63 Dezibel (A)

(2) Der Beurteilungspegel für Schienenwege darf einen der folgenden Straßenlärmgrenzwerte nicht überschreiten:

	Tag(06:00 – 22:00)	Nacht (22:00 – 06:00)
1. in Wohngebieten, an Krankenhäusern, Schulen, öffentlichen Bibliotheken und Altenheimen		
	70 Dezibel (A)	60 Dezibel (A)
2. in Wirtschaftsgebieten, Industriegebieten		
	75 Dezibel (A)	65 Dezibel (A)

"

Abs. 1 und 2 KLESchG nicht nur öffentlich bekannt zu machen, sondern auch entsprechende Anzeigeschilder vor Ort zu errichten. Nach § 28 KLESchG kann der Bürgermeister beim Polizeiamt die Umleitung des Straßenverkehrs bzw. Geschwindigkeitsbegrenzungen nach Maßgabe des Straßenverkehrsgesetzes (*Road Traffic Act*)[951] beantragen.

Die gemäß den §§ 26 ff. KLESchG bestimmten Regulierungsgebiete zum Schutz vor Verkehrslärm sind im Rahmen der Planung und Realisierung von Verkehrsvorhaben zu berücksichtigen. Dementsprechend können bei der Vernetzungsplanung nach § 5 KStrG und § 4 KEG die in den §§ 26 ff. KLESchG genannten Gebiete soweit wie möglich entlastet oder sonstige geeignete Maßnahmen gegen Verkehrslärm ergriffen werden. Somit spielt die Bestimmung der Regulierungsgebiete zum Verkehrslärmschutz gemäß den §§ 26 KLESchG für die Planung und Realisierung von Verkehrsinfrastrukturprojekten hinsichtlich des Umweltschutzes, insbesondere des Immissionsschutzes, eine wichtige Rolle.

(2) Schallschutzmaßnahmen für Straßen- und Eisenbahnverkehr

Im Hinblick auf Lärmschutzmaßnamen für Straßen- und Eisenbahnverkehr regelt § 29 Abs. 1 KLESchG, dass jeder Bürgermeister selbst geeignete Schallschutzmaßnahmen ergreifen oder dies den jeweiligen Betreibern geräusch- und erschütterungsverursachender Anlagen auferlegen kann, wenn dies grundsätzlich möglich ist und die bereits erwähnten Verkehrslärmgrenzwerte im Sinne des § 26 KLESchG überschritten werden. Zu den geeigneten Schallschutzmaßnahmen zählen beispielsweise Wälle, Lärmschutzwände und -waldungen sowie gegebenenfalls auch Tunnel. Als aktiver Schallschutz dienen die Lärmschutzmaßnahmen nach § 29 Abs. 1 KLESchG unmittelbar der Abwehr schädlicher Umwelteinwirkungen durch Verkehrsgeräusche. Somit ist sicherzustellen, dass Beeinträchtigungen durch Geräusche im Straßen- und Eisenbahnverkehr soweit wie möglich vermindert bzw. vermieden werden.

Im Vergleich zu den aktiven Lärmschutzmaßnahmen, die in Deutschland gesetzlich vorgeschrieben sind,[952] sind die gesetzlichen Maßnahmen zum Schutz vor Verkehrslärm in Südkorea immer noch unvollständig und lückenhaft.[953] So sieht § 29 Abs. 1 KLESchG keine konkreten Schallschutzmaßnahmen vor. Vielmehr wird dem Bürgermeister bei der Auswahl der entsprechenden Maßnahmen gemäß § 29 Abs. 1 KLESchG ein weiter Ermessensspielraum eingeräumt. Darüber hinaus enthält das KLESchG keine Regelung zu passiven Lärmschutzmaßnahmen. Insofern kann der von baulichen Anlagen betroffene Eigentümer ausschließlich eine zivilrechtliche

---

951 Das Straßenverkehrsgesetz (*Road Traffic Act*) wurde erstmals am 31.12.1961 (Gesetz-Nr. 941) erlassen und zuletzt am 30.12.2014 (Gesetz-Nr. 12917) geändert.

952 Siehe dazu den 1. Teil, § 2, D, III, 5, b), (a), aa).

953 *J.-H. Hong*, Umweltrecht, S. 533; *C.-H. Kim*, Environmental Law Review Vol. 27 Nr. 1, S. 73 (75); *W.-S. Chae*, Environmental Law Review Vol. 27 Nr. 2, S. 349 (356 f.).

Haftung für Umweltbeeinträchtigungen nach § 750 KBGB[954] geltend machen,[955] der in Deutschland inhaltlich dem § 823 Abs. 1 BGB entspricht. Dieser die Generalklausel für das Deliktsrecht darstellende Anspruch greift deshalb ein,[956] weil derzeit im südkoreanischen Recht keine speziellen Umwelthaftungsregelungen existieren.

(3) Schutz vor Fluglärm

Der Schutz vor Fluglärm ist in § 39 KLESchG gesondert geregelt. Demgemäß kann der Umweltminister erforderlichenfalls die zuständigen Behörden anweisen, zu diesem Zweck geeignete Maßnahmen zu ergreifen. Jedoch ist dort nicht konkret geregelt, um welche Maßnahmen es sich dabei handelt. Diesbezüglich wurde im Jahr 2010 das KFluglSchG verabschiedet, das nach § 3 KFluglSchG Vorrang vor anderen Gesetzen hat. Nach § 5 Abs. 1 KFluglSchG legt der Minister für Bau und Verkehr vor allem drei Lärmschutzbereiche um den Flughafen herum (*area requiring countermeasures against noise around an airport*) fest, wobei die Nachfrage danach und die Prognosen zum Luftverkehr entsprechend den Fluglärmbelastungen (WECPNL, *Weighted Equivalent Continuous Perceived Noise Level*)[957] zu berücksichtigen sind. Nach § 8 Abs. 1 KFluglSchG muss der Vorhabenträger die Schallschutzmaßnahmen durchführen und dafür Entschädigung leisten. Insbesondere § 12 Abs. 1 KFluglSchG regelt, dass jeder Grundstückseigentümer im ersten Lärmschutzbereich nach § 5 Abs. 1 KFluglSchG gegenüber dem Vorhabenträger bzw. Baulastträger einen Anspruch auf den Ankauf der betroffenen Grundstücke hat, um die mit der Fluglärmbelastung verbundene Entwertung seines Grundstücks auszugleichen.

Das südkoreanische Fluglärmschutzgesetz enthält relativ systematische Regelungen zum Schutz vor Fluglärm. Dabei stellt sich die Frage, ob bei der Genehmigung von Verkehrsflughäfen die verschiedenen Fluglärmschutzmaßnahmen im KFluglSchG berücksichtigt werden können. In diesem Zusammenhang statuiert das KFluglSchG mit der Genehmigung nicht nur keine rechtliche Bindungswirkung, sondern lässt auch offen, welche Schallschutzmaßnahmen im Rahmen der Planaufstellung von Verkehrsflughäfen zu ergreifen sind. Aus diesem Grund sind Maßnahmen zum Schutz vor Fluglärm ebenso wie solche zum Schutz vor Straßen- und

954 In § 750 KBGB heißt es: „Wer vorsätzlich oder fahrlässig durch widerrechtliche Handlung einem anderen einen Schaden zufügt, ist zum Ersatz des Schadens verpflichtet."

955 KOGH, Urt. vom 12.3.2004, 2002 Da 14242; KOGH, Urt. vom 27.1.2005, 2003 Da 49566; *C.-H. Kim*, Environmental Law Review Vol. 27 Nr. 1, S. 73 (93); *W.-S. Chae*, Environmental Law Review Vol. 27 Nr. 2, S. 349 (362).

956 *B.-J. Lee*, in: KLRI (Hrsg.), Einführung in das koreanische Recht, S. 96.

957 § 2 der Rechtsverordnung des KFluglSchG lautet: „(1) Die Festsetzung der Lärmschutzbereiche nach § 5 Abs. 1 KFluglSchG ist folgende:
1. Der erste Lärmschutzbereich liegt über 95 WECPNL;
2. Der zweite Lärmschutzbereich reicht von 90 bis über 95 WECPNL;
3. Der dritte Lärmschutzbereich reicht von 75 bis über 90 WECPNL."

Eisenbahnverkehrslärm nach wie vor nur unvollständig und lückenhaft geregelt,[958] andererseits besteht jedoch gerade wegen dieser Offenheit die Möglichkeit, im Einzelfall sehr effektive Fluglärmschutzmaßnahmen festzulegen. Somit halten sich Vor- und Nachteile der hiesigen Regelungen die Waage.

(4) Luftreinhaltung

Wie oben erwähnt, unterscheidet das KLRG zwischen Regelungen zur Überwachung und solchen zur Verbesserung der Luftqualität. Bei der Planung von Verkehrsinfrastrukturprojekten sind die Maßnahmen zur Luftreinhaltung ebenfalls zu berücksichtigen. In diesem Zusammenhang existieren im Rahmen der Planung von Verkehrsinfrastrukturprojekten keine konkreten Regelungen zur Luftreinhaltung. Stattdessen geht es ausschließlich um die Regulierung der Beschaffenheit und des Betriebs der verschiedenen Fahrzeuge, vgl. §§ 41 ff. KLRG.[959]

d) Im Bereich von Naturschutz und Landschaftspflege

(1) Berücksichtigung der Naturschutz- und Landschaftspflegegebiete

Im Hinblick auf den Naturschutz und die Landschaftspflege wählt der Umweltminister nach den in § 12 Abs. 1 KNatSchG genannten konkrete Maßgaben Naturschutz- und Landschaftspflegegebiete[960] aus.[961] Demgemäß existieren folgende Bestimmungen zu Naturschutz- und Landschaftspflegegebieten: ein Gebiet, in dem die Natur in intaktem Zustand ist oder dem aufgrund seiner reichen biologischen Vielfalt große Verdienste bei der Erhaltung von Lebensraum und der wissenschaftlichen Forschung zukommen (Nr. 1), ein Gebiet, das für die Erhaltung besondere topographische oder geologische Merkmale aufweist oder eine besondere Wartung seiner Naturlandschaft benötigt (Nr. 2), ein Gebiet, das vielfältige Ökosysteme umfasst oder eine Probefläche eines Ökosystems darstellt (Nr. 3), ein Gebiet der Präsidialverordnung aus bestimmten Bereichen, das wegen seiner herrlichen Naturlandschaft, wie Flüsse oder Gebirgstäler, besonders schützenswert ist (Nr. 4).

---

958 Vgl. *J.-H. Hong*, Umweltrecht, S. 533 f.

959 *J.-H. Hong*, Umweltrecht, S. 277.

960 Nach der letzten Aktualisierung des Umweltministeriums am 31.12.2014 wurden 32 Gebiete als Naturschutz- und Landschaftspflegegebiete ausgewählt. Ausführlich siehe dazu <http://www.me.go.kr>.

961 Nach § 12 Abs. 2 KNatSchG sind Naturschutz- und Landschaftspflegegebiete unter Berücksichtigung der ökologischen und topographischen Eigenschaft in drei weitere Bereiche einzuteilen:

1. Ein Kernbereich (*core area*), der den speziellen Schutz vor Umweltschäden benötigt, um sein Ökosystem und seine Naturlandschaft zu erhalten;
2. Ein Pufferbereich (*buffer area*), der an den Kernbereich angrenzt und der für den Schutz des Kernbereichs erforderlich ist;
3. Ein Übergangsbereich (*transition area*), der als Siedlung den Kernbereich und den Pufferbereich umgibt.

In diesen Gebieten können gemäß § 15 Abs. 1 KNatSchG bestimmte Verhaltensweisen eingeschränkt werden. Dies bezieht sich in erster Linie auf solche wie etwa die Jagd oder die Gewinnung von Kiesen, Sanden, Steinen und Erden. Der Umweltminister darf im Hinblick auf die Planung und den Bau von Großprojekten gemäß § 15 Abs. 5 KNatSchG Verhaltensweisen, wie etwa die Gestaltung und Nutzung von Grundflächen oder den Holzeinschlag beschränken. Darüber hinaus enthält § 46 KNatSchG als naturschutzfachlicher Beitrag die Möglichkeit zur Auferlegung von Zahlungen für den Schutz des Ökosystems (*Cooperation Charge on Conservation of Ecosystem*).[962] Gemäß § 46 Abs. 1 KNatSchG muss der Umweltminister dem Vorhabenträger bzw. Betreiber eine solche Zahlung auferlegen, wenn die natürliche Umwelt oder das Ökosystem durch das Vorhaben erheblich beeinträchtigt wird. Dabei liegen die Zahlungen im Sinne des § 46 Abs. 1 KNatSchG entsprechend dem Flächeneinhalt und der regionalen Koeffizienten innerhalb der Grenze von fünf Milliarden Won (um 4,17 Millionen Euro) (vgl. § 46 Abs. 3 KNatSchG). Dies gilt nach § 46 Abs. 2 KNatSchG auch für Verkehrsinfrastrukturprojekte.

In der Tat sind Verkehrsinfrastrukturprojekte mit einem immensen Flächenverbrauch verbunden. Dabei sind dies in § 15 Abs. 1 KNatSchG genannten Verhalten und die dadurch bewirkten Eingriffe in Natur und Landschaft vielfach unvermeidbar. Um sie dennoch zu vermeiden, können die Verkehrsvorhabenträger andere Trassen bzw. Schienen als Umleitung berücksichtigen, wenn die ursprünglich geplanten Trassen bzw. Schienen sich in Naturschutz- und Landschaftspflegegebieten befinden.[963] Außerdem sind bestimmte Verhaltensweisen, wie etwa die Gestaltung und Nutzung von Grundflächen oder ein Holzeinschlag, der zur Realisierung der Verkehrsvorhaben notwendig ist, soweit wie möglich zu beschränken. Zudem ist den Verkehrsvorhabenträger die in § 46 Abs. 1 KNatSchG geregelte Zahlung aufzuerlegen, wenn Natur und Landschaft durch das Verkehrsvorhaben erheblich beeinträchtigt werden. Dadurch soll sichergestellt werden, dass die Beeinträchtigungen von Natur und Landschaft im Rahmen der Planung und Realisierung von Verkehrsinfrastrukturprojekten vermindert und vermieden werden können.

(2) Beratungskommission über Naturschutz und Landschaftspflege

Die Beratungskommission über Naturschutz und Landschaftspflege spielt bei der Planung und Realisierung von Verkehrsinfrastrukturprojekten zum Umweltschutz eine wichtige Rolle.[964] Diese Kommission setzt sich zusammen aus dem Umweltminister sowie den zuständigen Behörden und dem Bürgermeister. Ihr Aufgabenbereich ist im § 28 KNatSchG geregelt. Demgemäß überprüft die Beratungskommission über Naturschutz und Landschaftspflege, ob Natur und Landschaft durch Pläne nach § 9 KUVPG und Vorhaben gemäß § 22 KUVPG in Anspruch

962 *K.-S. Park/T.-S. Hahm*, Umweltrecht, S. 578.
963 Vgl. *K.-S. Park/T.-S. Hahm*, Umweltrecht, S. 559.
964 *K.-S. Park/T.-S. Hahm*, Umweltrecht, S. 566.

genommen werden dürfen, wenn sie genehmigt werden. Allerdings hat ihre Entscheidung keine verbindliche Rechtswirkung.

(3) Schutz von Tieren und Pflanzen

Bei der Planung und dem Bau von Verkehrsinfrastrukturprojekten sind Biotopverbunde („*Eco-corridors*") sowie Schutzanlagen für Wildtiere, Amphibien sowie Kriechtiere usw. vorzusehen. Hierbei kann es sich etwa um Zaunanlagen, Maueranlagen und Lichtanlagen nach § 45 KNatSchG handeln, um wild lebende Tiere und Pflanzen zu schützen.[965] Dementsprechend müssen die Maßnahmen zum Schutz von Tieren und Pflanzen berücksichtigt werden, wenn die Planung und der Bau von Verkehrsinfrastrukturprojekten durch den Staat oder durch Selbstverwaltungskörperschaften zulässig ist (vgl. § 45 Abs. 1 KNatSchG).

e) Im Gewässerschutzbereich

Ähnlich wie im Rahmen der Planungsfeststellungsentscheidung von Verkehrsinfrastrukturprojekten in Deutschland[966] hat der Gewässerschutz auch in Südkorea großes Gewicht.

Insbesondere § 14 KWQG sieht vor, dass Gewässerschutzmaßnahmen im Rahmen der Stadtplanung im Sinne der §§ 18 ff. KRPG zu ergreifen sind, um Beeinträchtigungen der Gewässer zu vermeiden. Diesbezüglich sind gemäß § 15 Abs. 1 KWQG folgende Verhaltensweisen einzuschränken: das Einbringen und Einleiten von Schadstoffen (z. B. Altlasten, Öle, Giftstoffe) in Gewässer (Nr. 1), das Einbringen und Einleiten von Viehexkrementen und Tierkadavern (Nr. 2), das Waschen von Kraftzeugen in Gewässer (Nr. 3), das Einbringen oder Entnehmen fester Stoffe aus Gewässern (Nr. 4). Dies gilt auch für die Planung und Realisierung von Verkehrsvorhaben, die als Gegenstand der Stadtplanung gemäß § 19 Abs. 1 Nr. 6 KRPG nach dem Stadtplanungsverfahren der §§ 20 ff. KRPG realisiert werden.[967] Dementsprechend ist ein bestimmtes Verhalten gemäß § 15 Abs. 1 KWQG einzuschränken. Hierzu zählen etwa Verunreinigungen von Gewässern durch Baustoffe (§ 15 Abs. 1 Nr. 1 KWQG) oder Entnahmen fester Stoffe wie etwa Erden, Kiese, Sande oder Steine aus Gewässern bei der Errichtung von Kunstbauten wie z. B. Brücken, Tunneln (§ 15 Abs. 1 Nr. 4 KWQG).[968] Gemäß § 15 Abs. 2 KWQG müssen die Vorhabenträger geeignete Maßnahmen ergreifen, um Schadstoffe zu beseitigen oder zu vermeiden, wenn Gewässer durch das jeweilige Verhalten im Sinne von § 15 Abs. 1 Nrn. 1, 2 und 4 KWQG beeinträchtigt oder gefährdet werden. Im Unterschied zum deutschen Gewässerschutzrecht[969] werden dabei in Südkorea Gewässerausbaumaßnahmen im Sinne des § 67 Abs. 2 WHG wie etwa die Herstellung, die Beseitigung und

965 *K.-S. Park/T.-S. Hahm*, Umweltrecht, S. 577.
966 Siehe dazu den 1. Teil, § 2, D, III, 5, d).
967 Siehe dazu den 2. Teil, § 1, A, III, 2.
968 Vgl. *K.-S. Park/T.-S. Hahm*, Umweltrecht, S. 347.
969 Siehe dazu den 1. Teil, § 2, D, III, 5, d), (1).

die wesentliche Umgestaltung eines Gewässers oder seiner Ufer sowie Deich- und Dammbauten im Rahmen der Planung und Realisierung von Wasserstraßen behandelt (vgl. § 25 KWaStrG).[970]

Auch im Rahmen der Planung und Realisierung von Verkehrsvorhaben ist § 15 Abs. 1 KWQG maßgeblich. Damit können Beeinträchtigungen der Gewässer zumindest minimiert werden, indem die Verkehrsvorhabenträger verpflichtet werden, geeignete Maßnahmen zu treffen, um etwa Schadstoffe zu beseitigen oder zu verringern. Somit spielt im Hinblick auf den Gewässerschutz die Regelung über das Verbot eines bestimmten Verhaltens bei der Planung und Realisierung von Verkehrsvorhaben eine zentrale Rolle. Im Hinblick auf den Gewässerschutz ist diese Regelung jedoch immer noch unvollständig und lückenhaft, weil Gewässer insbesondere im Rahmen der Planung und Realisierung von Verkehrsvorhaben auf verschiedene Art und Weise genutzt werden. So kommt es dabei z. B. zu Veränderungen des Ablaufs wild abfließenden Wassers von Straßen- bzw. Schienenwegen, Grundwasserabsenkungen oder -umleitungen bei Geländeeinschnitten und Unterführungen im Grundwasserbereich. In diesem Zusammenhang ist es daher erforderlich, dass der Gesetzgeber unter Berücksichtigung des Gewässerschutzes eine rechtliche Grundlage für die Anwendung der vielfältigen Verhaltensformen wie z. B. Gewässerbenutzungen des § 9 WHG[971] schafft.

4. *Bürgerbeteiligung*

Im Hinblick auf die Bürgerbeteiligung regelt § 20 KRPG, dass bei der Aufstellung der Stadtplanung der Minister für Bau und Verkehr oder die betroffenen Bürgermeister ein Anhörungsverfahren abhalten müssen. Dabei haben die Bürger Gelegenheit, zu der Planung Stellung zu nehmen. Ihre Stellungnahmen sind anschließend bei der Planaufstellung zu berücksichtigen.[972]

Der Bürgermeister muss den Kommunalrat mit seinen Stellungnahmen (*Opinions of local council*) in Bezug auf die Aufstellung der Stadtplanung anhören (§ 21 KRPG). Der Kommunalrat muss seine Stellungnahmen innerhalb von 30 Tagen abgeben. Im Rahmen des Verfahrensrechts ist in Südkorea heute nicht zuletzt die Bürgerbeteiligung bedeutsam. Sie soll zu größerer Bürgerakzeptanz und Transparenz führen.[973] Insofern hat auch der KOGH festgestellt, dass ein Verstoß gegen das Anhörungsgebot rechtswidrig ist.[974]

970 Vgl. *J.-H. Hong*, Umweltrecht, S. 301 f.

971 In diesem Zusammenhang siehe den 1. Teil, § 2, D, III, 5, d), (2).

972 Ministerium für Bau und Verkehr, Kommentar zum KRPG, S. 143.

973 Vgl. *Hill*, in: Schliesky u. a. (Hrsg.), Die Freiheit des Menschen in Kommune-FS für Schmidt-Jortzig, S. 373 f.; *Schink*, in: Schliesky u. a. (Hrsg.), Die Freiheit des Menschen in Kommune-FS für Schmidt-Jortzig, S. 383; *Knemeyer*, BayVBl 2013, S. 485 (486); *Hien*, DVBl 2014, S. 495 (497).

974 KOGH, Urt. vom 24.5.1988, 87 Nu 388; KOGH, Urt. vom 23.3.2000, 98 Du 2768.

5. *Beschlussfassung*

a) Beschluss der aufgestellten Planung und Bekanntmachung

Nach § 22 Abs. 1 KRPG bestimmt der Bürgermeister die aufgestellte Stadtplanung vorab im Einvernehmen mit den betroffenen Behörden einschließlich des Ministers für Bau und Verkehr. Wenn die Stadtplanung von einer staatlichen Planung (*State Plan*) betroffen ist oder diese in mehr als zwei Provinzen durchgeführt wird, ist der Minister für Bau und Verkehr gemäß § 29 Abs. 2 KRPG selbst für den Beschluss über diese Planung zuständig. Dies gilt auch, wenn es zu Änderungen bei der Stadtplanung kommt. Hierbei ist anzumerken, dass über die aufgestellte Planung von Verkehrsinfrastrukturprojekten zwar grundsätzlich die Gemeinde entscheidet, aber zumeist der Minister für Bau und Verkehr endgültig zuständig ist[975], da in Südkorea die Planung von Großvorhaben wie Verkehrsinfrastrukturprojekten häufig in mehr als zwei Provinzen durchzuführen ist.

Dann muss der Bürgermeister bei der Aufstellung bzw. Änderung der Stadtplanung nach § 22 Abs. 3 KRPG das Bauvorhaben ohne Verzögerung öffentlich bekannt machen und auslegen. Nach Auffassung des KOGH[976] setzt das Inkrafttreten der Stadtplanung voraus, dass der Beschluss der aufgestellten Stadtplanung öffentlich bekannt gemacht wird.[977]

Hierbei ist jedoch unklar, welche Rechtsnatur dieser Beschluss hat. In diesem Zusammenhang ist umstritten, ob die beschlossene Stadtplanung Rechtswirkung nach außen besitzt. Diese Frage hat der KOGH unter der Bedingung bejaht, dass die beschlossene Stadtplanung öffentlich bekannt gemacht wird und die Rechte und rechtlich geschützten Belange der Betroffenen tatsächlich durch sie beeinträchtigt werden können.[978] Diese Rechtsprechung eröffnet dem Bürger den Verwaltungsrechtsweg, da insbesondere die hoheitliche Planung wie diejenige von Verkehrsinfrastrukturprojekten in Eigentum und Freiheit des Einzelnen eingreift.

b) Planerische Gestaltungsfreiheit und ihre Schranken

Jeder Planung liegt eine sog. planerische Gestaltungsfreiheit zugrunde, die gesetzlich nicht ausdrücklich erwähnt wird. Im Rahmen einer jeden Planung müssen verschiedene Aspekte gegeneinander abgewogen werden. Insbesondere das planerische Abwägungsgebot dient dazu, den Konflikt zwischen den unterschiedlichen Belangen der Betroffenen zu bewältigen.[979] Die planerische Gestaltungsfreiheit und das planerische Abwägungsgebot sind auf der Grundlage der Rechtsprechung des BVerwG entwickelt worden und wurden im Hinblick auf die deutschen Planungsnormen seit

---

975 Vgl. *H.-R. Kim*, Public Land Law Review Vol. 60, S. 1 (6 f.).

976 KOGH, Urt. vom 10.12.1985, 85 Nu 186.

977 *J.-S. Hong*, Verwaltungsrecht, S. 172.

978 KOGH, Urt. vom 9.3.1982, 80 Nu 105.

979 *Kühling/Herrmann*, Fachplanungsrecht, Rn. 42; *H.-J. Kim*, Environmental Law Review Vol. 22, S. 513 (517).

den 1980er Jahren durch die Rechtsprechung des KOGH[980] in Südkorea anerkannt.[981] Nach der Rechtsprechung des BVerwG ergibt sich das Abwägungsgebot unabhängig von einer gesetzlichen Positivierung aus dem Rechtsstaatsprinzip.[982] Entsprechendes gilt auch für das Abwägungsgebot in Südkorea, weil hier eine ausdrückliche gesetzliche Grundlage fehlt. Im Rahmen der gerichtlichen Nachprüfung geht der KOGH daher der Frage nach, ob eine notwendige Abwägung in den entsprechenden Fall ausfiel oder ob nur einzelne Belange nicht berücksichtigt wurden.[983] Außerdem wird geklärt, ob der Ausgleich der einzelnen Belange nach dem Grundsatz der Verhältnismäßigkeit vorgenommen wurde.[984] Dies gilt auch für die Planung von Verkehrsinfrastrukturprojekten.[985]

Die planerische Gestaltungsfreiheit und das planerische Abwägungsgebot spielen im Hinblick auf den Umweltschutz eine wichtige Rolle.[986] Von maßgeblicher Bedeutung ist hierbei Art. 35 Abs. 1 der südkoreanischen Verfassung, indem er sowohl ein Umweltgrundrecht festlegt als auch den Staat zum Umweltschutz verpflichtet.[987] Allerdings kommt dem KOGH zufolge im Rahmen der Abwägung dem Umweltschutz als Belang kein Vorrang gegenüber anderen Belangen zu.[988] Insbesondere für die Aufstellung und den Beschluss der Planung von Verkehrsinfrastrukturprojekten sind die umweltrechtlichen Regelungen nicht zwingend, sondern können bei der Abwägung unterliegen.[989] Somit ist ein Ausgleich zwischen den Umweltschutzbelangen und anderen Belangen vorzunehmen. Unter dem Aspekt des Umweltschutzes bedarf es in Südkorea einer gesetzlichen Grundlage für das Abwägungsgebot, wie es z. B. im deutschen Recht in § 1 Abs. 7 BauGB verankert ist.

c) *Rechtswirkungen*

Die Rechtswirkungen des Beschlusses der Stadtplanung sind nicht umfassend geregelt. Allerdings ist in § 61 Abs. 1 KRPG eine teilweise Konzentrationswirkung vorgesehen, die als wesentliches Merkmal des deutschen Planfeststellungsbeschlusses

---

980 KOGH, Urt. vom 29.11.1996, 96 Nu 8567; KOGH, Urt. vom 26.9.1997, 96 Nu 10096; KOGH, Urt. vom 23.3.2000, 98 Du 2768.

981 *J.-S. Hong*, Verwaltungsrecht, S. 178. In diesem Zusammenhang siehe den 2.Teil, § 1, A, I.

982 BVerwGE 41, 67 (68 ff.); 48, 56 (63); *Hoppe*, DVBl 1992, S. 853.

983 KOGH, Urt. vom 12.1.2012, 2010 Du 5806; *J.-S. Hong*, Verwaltungsrecht, S. 179 f.

984 KOGH, Urt. vom 12.1.2012, 2010 Du 5806.

985 Vgl. *J.-S. Hong*, Verwaltungsrecht, S. 178; *H.-J. Kim*, Environmental Law Review Vol. 22, S. 513 (534).

986 *H.-J. Kim*, Environmental Law Review Vol. 22, 513 (534 f.); *ders.*, Public Land Law Review Vol. 13, S. 303 (311).

987 Dazu siehe den 2. Teil, § 2, B, I.

988 KOGH, Urt. vom 23.5.1995, 94 Ma 2218. Dazu siehe den 2.Teil, § 2, B, I.

989 Vgl. *H.-J. Kim*, Public Land Law Review Vol. 13, S. 303 (315 ff.); *N.-C. Kim*, Public Land Law Review Vol. 30, S. 1 (9 ff.).

„eine Gesamtentscheidung über die Zulässigkeit des Vorhabens"[990] bewirkt.[991] In Südkorea führt die Konzentrationswirkung dazu, dass es keiner weiteren Verwaltungsentscheidungen bedarf, wie z.B. Genehmigungen, Bewilligungen und Erlaubnisse aus anderen Gesetzen.[992] Die Konzentrationswirkung des Beschlusses der Stadtplanung gilt jedoch nur in formeller Hinsicht.[993]

Im Hinblick auf die Planung von Verkehrsinfrastrukturprojekten entfalten ausschließlich die Beschlüsse zur Planung von Straßen und Wasserstraßen Konzentrationswirkung (§ 61 Abs. 1 Nr. 6 und Nr. 18 KRPG). Deshalb bedarf es zur Realisierung solcher Vorhaben keiner weiteren Verwaltungsentscheidungen. Ob es zulässig ist, die Planung der Schienenwege von Eisenbahnen und Verkehrsflughäfen zu verwirklichen, wird anhand der jeweiligen Fachgesetze beurteilt, nämlich den § 9 Abs. 1 KEG und § 95 Abs. 3 KLuftVG.[994] Allerdings ist auch hier der Beschluss mit der Konzentrationswirkung ausgestattet (vgl. § 11 Abs. 1 KEG und § 96 Abs. 1 KLuftVG).

Zwar entfaltet der Beschluss der Stadtplanung nach § 95 KRPG grundsätzlich enteignungsrechtliche Vorwirkung, doch erstreckt sich diese ausdrücklich nicht auf die Planung von Verkehrsinfrastrukturprojekten. Gleichwohl ergibt sich in diesen Fällen die enteignungsrechtliche Vorwirkung aus den jeweiligen Fachgesetzen (vgl. die §§ 82 KStrG, 12 KEG, 78 KWaStrG sowie 98 Abs. 1 KLuftVG). Dabei lassen sich die Vorschriften des südkoreanischen Enteignungsgesetzes[995] nur dann auf das Enteignungsverfahren der betroffenen Grundstücke anwenden, wenn in einzelnen Fachgesetzen keine besondere Regelung existiert (vgl. die §§ 82 Abs. 2 KStrG, 12 Abs. 4 KEG, 78 Abs. 2 KWaStrG sowie 98 Abs. 4 KLuftVG).

III. Zwischenergebnis

Die Planung erfüllt nicht nur wichtige Staatsaufgaben, sondern dient auch als Koordinierungsinstrument zur Problembewältigung.[996] In diesem Zusammenhang sind die Regelungen bezüglich der Planung von Verkehrsinfrastrukturprojekten in den südkoreanischen Fachgesetzen vorgesehen.[997] Die jeweilige Vernetzungsplanung für Straßen, Schienenwegen von Eisenbahnen und Wasserstraßen wird

---

990 *Dürr*, in: Knack/Henneke, VwVfG, § 75 Rn. 14; *ders.*, in: Kodal (Hrsg.), Straßenrecht, Kap. 36 Rn. 19.21; *Neumann*, in: Stelkens/Bonk/Sachs, VwVfG, § 75 Rn. 13.

991 In diesem Zusammenhang siehe den 1.Teil, § 2, D, III, 6, b).

992 *J.-S. Hong*, Verwaltungsrecht, S. 173; *C.-Y. Kim*, Verwaltungsrecht, 283.

993 KOGH, Urt. vom 10.11.1992, 92 Ma 1162.

994 Ministerium für Bau und Verkehr, Kommentar zum KRPG, S. 289 f.

995 Das Enteignungsgesetz (*Act on Acquisition of and Compensation for Land, etc. for Public Works Projects*) wurde erstmals am 15.1.1962 (Gesetz-Nr. 965) erlassen und zuletzt am 6.1.2015 (Gesetz-Nr. 12989) geändert.

996 Vgl. *Kloepfer*, in: Erbguth u.a. (Hrsg.), Planung, S. 111 f.; *Maurer*, Allgemeines Verwaltungsrecht, § 16 Rn. 10 f.; *Schmidt-Aßmann*, DÖV 1990, S. 169.

997 *C.-Y. Kim*, Verwaltungsrecht, S. 280.

nach den Fachgesetzen aufgestellt, nämlich nach § 5 KStrG, § 4 KEG und § 25 KWaStrG. Im Hinblick auf die Planung von Verkehrsflughäfen ist die Planaufstellung im § 89 Abs. 1 KLuftVG festgelegt. Allerdings enthalten diese Fachgesetze keine konkreten Planungsverfahren für die einzelnen Pläne. Daher sind die Regelungen der Stadtplanung als allgemeines Planungsverfahren nach den §§ 20 ff. KRPG anwendbar und zugleich die Belange des Umweltschutzes zu berücksichtigen.

Im Hinblick auf die Zuständigkeit der Planaufstellung wird die Stadtplanung zwar von den Bürgermeistern aufgestellt, soll aber im Einvernehmen mit dem Minister für Bau und Verkehr im Sinne der definitiven Entscheidung bestimmt werden (vgl. § 22 Abs. 1 KRPG). Ungeachtet dessen kann der Minister für Bau und Verkehr gemäß § 29 Abs. 2 KRPG für den Beschluss der Stadtplanung zuständig sein, wenn diese sich auf eine staatliche Planung bezieht oder in mehr als zwei Provinzen durchgeführt wird. Dies kann einerseits dahingehend kritisiert werden, dass die kommunale Planungshoheit in Südkorea nicht hinreichend sichergestellt ist.[998] Andererseits erscheint es jedoch unter dem Aspekt der Effektivität sinnvoll, dass der Minister die jeweilige Vernetzungsplanung für Straßen, Schienenwegen von Eisenbahnen sowie Wasserstraßen und bestimmte sonstige verkehrsbezogene Bereiche der Stadtplanung miteinander in Übereinstimmung bringt.

Bei der Aufstellung und dem Beschluss der Planung von Verkehrsinfrastrukturprojekten spielen die südkoreanischen umweltrechtlichen Regelungen nur im Rahmen des Abwägungsgebots eine Rolle. Daher kommt es darauf an, inwieweit es gelingt, die Belange des Umweltschutzes in der Abwägung zu berücksichtigen. Darüber hinaus wird bei der Planung und Realisierung bestimmter Großprojekte wie Verkehrsinfrastrukturprojekte zum Umweltschutz die gesetzliche Grundlage für das Abwägungsgebot verlangt.

IV. Diskussion über die Einführung des Planfeststellungsverfahrens

Es ist bemerkenswert, dass ein Planfeststellungsverfahren in Südkorea weder im Verwaltungsverfahrensgesetz noch in entsprechenden Fachgesetzen für Verkehrsinfrastrukturprojekte vorgesehen ist. Folglich wird die Planung von Verkehrsinfrastrukturprojekten lediglich durch die allgemeinen Planungsverfahren nach den §§ 20 ff. KRPG verwirklicht. Das südkoreanische Verwaltungsverfahrensgesetz (KVwVfG, *Administrative Procedures Act*) wurde zwar erst am 31.12.1996 verabschiedet[999]; in diesem Rahmen wurde auch die Einführung des Planfeststellungsverfahrens nach deutschem Vorbild diskutiert. Im KVwVfG ist

998 *H.-R. Kim*, Public Land Law Review Vol. 60, S. 1 (6 f.).
999 Das KVwVfG war am 1.1.1998 (Gesetz-Nr. 5241) in Kraft getreten, und es wurde zuletzt vom 30.12.2014 (Gesetz-Nr. 12923) geändert.

dies jedoch aufgrund der Komplexität des deutschen Planfeststellungsverfahrens, bei dem durch eine Verwaltungs- und Verfahrensvereinfachung verwaltungsverfahrensrechtliche Effektivität angestrebt wird, schließlich nicht umgesetzt worden.[1000] Auch der Umstand, dass es im Rahmen von Großprojekten wie Verkehrsinfrastrukturprojekten immer öfter zu Konflikten zwischen Projektbelangen und Belange des Umweltschutzes kommen kann, änderte daran nichts.[1001] In Südkorea können diese Konflikte zwischen verschiedenen Belangen nur durch ein reguläres Justizverfahren gelöst werden. Diese Vorgehensweise ist nicht nur sehr aufwendig, sondern stellt für die Konfliktparteien auch eine große Belastung dar.[1002] Zur Konfliktbewältigung auf der Ebene der Planungsentscheidung wird dabei immer noch stark betont, dass im KVwVfG ein Planfeststellungsverfahren für projektbezogene Vorhaben eingeführt werden müsse.[1003] Der Grund liegt darin, dass nach dem deutschen Planfeststellungsverfahren bei der Zulassung die berührten öffentlichen und privaten Belange zu berücksichtigen sind, die von einem Vorhaben berührt werden und dass damit auch die aus dem Vorhaben resultierenden rechtlichen Konflikte zu bewältigen sind.[1004] Aus diesem Grund wird aktuell in Südkorea noch die Einführung des Planfeststellungsverfahrens im KVwVfG diskutiert.

1000 *C.-Y. Kim*, Verwaltungsrecht, S. 284; *J.-H. Hong*, Land Expropriation Compensation Law Review Vol. 14, S. 139 (141 ff.).

1001 In diesem Zusammenhang kann das sog. „Projekt der vier Flüsse" als Beispiel angeführt werden. In Südkorea gibt es vier Flüsse: Hangang (Han-Fluss), Nakdonggang (Nakdong-Fluss), Gumgang (Gum-Fluss) und Yeongsangang (Yeongsan-Fluss). Das Projekt der vier Flüsse wurde von 2008 bis 2012 durchgeführt. Dabei wurden für vier Flüsse eine Flussvertiefung ausgebaggert und dort über 10 m hohe Staustufen gebaut. Tatsächlich war sehr umstritten, ob das Projekt der vier Flüsse tatsächlich notwendig war, denn das Land Korea besteht zu 70% aus Gebirgen, und seine kurvenreichen Flüsse weisen enorme Schwankungen bei der Wassermenge auf. In diesem Zusammenhang ist zu fragen, welchem Zweck eine längs verlaufende Binnenwasserstraße in einem kleinen Land von 200 km Breite und 500km Länge dienen soll, wenn dort jede Stadt nahe am Meer liegt. Nachdem das Projekt der vier Flüsse durchgeführt worden war, kam es zu einer starken Algenblüte, die für die südkoreanische Gesellschaft zu einem neuen Umweltproblem wurde, weil die vier Flüsse als Trinkwasserreservoir für Südkorea dienen. Dazu in: *Joongang Daily* (Koreanische Tageszeitung) vom 9.7.2014.

1002 *J.-B. Kim*, Administrative Law Review Vol. 5, S. 145 (146).

1003 *J.-B. Kim*, Administrative Law Review Vol. 5, S. 145 ff.; *J.-H. Hong*, Land Expropriation Compensation Law Review Vol. 14, S. 139 ff.

1004 Vgl. *Kühling/Herrmann*, Fachplanungsrecht, Rn. 484; *Dürr*, in: Knack/Henneke, VwVfG, § 72 Rn. 24 und § 73 Rn. 6; *Steinberg/Wickel/Müller*, Fachplanung, § 1 Rn. 1 ff.; *Kopp/Ramsauer*, VwVfG, § 72 Rn. 4 und § 74 Rn. 16. In diesem Zusammenhang siehe den 1. Teil, § 2, D, 2.

E. Umweltschutz bei der Realisierung von Verkehrsinfrastrukturprojekten

Grundsätzlich wird in Südkorea die verkehrsbezogene Planung nach dem KRPG durch die jeweiligen Fachgesetze, nämlich KStrG, KEG, KWaStG sowie KLuftVG, realisiert. Dabei sind entsprechend der Planungen die umweltrechtlichen Anforderungen zu berücksichtigen. Im Folgenden sollen daher die südkoreanischen Rechtsgrundlagen für die Anforderungen an den Umweltschutz näher untersucht werden, die sich bei der Realisierung von Verkehrsinfrastrukturprojekten im Rahmen der jeweiligen Fachgesetze ergeben. Hierbei handelt es sich um den straßenrechtlichen (I), den eisenbahnrechtlichen (II), den wasserstraßenrechtlichen (III) sowie den luftverkehrsrechtlichen Bereich (IV).

I. Im straßenrechtlichen Bereich

Die Realisierung der südkoreanischen Straßenvorhaben bezieht sich auf alle Aufgaben zum Bau und zur Unterhaltung öffentlicher Straßen im Rahmen des KStrG.[1005] Nach § 2 Nr. 7 KStrG umfasst der Straßenbau alle mit der Herstellung, Erweiterung oder Verbesserung von Straßen zusammenhängenden Bauarbeiten. Außerdem bestimmt die Unterhaltung der Straßen nach § 2 Nr. 8 KStrG, welche Maßnahmen zur Aufrechterhaltung der Straßenfunktionen erforderlich sind. Dazu zählen die Instandhaltung, die Instandsetzung und die Erneuerung der Straßen.[1006]

1. Zuständigkeiten des Straßenverwaltungsamts

In Südkorea ist ein Straßenverwaltungsamt (*Road management agency*) nicht nur für die Straßenverwaltung zuständig, sondern es muss die Straßen auch entsprechend der Straßenplanung bauen und unterhalten.[1007] Gemäß § 2 Nr. 5 KStrG ist das Straßenverwaltungsamt für die Verwaltung der Straßen und ihren Bau zuständig. Darüber hinaus fungiert es nach § 31 Abs. 1 KStrG in der Regel als Bauträger und Unterhaltungspflichtiger der Straßen[1008] und spielt deshalb bei der Realisierung von Straßen eine wichtige Rolle.

2. Aufgabe des Straßenverwaltungsamts

Die Aufgaben des Straßenverwaltungsamts bei der Realisierung öffentlicher Straßen werden von § 3 Abs. 2 KStrG vorgegeben. Dementsprechend muss die Behörde beim Bau und der Unterhaltung öffentlicher Straßen darauf achten, dass die Stellungnahmen von Bürgern, Fachleuten und Betroffenen berücksichtigt (Nr. 1) und die

1005 *C.-Y. Kim*, Verwaltungsrecht, S. 865; *J.-S. Hong*, Verwaltungsrecht, S. 1201.
1006 *J.-S. Hong*, Verwaltungsrecht, S. 1203.
1007 *C.-Y. Kim*, Verwaltungsrecht, S. 870.
1008 *J.-S. Hong*, Verwaltungsrecht, S. 1201.

Auswirkungen auf die Umwelt minimiert werden (Nr. 2), ein angemessener Zustand der Straßen erhalten bleibt (Nr. 3), durch die Harmonisierung zwischen der Straßenfunktion und der Bodennutzung der dauerhafte Bestand der Straßen sichergestellt wird (Nr. 4), die Gemeinde möglichst erhalten bleibt (Nr. 5) und dass zur Sicherung der Straßen das System der Straßenverkehrsinformation aufgebaut wird (Nr. 6). Auf diese Weise sollen gesellschaftliche Konflikte möglichst vermeiden und ansonsten bewältigt werden.

§ 3 Abs. 2 KStrG wurde erst mittels Gesetz vom 14.1.2014 als Handlungsprinzip der Realisierung von Straßen eingeführt, um gesellschaftliche Konflikte und schädliche Umwelteinwirkungen zu minimieren.[1009] Diese Vorschrift benötigt konkretisierende Regelungen[1010], die allerdings in Bezug auf den Umweltschutz im KStrG derzeit noch nicht existieren. Ungeachtet dessen können jedoch zum Schutz von Menschen und Umwelt die im Rahmen der Stadtplanung getroffenen Vorkehrungen herangezogen werden.[1011] Dazu gehören auch die Errichtung von Wällen, Lärmschutzwänden und -waldungen nach § 29 Abs. 1 KLESchG sowie Einschränkungen bestimmter Verhaltensweisen gemäß § 15 Abs. 5 KNatSchG und § 15 Abs. 1 KWQG. Auf diese Weise sollen Umweltbeeinträchtigungen im Rahmen der Realisierung geplanter Straßen vermindert oder vermieden werden.

II. Im eisenbahnbaurechtlichen Bereich

Nachdem Schienenwege von Eisenbahnen zunächst geplant wurden, folgt im nächsten Schritt ihre Realisierung im Rahmen des KEG. Im Unterschied zur Realisierung von Straßen ist für den Bau der Eisenbahninfrastruktur vor allem eine Zulassung durch die zuständigen Behörden nötig. Damit werden die südkoreanischen Schienenwege von Eisenbahnen durch das *Korea Rail Network Authority* verwirklicht und die südkoreanischen Eisenbahnen durch die *Korea Railroad Corporation* betrieben.

1. *Anforderungen an die Behörden*

a) Zulassung

Wie bereits erwähnt[1012], ist nach erfolgter Planung von Eisenbahnschienenwegen gemäß § 9 Abs. 1 KEG ihre Zulassung durch die zuständigen Behörden, d. h. durch den Minister für Bau und Verkehr, erforderlich. Gemäß § 11 Abs. 1 KEG entfaltet die Zulassung Konzentrationswirkung.[1013]

1009 Ministerium für Bau und Verkehr (*der Republik Korea*), Kommentar zum KRPG, S. 69.

1010 *J.-S. Hong*, Verwaltungsrecht, S. 1186.

1011 Dazu Näheres in 2. Teil, § 2, D, II, 3.

1012 Dazu siehe den 2. Teil, § 2, D, II, 5, c).

1013 *J.-S. Hong*, Verwaltungsrecht, S. 173; *C.-Y. Kim*, Verwaltungsrecht, S. 283.

b) Eisenbahnaufsicht der zuständigen Behörden

Die Aufsicht der zuständigen Behörden dient dazu, die Vorhabenträger zu überwachen, um die rechtmäßige Durchführung des jeweiligen Bauvorhabens entsprechend der Planung sicherzustellen.[1014] Erforderlichenfalls können in diesem Rahmen Zulassungen widerrufen und sonstige rechtliche Anordnungen getroffen werden (vgl. § 25 Abs. 1 KEG).[1015] Dementsprechend müssen die Behörden regelmäßig kontrollieren, dass der Vorhabenträger die mit dem Bau und der Unterhaltung von Eisenbahnschienenwegen zusammenhängenden Aufgaben wahrnimmt.[1016] Dazu gehören Umweltschutzmaßnahmen wie etwa die Einrichtung von Wällen, Lärmschutzwänden und -waldungen nach § 29 Abs. 1 KLESchG, oder die Überwachung von Verhaltensweisen, die durch § 15 Abs. 5 KNatSchG und § 15 Abs. 1 KWQG eingeschränkt sind. Aus diesem Grund spielt die Eisenbahnaufsicht der Behörden auch für den Umweltschutz bei der Realisierung der Eisenbahnen eine wichtige Rolle.

2. Rechtliche Anforderungen an Unternehmen

a) Eisenbahnunternehmen

Bis 2003 wurden Eisenbahnverkehrsleistungen durch das Eisenbahnamt (*Korean National Railroad*) erbracht, das auch sonstige Eisenbahndienstleistungen ausführte. Das Eisenbahnamt wurde dann aufgrund erheblicher Bewirtschaftungsdefizite in zwei öffentliche Unternehmen aufgespalten und neu organisiert[1017]: die für die Schienenwege zuständige *Korea Rail Network Authority* (KR) und die für den eigentlichen Eisenbahnbetrieb verantwortliche *Korea Railroad Corporation* (Korail). Gemäß § 8 KEG führt die KR die Eisenbahninfrastrukturprojekte durch.

b) Rechtliche Anforderungen zum Umweltschutz

Das KEG enthält keine Regelungen über konkrete Anforderungen im Rahmen der Realisierung von Eisenbahnschienenwegen. Daher ist § 5 Abs. 2 KEG als elementarer Grundsatz auch auf die Realisierung der Schienenwege von Eisenbahnen anwendbar, die sich an die Planung anschließt. Insbesondere im Hinblick auf den Umweltschutz muss die Aufstellung der Vernetzungsplanung der Schienenwege von Eisenbahnen nach § 5 Abs. 1 Nr. 4 KEG Maßnahmen zum umweltfreundlichen Schienenwegebau umfassen. Dementsprechend sind nach der Planung der Schienenwege

1014 *J.-S. Hong*, Verwaltungsrecht, S. 1203.

1015 *J.-S. Hong*, Verwaltungsrecht, S. 1205.

1016 Dazu siehe den 2. Teil, § 1, B, II, 2.

1017 In diesem Zusammenhang wurden das Gesetz der Eisenbahninfrastruktur (*Framework Act on Railroad Industry*) am 29.7.2003 (Gesetz-Nr. 6955) und das Korail-Gründungsgesetz (*Korea Railroad Corporation Act*) am 31.12.2003 (Gesetz-Nr. 7052) sowie das KR-Gründungsgesetz (*Korea Rail Network Authority Act*) am 29.7.2003 (Gesetz-Nr. 6956) erlassen. Dazu Näheres in: *J.-Y. Park*, Administrative Law Review Vol. 7, S. 31 (40 f.).

wirksame Maßnahmen zum Umweltschutz zu ergreifen und zu erfüllen.[1018] Hierbei kann es sich beispielsweise um die Errichtung von Lärmschutzwänden nach § 29 Abs. 1 KLESchG oder von Biotopverbunden nach § 45 Abs. 1 KNatSchG handeln.

III. Im wasserrechtlichen Bereich

Der Zweck der südkoreanischen Wasserstraßenplanung besteht vor allem darin, die Wasserqualität zu verbessern und die Wasserstraßen vor Trockenheit bzw. Hochwasser zu schützen.[1019] Bau wie Unterhaltung von Wasserstraßen richtet sich nach dem KWaStrG. Nach § 2 Nr. 5 KWaStrG bezieht sich der Bau der Wasserstraßen auf die Funktionsverbesserung von Wasserstraßen durch den Neu-, Um- und Ausbau sowie die Erweiterung der Wasserstraßenstrecken. Gemäß § 2 Nr. 6 KWaStrG umfasst die Unterhaltung der Wasserstraßen alle Tätigkeiten, die der Erhaltung ihrer Funktion dienen.

1. Zuständigkeiten des Wasserstraßenverwaltungsamts

In Südkorea sind Wasserstraßen öffentliche Ressourcen im Sinne des § 4 Abs. 1 KWaStrG, die sich im Besitz des Staates befinden.[1020] Nach § 2 Nr. 4 KWaStrG fungieren der Minister für Bau und Verkehr bzw. die jeweiligen Bürgermeister als Wasserstraßenverwaltungsamt (*River management agency*) und sind für die Verwaltung der Wasserstraßen zuständig. Nach § 27 Abs. 1 KWaStrG werden die Aufgaben, die sich auf den Bau und die Unterhaltung von Wasserstraßen beziehen, entsprechend der Wasserstraßenplanung vom Wasserstraßenverwaltungsamt als Träger durchgeführt.[1021]

2. Rechtliche Anforderung an das Wasserstraßenverwaltungsamt

Auf rechtlicher Ebene macht das KWaStrG dem Wasserstraßenverwaltungsamt keine unmittelbaren Vorgaben zur Realisierung von Wasserstraßen. Allerdings haben gemäß § 3 Abs. 1 und Abs. 2 KWaStrG der Staat und die kommunalen Selbstverwaltungskörperschaften umfassende Pläne zur Erhaltung und Unterhaltung von Wasserstraßen aufzustellen und deren Umsetzung durch geeignete Maßnahmen sicherzustellen.[1022] Dies betrifft auch das Wasserstraßenverwaltungsamt, weil es staatlicherseits ebenso für die Verwaltung der südkoreanischen Wasserstraßen zuständig ist, wie für die Verwirklichung der Wasserstraßenplanung.[1023] Außerdem regelt § 3 Abs. 3 KWaStrG die Pflicht der Staatsbürger, zu kooperieren und sich

1018 Siehe dazu den 2. Teil, § 2, D, II, 3.
1019 *J.-H. Hong*, Umweltrecht, S. 301 f.
1020 *J.-S. Hong*, Verwaltungsrecht, S. 1197.
1021 *C.-Y. Kim*, Verwaltungsrecht, S. 870; *J.-S. Hong*, Verwaltungsrecht, S. 1201.
1022 *J.-H. Hong*, Umweltrecht, S. 302.
1023 *C.-Y. Kim*, Verwaltungsrecht, S. 874.

an der staatlichen bzw. kommunalen Wasserstraßenpolitik zu beteiligen, um die Wasserstraßen zu erhalten und vor Verschmutzung zu schützen. Dies erklärt sich daraus, dass Wasserstraßen als öffentliche Ressourcen maßgeblich als Trinkwasserreservoir herangezogen werden.[1024]

Unter diesem Blickwinkel kann § 3 KWaStrG als gesetzliche Grundlage zum Umweltschutz bei der Durchführung von Wasserstraßenprojekten dienen. In diesem Rahmen sind die bei der Stadtplanung zu berücksichtigenden Vorkehrungen und Auflagen zum Schutz von Menschen und Umwelt zu treffen.[1025]

IV. Im luftverkehrsrechtlichen Bereich

Verkehrsflughäfen werden entsprechend ihrer Planung durch alle Aufgaben bezüglich des Baus, der Unterhaltung sowie des Betriebs nach Maßgabe des KLuftVG realisiert. In Südkorea werden sie entsprechend ihrer Planung von Vorhabenträgern gebaut und unterhalten und als Staatseigentum durch öffentliche Unternehmen betrieben (vgl. § 105 KLuftVG).[1026]

1. Anforderungen an die Behörden

a) Genehmigung

Um Verkehrsflughäfen nach der Planung zu realisieren, bedarf es einer Zulassung durch die zuständigen Behörden.[1027] Nach § 94 Abs. 1 KLuftVG ist der Minister für Bau und Verkehr für alle Aufgaben zuständig, die sich auf den Bau, die Unterhaltung sowie den Betrieb von Verkehrsflughäfen beziehen. Dementsprechend ist der Minister für Bau und Verkehr gemäß § 95 Abs. 3 KLuftVG auch dafür zuständig, die erforderliche Genehmigung für den Bau und die Unterhaltung von Verkehrsflughäfen zu erteilen. Genehmigte Vorhaben müssen nach § 95 Abs. 5 KLuftVG öffentlich bekannt gemacht werden. Die erteilte Genehmigung hat Konzentrationswirkung (vgl. § 96 Abs. 1 KLuftVG).[1028]

b) Aufsicht der Verkehrsflughäfen von zuständigen Behörden

Nach § 110 Abs. 1 KLuftVG muss der Minister für Bau und Verkehr entsprechend der Planung die Aufsicht über Bau und Unterhaltung von Verkehrsflughäfen führen.[1029] Die Vorschrift stellt sicher, dass die Planung eines Verkehrsflughafens auch umgesetzt wird.[1030] Zugleich spielt die Aufsicht nach § 110 Abs. 1 KLuftVG eine

1024 *J.-H. Hong*, Umweltrecht, S. 300 f.
1025 Siehe dazu den 2. Teil, § 2, D, II, 3.
1026 Vgl. *J.-S. Hong*, Verwaltungsrecht, S. 1197.
1027 *C.-Y. Kim*, Verwaltungsrecht, S. 282.
1028 *J.-S. Hong*, Verwaltungsrecht, S. 173; *C.-Y. Kim*, Verwaltungsrecht, S. 283.
1029 Vgl. *J.-S. Hong*, Verwaltungsrecht, S. 1205.
1030 *J.-S. Hong*, Verwaltungsrecht, S. 1203.

wichtige Rolle für den Umweltschutz, da die Planung von Verkehrsflughäfen nach § 89 Abs. 2 KLuftVG auch die behördliche Umweltüberwachung (*The environment control program*) am Flughafen beinhaltet.

2. Rechtliche Anforderungen an den Vorhabenträger

Um die nach § 95 Abs. 3 KLuftVG erforderliche Genehmigung zu erhalten, muss der Vorhabenträger die Bauunterlagen beim Minister für Bau und Verkehr einreichen (§ 95 Abs. 2 KLuftVG). Die Bauunterlagen müssen den Bauentwurf, die Art der Finanzierung und die voraussichtlich zu veranschlagende Bauzeit für den Verkehrsflughafen enthalten. Hinsichtlich des Umweltschutzes beim Bau und der Unterhaltung von Verkehrsflughäfen enthält das KLuftVG keine gesetzlichen Anforderungen für den Vorhabenträger.[1031] Allerdings muss dieser nach § 8 Abs. 1 KFluglSchG[1032] geeignete Schallschutzmaßnahmen gegen Fluglärm ergreifen und dabei die Vorkehrungen und Auflagen im Rahmen der Stadtplanung (z.B. die Einrichtung von der Versorgung mit Energie, Wasser sowie Vorkehrungen zur Abwasserentsorgung nach § 10–3 Abs. 1 KBodSchG und §§ 14 f. KWQG, Einschränkungen bestimmter Verhaltensweisen nach § 15 Abs. 5 KNatSchG und § 15 Abs. 1 KWQG) berücksichtigen.[1033]

3. Rechtliche Anforderungen an den Flughafenunternehmer

In Südkorea sind alle Verkehrsflughäfen Staatseigentum und werden vom Staat durch öffentliche Unternehmen betrieben (vgl. § 105 KLuftVG).[1034] Der Flughafenunternehmer ist nach § 111–2 KLuftVG verpflichtet, den Verkehrsflughafen in betriebssicherem Zustand zu halten und dem Minister für Bau und Verkehr den ordnungsgemäßen Betrieb regelmäßig nachzuweisen.[1035] Das KLuftVG enthält keine Regelung, die sich auf den Umweltschutz beim Betrieb von Verkehrsflughäfen bezieht. Lediglich das KFluglSchG enthält solche mit dem Bereich auf den Lärmschutz.[1036] Nach § 4 Abs. 1 KFluglSchG sind der Staat und die kommunalen Selbstverwaltungskörperschaften sowie die Flughafenbetreiber und der Vorhabenträger verpflichtet, geeignete Maßnahmen gegen Fluglärm einzuleiten und erfüllen, um „angenehme und gesunde Lebensverhältnisse (*pleasant and healthy living environment*)“ der Einwohner in flughafennahen Lärmschutzbereichen zu fördern. Außerdem können dabei die Vorkehrungen und Auflagen zum Schutz von Menschen und Umwelt greifen, die im Rahmen der Stadtplanung zu berücksichtigen sind.[1037]

1031 *J.-H. Hong*, Umweltrecht, S. 533.
1032 Dazu siehe den 2. Teil, § 2, D, II, 3, c), (3).
1033 Dazu siehe den 2. Teil, § 2, D, II, 3.
1034 Vgl. *J.-S. Hong*, Verwaltungsrecht, S. 1197.
1035 Vgl. *J.-S. Hong*, Verwaltungsrecht, S. 1201.
1036 Siehe dazu den 2. Teil, § 2, D, II, 3, c), (3).
1037 Dazu Näheres in 2. Teil, § 2, D, II, 3.

Zwar ist diese Regelung bislang noch unvollständig und lückenhaft,[1038] doch kann sie bei der Realisierung von Verkehrsflughäfen als gesetzliche Grundlage für den Schutz vor Fluglärm dienen.

V. Zwischenergebnis

Die Realisierung von Straßen und Wasserstraßen bedarf keiner Zulassung, da die Beschlüsse der Planung von Straßen und Wasserstraßen nach § 61 Abs. 1 Nr. 6 und Nr. 18 KRPG eine Konzentrationswirkung entfalten. Im Gegensatz dazu ist für die Realisierung von Schienenwegen der Eisenbahn und von Verkehrsflughäfen die Zulassung durch die zuständige Behörde erforderlich, doch auch hier ist durch § 11 Abs. 1 KEG und § 96 Abs. 1 KLuftVG eine Konzentrationswirkung vorgesehen. Dementsprechend werden südkoreanische Verkehrsinfrastrukturprojekte, also Straßen, Eisenbahnen, Wasserstraßen sowie Verkehrsflughäfen, nach ihrer Planung ohne weitere Verwaltungsentscheidungen realisiert. Dies erfolgt entsprechend der aufgestellten Planung der jeweiligen Verkehrsinfrastrukturprojekte im Rahmen der Fachgesetze, nämlich des KStrG, KEG, KWaStrG und KLuftVG. Dabei konzentrieren sich die Aufgaben, die mit dem Bau und der Unterhaltung von Verkehrsinfrastrukturprojekten verbunden sind, grundsätzlich auf eine Verwaltungsorganisation, und zwar auf den Minister für Bau und Verkehr.

Im Hinblick auf den Umweltschutz bei der Realisierung von Verkehrsinfrastrukturprojekten sind deutliche Regelungsdefizite zu erkennen. Die jeweiligen Fachgesetze für Verkehrsinfrastrukturprojekte enthalten keine konkreten Regelungen für die Anwendung umweltrechtlicher Standards, sondern regeln nur allgemeine Pflichten oder Handlungsprinzipien bei der Planung und Realisierung von Verkehrsinfrastrukturprojekten (vgl. die §§ 3 Abs. 2 KStrG, 5 Abs. 2 KEG, 3 KWaStrG und 111–2 KLuftVG). Um vollständige Regelungen zu erhalten, ist es vor allem erforderlich, eine ausdrückliche, rechtlich verbindliche Grundlage für die Anwendung der umweltrechtlichen Regelungen zu schaffen. Außerdem sind die hiesigen Regelungen für Umweltschutzmaßnahmen im Rahmen der Planung und Realisierung von Verkehrsinfrastrukturprojekten nach wie vor unvollständig.

1038 *J.-H. Hong*, Umweltrecht, S. 533.

Dritter Teil: Vergleichende Betrachtung und Abschließende Bewertung

Diese Untersuchung orientiert sich an der Frage, ob und inwieweit schädliche Umwelteinwirkungen bei der Planung und Realisierung von Verkehrsinfrastrukturprojekten unter dem Aspekt des Umweltschutzes effektiv und sinnvoll eingeschränkt werden können. Im Zusammenhang mit dieser Frage, die in der Ausgangslage der Einleitung aufgeworfen wurde, fokussiert sie insbesondere den Boden-, Immissions-, Gewässerschutz sowie Naturschutz und Landschaftspflege im Rahmen der Planung und Realisierung von Verkehrsinfrastrukturprojekten im rechtlichen Planungs- und Realisierungssystem in Deutschland und Südkorea. Im dritten Teil werden nunmehr die vergleichende Betrachtung der Darstellung im Hinblick auf den Umweltschutz bei der Planung und Realisierung von Verkehrsinfrastrukturprojekten in Deutschland und Südkorea (§ 1) und ihre abschließende Bewertung (§ 2) zusammengefasst.

§ 1 Vergleichende Betrachtung

Im Folgenden sollen die rechtlichen Planungs- und Realisierungssysteme (A) und die Systeme des Umweltschutzes bei der Planung und Realisierung von Verkehrsinfrastrukturprojekten (B) in Deutschland und Südkorea miteinander verglichen werden.

A. Vergleich der Entwicklung des rechtlichen Planungs- und Realisierungssystems in beiden Ländern

I. Vergleich der planungsrechtlichen Entwicklung

Im jeweiligen Kapitel A des ersten und zweiten Teils wurde das rechtliche Planungssystem von Deutschland und Südkorea vorgestellt. Im Folgenden werden die für den Umweltschutz bedeutsamen Planungsnormen (1) behandelt und die Planungssysteme in beiden Ländern miteinander verglichen.

1. Unterschied der für den Umweltschutz bedeutsamen Planungsnormen

In Deutschland ebenso wie in Südkorea ist die Planung heute eine wichtige Aufgabe und gilt als unverzichtbare Form des staatlichen Handelns. Darüber hinaus dient sie als Koordinationsinstrument zur Problembewältigung. Unter dem Aspekt des Umweltschutzes liegt die Funktion der Planung darin, Risiken für Menschen und Umwelt zu mindern. In diesem Punkt unterscheiden sich jedoch die rechtlichen Ansprüche in beiden Ländern.

Die deutschen Planungsnormen sind durch eine planerische Gestaltungsfreiheit und ein planerisches Abwägungsgebot geprägt. Im Hinblick auf den Umweltschutz entwickelt sich die Planung als Instrument im Sinne des Umweltschutzrechts in Deutschland weiter. Dies wird als sog. Umweltplanung bzw. Umweltschutzplanung bezeichnet. Im Rahmen der Planung ist vor allem der Stellenwert der Umweltschutzbelange für den Abwägungsprozess deutlich gestiegen. Dies ist insbesondere auf Art. 20a GG zurückzuführen, der als Staatsziel der Schutz der natürlichen Lebensgrundlagen bestimmt, und unterliegt eigentlich der allgemeinen Abwägung. Deshalb lässt sich der Prozess der Abwägung nach der Rechtsprechung des BVerwG bezüglich der Umweltplanung direkt auf den einzelnen Fall anwenden.

Demgegenüber wurde in Südkorea zwar seit den 1980er Jahren auch die Tragweite der deutschen Planungsnormen erkannt und deren Eigenständigkeit in den Entscheidungen des KOGH anerkannt. Doch obwohl die südkoreanische Verfassung in Art. 35 Abs. 1 ein Grundrecht auf Umweltschutz und zudem die Pflicht des Staates zum Schutz der Umwelt enthält, ist der Begriff der „Umweltplanung“ in Südkorea noch unbekannt. Im Kern wird insoweit lediglich ein Ausgleich zwischen den Bedürfnissen der Industrieentwicklung und den Belangen des Umweltschutzes verlangt, der durch den Gesetzgeber konkretisiert werden muss.

2. *Vergleich der Planungssysteme*

Das deutsche Planungsrecht ergibt sich entwicklungsgeschichtlich aus dem Städtebaurecht, das im 19. Jahrhundert aus dem polizeilichen Gefahrenabwehrrecht entstand. Infolge der damaligen territorialen und politischen Spaltung gab es jedoch noch keine einheitlichen gesetzlichen Grundlagen, um das Planungsrecht weiterzuentwickeln. Nach dem Zweiten Weltkrieg bestand eine der wichtigsten Aufgaben des Staates darin, die rechtlichen Grundlagen zu schaffen, um die stark zerstörte Infrastruktur wieder aufzubauen. Mit der planungsrechtlichen Entwicklung nach 1945 war der Gesetzgeber zugleich bestrebt, die rechtlichen Grundlagen für eine bundeseinheitliche Planung zu schaffen. Das System des deutschen Planungsrechts unterscheidet zwischen Gesamtplanungen und Fachplanungen. Während die Gesamtplanungen, die grundsätzlich im ROG und im BauGB enthalten sind, verschiedene Nutzungsansprüche und überfachliche Interessen koordinieren, beziehen sich die Fachplanungen auf raumrelevante und konkrete Projekte nach dem jeweiligen Fachrecht. Die raumrelevanten Fachplanungen erfordern eine Koordination der Gesamtentwicklung. Insbesondere in zahlreichen deutschen Fachplanungsgesetzen des Bundes und der Länder ist das Instrument der Planfeststellung vorgesehen. Dementsprechend wird ein solches Großprojekt von dem Zeitpunkt, zu dem die Ziele der Raumordnung aufgestellt werden, bis zum Planfeststellungsverfahren in mehreren Stufen durchgeführt. Dies gilt auch für Verkehrsinfrastrukturprojekte.

Im Unterschied zum deutschen Planungssystem basiert das räumliche Planungssystem in Südkorea auf einer zentralistischen Raumentwicklung. Dies bezieht sich in den 1960er Jahren auf die von der Regierung präferierte Politik der Raumentwicklung zur Sicherung des wirtschaftlichen Aufschwungs. Die Grundlagen für das südkoreanische Planungsrecht finden sich ausschließlich im KROG und im KRPG. Die raumordnungsgesetzlichen Regelungen beinhalten zwar die Leitsätze, den Zweck der gesamten Raumentwicklung sowie die Normierung der Raumordnung, aber sie haben weder Bindungswirkung für die Bürger noch Vorrang vor anderen Gesetzen. Das KRPG hat eine sehr große praktische Bedeutung, da es die Bestimmung der vier Flächennutzungsgebiete sowie allgemeine Planungsverfahren enthält. Insbesondere die Planung von Verkehrsinfrastrukturprojekten wird durch die raumplanungsgesetzlichen Regelungen der allgemeinen Aufstellungsverfahren nach den §§ 18 ff. KRPG verwirklicht.

II. Vergleich der Realisierungssysteme

Im jeweiligen Kapitel B des ersten und zweiten Teils wurden die rechtlichen Realisierungssysteme von Deutschland und Südkorea dargestellt. Die Planung von Großprojekten liegt zeitlich im Vorfeld der Realisierung von Vorhaben; dementsprechend lässt sich die Realisierung des jeweiligen geplanten Vorhabens dahingehend definieren, dass sämtliche Aufgaben, die im Rahmen von Bau und Unterhaltung eines Projekts anfallen, im öffentlich-rechtlichen Sinne durchgeführt werden. Damit ein Vorhaben realisiert werden kann, muss es den rechtlichen Anforderungen genügen. Dies bezieht sich auf die Zulassung, die Aufsicht der Behörden und die Durchführung seitens der Vorhabenträger. Die dargestellten Anforderungen zur Realisierung des Vorhabens werden im jeweiligen rechtlichen Realisierungssystem der beiden Länder festgelegt, wobei die Verkehrsvorhaben nach Maßgabe einschlägiger rechtlicher Regelwerke entsprechend ihrer Planung in beiden Ländern realisiert werden.

In Deutschland umfasst die Realisierung von Verkehrsvorhaben alle Aufgaben in Bezug auf Errichtung und Unterhaltung und regelt ihre Umsetzung. Dabei beziehen sich die Anforderungen an die Realisierung der Verkehrsvorhaben primär auf die diversen allgemeinen umweltrechtlichen Vorschriften (z. B. BBodSchG, BNatSchG, BImSchG, WHG) nach dem FStrG, AEG, WaStrG und LuftVG. Demgegenüber ist in Südkorea bei der Realisierung solcher Vorhaben vorab die Flächennutzungenbestimmung nach § 6 KRPG zu beachten. Daraus kann nicht nur die Gefahrenabwehr resultieren, sondern es werden auch Verunstaltungen der Städte und ökologische Probleme vermieden. Im Hinblick auf die Anforderungen zur Realisierung von Verkehrsvorhaben gelten einfachgesetzliche Regelungen aus dem KStrG, KEG, KWaStrG und dem KLuftVG. Dabei sind die umweltrechtlichen Vorschriften (z. B. KBodSchG, KLRG, KLESchG, KWQG, KNatSchG) zu berücksichtigen.

B. Vergleich des Umweltschutzes bei der Planung und Realisierung von Verkehrsinfrastrukturprojekten in beiden Ländern

Um den Umweltschutz bei der Planung und Realisierung von Verkehrsinfrastrukturprojekten rechtlich zu erfassen, wurden vor allem im jeweiligen § 2 der vorliegenden Arbeit die rechtlichen Vorgaben für den Umweltschutz in Deutschland und Südkorea behandelt. Danach wurden die Umweltschutzmaßnahmen bei der Planung von Verkehrsinfrastrukturprojekten und die rechtlichen Grundlagen für den Umweltschutz bei der Realisierung von Verkehrsinfrastrukturprojekten in den beiden Ländern dargestellt. Im Folgenden werden daher die Darstellungen des Umweltschutzes bei der Planung und Realisierung von Verkehrsinfrastrukturprojekten der beiden Länder miteinander verglichen. Hierbei handelt es sich um die Vorgaben des höherrangigen Rechts für den Umweltschutz (I), die Maßnahmen zum Umweltschutz bei der Planung von Verkehrsinfrastrukturprojekten (II) sowie die rechtlichen Grundlagen für den Umweltschutz bei der Realisierung von Verkehrsinfrastrukturprojekten (III).

I. Vergleich der Vorgaben des höherrangigen Rechts für den Umweltschutz

Im Rahmen der deutschen verfassungsrechtlichen Grundlagen des Umweltschutzes kommen insbesondere Art. 20a GG, grundrechtliche Aspekte und der Umweltschutz unter dem Aspekt der Gesetzgebungskompetenzen in Betracht. Art. 20a GG ist in erster Linie als Staatszielbestimmung zum Schutz der natürlichen Lebensgrundlagen auf verfassungsrechtlicher Ebene verankert. Dort ist auch das Gebot der Vorsorge und nachhaltigen Entwicklung verortet, um die Umwelt „in Verantwortung für die künftigen Generationen" zu schützen. Im Rahmen der Planung und Realisierung von Verkehrsinfrastrukturprojekten dient dabei Art. 20a GG dazu, ein möglichst hohes Umweltschutzniveau zu erreichen, indem geeignete Maßnahmen zur Vermeidung von Umweltbelastungen ergriffen werden. In diesem Zusammenhang können auch das in Art. 2 Abs. 2 Satz 1 GG verankerte Grundrecht auf Leben und körperliche Unversehrtheit und das Grundrecht auf Eigentum in Art. 14 GG bedeutsam sein. Im Rahmen dieser Grundrechtsgarantie muss der Staat sicherstellen, dass in Bezug auf die Planung und Realisierung von Verkehrsinfrastrukturprojekten geeignete Maßnahmen zum Umweltschutz ergriffen werden, um Grundrechtsverletzungen (z.B. Beeinträchtigungen oder Gefährdungen der Gesundheit von Menschen nach Art. 2 Abs. 2 Satz 1 GG, Eigentumsverletzungen des Art. 14 GG) zu vermeiden. Außerdem sind die in den Artt. 70 ff. GG verankerten Gesetzgebungskompetenzen für den Umweltschutz im Grundgesetz von Bedeutung. Die dargestellten verfassungsrechtlichen Grundlagen für den Umweltschutz dienen dazu, sicherzustellen, dass der Umweltschutz bei der Planung und Realisierung von Verkehrsinfrastrukturprojekten rechtlich eingeordnet werden kann.

Auch die rechtlichen Vorgaben der EU zum Umweltschutz sind relevant. In diesem Zusammenhang ist nach primärem und sekundärem Recht zu unterscheiden. Das primäre Recht zum Umweltschutz legt den Umweltschutz als wesentliche Aufgabe und Ziel der EU bzw. ihrer Mitgliedstaaten fest, also auch Deutschlands. Hierzu gehören Art. 3 Abs. 3 EUV, Art. 11 AEUV sowie Artt. 191 bis 193 AEUV. Dementsprechend werden Sekundärrechtsakte im Bereich der Umweltschutzmaßnahmen nach dem Verfahren des Art. 294 AEUV erlassen. Dabei sind umweltschutzrechtliche Vorgaben zu berücksichtigen, nicht zuletzt im Bereich des sekundären Rechts der EU. Im Rahmen der hier behandelten Umweltschutzregelungen zur Planung und Realisierung von Verkehrsinfrastrukturprojekten in Deutschland sind die Vorgaben der UVP-Richtlinie (85/337/EWG) bedeutsam, weil diese im Jahr 1990 als „reines Verfahrensinstrument" mit dem UVPG umgesetzt wurde, um unmittelbare und mittelbare Auswirkungen eines Projekts auf die Umwelt zu identifizieren, zu beschreiben und zu bewerten. Als Verfahrensinstrument im Rahmen des Umweltschutzes ist das UVPG bei der Planung von Verkehrsinfrastrukturprojekten in Deutschland zu beachten. Außerdem sind die FFH-Richtlinie (92/43/EWG) und die Vogelschutzrichtlinie (2009/147/EG) zu nennen. Die beiden Rechtsakte zielen darauf ab, die natürlichen Lebensräume und die Arten von wildlebenden Tieren und Pflanzen zu schützen und ein kohärentes europäisches ökologisches Netz besonderer

Schutzgebiete mit der Bezeichnung „Natura 2000“ zu errichten. „Natura 2000“ wurde im deutschen BNatSchG umgesetzt und die Regelungen zum Schutz von Natura 2000-Gebieten nach den §§ 31 ff. BNatSchG sind bei der Planung und Realisierung von Verkehrsinfrastrukturprojekten zu beachten. Aus diesen grundgesetzlichen und europäischen Vorgaben entwickelte sich das deutsche Umweltschutzrecht. Hierbei werden im Rahmen der Einfachgesetze aus Gründen des Umweltschutzes bei der Planung und Realisierung von Verkehrsinfrastrukturprojekten das UVPG, das BBodSchG, das BImSchG, das BNatSchG und das WHG fokussiert. Zunächst enthält das UVPG die Umweltprüfungen als Verfahrensinstrument, also UVP und SUP. Sie werden unter dem Aspekt des Umweltschutzes in das bestehende Planungssystem integriert und gelten daher auch für die Planung von Verkehrsinfrastrukturprojekten. Außerdem spielen das BBodSchG, das BImSchG, das BNatSchG und das WHG eine wesentliche Rolle für die materiell-rechtlichen Grundlagen im Hinblick auf den Boden-, den Immissions- und den Naturschutz sowie die Landschaftspflege und den Gewässerschutz.

Demgegenüber finden sich in der koreanischen Verfassung die verfassungsrechtlichen Vorgaben, die den Umweltschutz aus Art. 35 Abs. 1 KV, Art. 10 KV (das Recht auf Eigenwert und Menschenwürde) sowie Art. 23 KV (das Eigentumsrecht) betreffen. Anders als das deutsche Grundgesetz enthält Art. 35 Abs. 1 KV ein sog. Umweltgrundrecht. Die Verankerung des Umweltschutzes in Art. 35 Abs. 1 KV legt die verfassungsrechtlichen Grundlagen für die Statuierung des südkoreanischen Umweltrechts. Demensprechend umfasst die südkoreanische einfachgesetzliche Grundlage des Umweltschutzes bei der Planung und Realisierung von Verkehrsinfrastrukturprojekten die Aspekte des allgemeinen und besonderen Umweltrechts.

Das allgemeine Umweltrecht enthält Regelungen, die bereichsübergreifend anwendbar sind. Dabei kann zwischen dem KUPGG und dem KUVPG differenziert werden. Das KUPGG legt die wesentlichen Ziele der Umweltpolitik bzw. die Prinzipien und die staatlichen Pflichten für den Umweltschutz fest. Insbesondere die umweltpolitischen Handlungsprinzipien nach den §§ 5 bis 8 KUPGG, nämlich das Vorsorgeprinzip, das Verursacherprinzip sowie das Kooperationsprinzip, werden durch weitere Umweltgesetze konkretisiert, die auch für den Umweltschutz bei der Planung und Realisierung von Verkehrsinfrastrukturprojekten gelten. Beim KUVPG handelt es sich um ein Verfahrensrecht für einen medienübergreifenden Umweltgüterschutz. Die im KUVPG geregelten SUP und UVP dienen nicht zuletzt dem umweltvorsorgenden Instrument dazu, Großprojekte in Südkorea zu planen und zu realisieren. Anschließend wird das besondere Umweltrecht als Regelung des speziellen Umweltschutzbereichs betrachtet. In Bezug auf den Umweltschutz bei der Planung und Realisierung von Verkehrsinfrastrukturprojekten sind das KBodSchG für den Bodenschutzbereich, das KLESchG und das KLRG für den Immissionsschutzbereich, das KNatSchG für den Bereich von Naturschutz und Landschaftspflege sowie das KWQG für den Gewässerschutzbereich zu nennen.

II. Vergleich von Maßnahmen zum Umweltschutz bei der Planung von Verkehrsinfrastrukturprojekten

Die Planung von Verkehrsinfrastrukturprojekten erfolgt in mehreren Stufen nach dem eigentlichen rechtlichen Planungssystem der beiden Länder, wobei die Belange des Umweltschutzes zu berücksichtigen sind.

In Deutschland liegt die Planung der einzelnen Verkehrsinfrastrukturprojekte, also der Bundesfernstraßen und sonstiger Straßen (Landes-, Kreis- und Gemeindestraßen), Betriebsanlagen für Eisenbahnen des Bundes, Bundeswasserstraßen sowie Verkehrsflughäfen, in verfassungsrechtlichen Regelungen begründet. Daraus ergibt sich die Festsetzung der Fachgesetze, nämlich FStrG – Planung und Bau von Landes-, Kreis- und Gemeindestraßen sind in dem StrG der Länder geregelt –, AEG, WaStrG sowie LuftVG. Dementsprechend erfolgt die Planung von Verkehrsinfrastrukturprojekten in mehreren Stufen. Die Ergebnisse dieser Verfahren haben keine unmittelbare Rechtswirkung nach außen, sondern sind bei der Planungsentscheidung zu berücksichtigen. Dabei müssen eine SUP nach § 14b Abs. 1 Nr. 1 UVPG bzw. eine UVP nach § 15 Abs. 1 Satz 1 UVPG durchgeführt werden, um die Umweltauswirkung auf der Planungsebene frühzeitig zu erkennen.

Im Unterschied zum südkoreanischen Recht existieren sowohl im deutschen Verwaltungsverfahrensgesetz als auch in den Fachgesetzen einheitliche Regelungen zum Planfeststellungsverfahren, wobei die jeweiligen Verkehrsvorhaben planfeststellungsbedürftig sind (vgl. die §§ 17 ff. FStrG, §§18 ff. AEG, §§ 14 ff. WaStrG sowie §§ 8 LuftVG i. V. m. §§ 72 bis 78 VwVfG). Zweck des Planfeststellungsverfahrens ist es, eine einheitliche Sachentscheidung über alle betroffenen Belange zu treffen. Das Planfeststellungsverfahren bezieht sich auf die Aufstellung verbindlicher Pläne zu konkreten Verkehrsinfrastrukturanlagen. Die Besonderheit des Rechtsinstituts der Planfeststellung liegt in den spezifischen Wirkungen des Planfeststellungsbeschlusses, zu denen die Genehmigungs-, Konzentrations-, Gestaltungs-, Duldungs- bzw. Ausschlusswirkung, die Ausgleichswirkung sowie die enteignungsrechtliche Vorwirkung gehören.

Im Rahmen der Planfeststellung müssen nicht zuletzt die vom Planungsvorhaben berührten unterschiedlichen öffentlichen und privaten Belange einschließlich der Umweltbelange berücksichtigt werden. Insbesondere in Bezug auf den Boden-, Immissions-, Gewässerschutz sowie auf den Naturschutz und die Landschaftspflege vor verkehrsbedingten Umweltproblemen sind die Regelungen von BBodSchG, BImSchG, WHG und BNatSchG zu beachten. Diese Gesetze sind als striktes materielles Recht im Rahmen des Abwägungsgebots anzuwenden, falls die Planfeststellungsbehörde nach § 74 Abs. 2 VwVfG entscheidet, dem Vorhabenträger Auflagen zu machen, die zum Wohl der Allgemeinheit erforderlich sind.

Im Rahmen der Planfeststellungsentscheidung für die jeweiligen Verkehrsinfrastrukturprojekte im Hinblick auf den Bodenschutz sollen Beeinträchtigungen natürlicher Boden- und Bodennutzungsfunktionen im Sinne des § 2 Abs. 2 BBodSchG soweit wie möglich vermieden bzw. minimiert werden. Dementsprechend sind

Gefahrenabwehr- und Vorsorgemaßnahmen gegen schädliche Bodenveränderungen und -verunreinigungen zu ergreifen (vgl. § 4 und § 7 BBodSchG).

Außerdem ermöglicht es das Optimierungsgebot des § 50 BImSchG, die immissionsschutzrechtlichen Belange unter Abwägung aller betroffenen Belange ausreichend zu berücksichtigen und auszugleichen. Das Optimierungsgebot dient dazu, unter Berücksichtigung konkurrierender und widerstreitender Belange schädliche Umwelteinwirkungen zu beseitigen und das Ziel so weit wie möglich zu realisieren. Zugleich dient § 50 BImSchG als grundsätzlicher Planungsleitsatz mit den Vorschriften der §§ 41 bis 43 BImSchG dazu, das immissionsschutzrechtliche Lärmschutzkonzept systematisch zu strukturieren. § 41 BImSchG bezieht sich auf Maßnahmen des aktiven Lärmschutzes, insbesondere im Straßen- und Eisenbahnverkehr. Hierzu zählen z. B. Wälle, Lärmschutzwände und Tunnel. Dabei werden die konkreten Immissionsgrenzwerte nach § 41 Abs. 1 BImSchG durch eine auf § 43 Abs. 1 Satz 1 Nr. 3 BImSchG gestützte Rechtsverordnung (die 16. BImSchV) festgelegt. Anschließend regelt § 42 BImSchG als passive Lärmschutzmaßnahme die Entschädigung für Schallschutzmaßnahmen an baulichen Anlagen. Zudem sind die Regelungen des Fluglärmschutzes im LuftVG und speziell im FluglSchG vorgeschrieben. Das FluglSchG bestimmt nicht nur die konkreten Grenzwerte für Fluglärm mit den notwendigen Anforderungen, sondern ermächtigt die verantwortlichen Stellen auch dazu, im Rahmen des luftrechtlichen Planfeststellungsbeschlusses Schutzauflagen anzuordnen.

Bei der Planfeststellung von Verkehrsinfrastrukturprojekten sind auch die Belange des Naturschutzes und der Landschaftspflege zwingend in die Abwägung einzubeziehen. Im Hinblick auf den Naturschutz sowie die Landschaftspflege finden sich die wesentlichen Vorschriften im BNatSchG. Insbesondere die Eingriffsregelungen der §§ 13 ff. BNatSchG, die Regelungen des Schutzes von Natura 2000-Gebieten nach den §§ 31 ff. BNatSchG sowie des Artenschutzes nach den §§ 39 ff. BNatSchG dienen als Grundlage für den Naturschutz und die Landschaftspflege bei der Planung und Realisierung von Verkehrsinfrastrukturprojekten.

Schließlich stellen auch die Gewässerschutzbelange im Rahmen der Planfeststellungsentscheidung von Verkehrsinfrastrukturprojekten einen gewichtigen Aspekt dar. Sie sind unter Beachtung des § 6 WHG bei der Planfeststellungsentscheidung von Verkehrsinfrastrukturprojekten zu berücksichtigen. Dabei bedürfen nach § 8 Abs. 1 WHG Gewässerbenutzungen im Sinne des § 9 WHG einer Erlaubnis oder einer Bewilligung (§ 10 Abs. 1 WHG). Im Hinblick auf den Gewässerschutz sind auch die Regelungen über die Bewirtschaftungsziele oberirdischer Gewässer nach den §§ 27 ff. WHG, des Grundwassers gemäß § 47 WHG und die Bewirtschaftungsziele von Küstengewässern nach § 44 WHG zu beachten.

Im Unterschied zu den jeweiligen deutschen verfassungsrechtlichen Grundlagen für die einzelnen Verkehrsinfrastrukturprojekte dienen in Südkorea ausschließlich Art. 120 Abs. 1 KV und Art. 122 KV als verfassungsrechtliche Grundlage für die raumbezogenen Planungsregelungen im KROG und im KRPG. Dies gilt auch für die Fachgesetze, die die verschiedenen Arten von Verkehrsinfrastrukturprojekten betreffen, wie das KStrG, KEG, KWaStrG und KLuftVG. Insbesondere § 5 KStrG,

§ 4 KEG und § 25 KWaStrG regeln durch den *Masterplan* die jeweilige Vernetzungsplanung für Straßen, Eisenbahnschienenwege und Wasserstraßen. In § 89 KLuftVG wiederum ist die Bedarfs- bzw. Ausbauplanung von Verkehrsflughäfen festgelegt, wobei die *Masterplans* der jeweiligen fachgesetzlichen Verkehrsinfrastrukturprojekte nach § 9 Abs. 1 KUVPG Gegenstände der SUP darstellen. Als bloße verwaltungsinterne Regelung haben diese *Masterplans* keine Rechtswirkung nach außen. Darüber hinaus enthalten diese verkehrsbezogenen Fachgesetze keine konkreten Planungsverfahren für einzelne Pläne, sondern beziehen sich vielmehr auf die Verwaltung der jeweiligen verkehrsinfrastrukturellen Anlagen.

Im südkoreanischen Planungssystem fungiert das raumplanungsgesetzliche Stadtplanungsverfahren als allgemeines Planungsverfahren. Dementsprechend werden nach den Fachgesetzen durch das Stadtplanungsverfahren nach den §§ 18 ff. KRPG verschiedene *Masterplans* der Verkehrsinfrastrukturprojekte verwirklicht, wobei vor allem die staatliche Umweltgesamtplanung nach den §§ 14 bis 20 KUPGG zu berücksichtigen ist. Die *Masterplans* sind in Südkorea als Leitbild der zukünftigen Umweltpolitik in den konkreten Grundsätzen und Aktionsprogrammen enthalten. Im Hinblick auf Umweltschutzmaßnahmen bei der Planung von Verkehrsinfrastrukturprojekten spielen in Südkorea die besonderen umweltrechtlichen Regelungen eine große Rolle, vor allem das KBodSchG für den Bodenschutzbereich, das KLESchG, das KLRG für den Immissionsschutzbereich, das KNatSchG für den Bereich von Naturschutz und Landschaftspflege sowie das KWQG für den Gewässerschutzbereich.

Der Bodenschutz ist in erster Linie im Bodenschutzgesetz geregelt, wobei insbesondere § 10–3 KBodSchG sieht eine Form von verschuldensunabhängiger Haftung für schädliche Bodenverschmutzungen vorsieht. Diese Vorschrift bildet die Grundlage für Gefahrenabwehr- und Vorsorgemaßnahmen gegen schädliche Bodenverschmutzung im Rahmen der Planung und Realisierung von Verkehrsinfrastrukturprojekten.

Außerdem sind im Hinblick auf den Immissionsschutz die Maßnahmen für den Lärmschutz im KLESchG und für die Luftreinhaltung im KLRG jeweils in unterschiedlicher Form geregelt. Zunächst lassen sich nach § 27 KLESchG die Regulierungsgebiete zum Verkehrslärmschutz entsprechend den Verkehrslärmschutzgrenzwerten der Rechtsverordnung bestimmen. Anschließend können nach § 29 Abs. 1 KLESchG als aktive Lärmschutzmaßnahme die für Straßen- und Eisenbahnverkehr geeigneten Schallschutzmaßnahmen (wie z.B. Wälle, Lärmschutzwände und -wälder) ergriffen werden. Allerdings sind sie nicht zwingend, sondern wird ein weiter Ermessensspielraum eingeräumt. Außerdem enthalten sie keine Regelung zu passiven Lärmschutzmaßnahme. Ähnlich wie der Fluglärmschutz im FluglSchG in Deutschland speziell behandelt wird, ist er in Südkorea im KFluglSchG geregelt. Die fluglärmschutzgesetzlichen Regelungen sind relativ systematisch vorgeschrieben, da die Durchführung von Schallschutzmaßnahmen zwingend ist und eine Entschädigung beinhaltet.

Im Bereich von Naturschutz und Landschaftspflege werden auch die Naturschutz- und Landschaftspflegegebiete nach § 12 KNatSchG bestimmt. Dort können nach § 15 Abs. 1 KNatSchG bestimmte Verhaltensweise eingeschränkt werden (z. B. das Jagdwesen oder die Gewinnung von Kiesen, Sanden, Steinen und Erden). Diese bestimmten Verhaltensweisen, wie etwa die Gestaltung und Nutzung von Grundflächen oder ein Holzeinschlag, der notwendig ist, um die Verkehrsvorhaben zu realisieren, sind soweit wie möglich zu beschränken. Außerdem regelt § 46 KNatSchG als naturschutzfachlicher Beitrag die Möglichkeit, dem Vorhabenträger Zahlungen für den Schutz des Ökosystems aufzuerlegen, wenn ein Vorhaben sich auf die natürliche Umwelt oder das Ökosystem erheblich schädlich auswirkt. Dies gilt auch für Verkehrsinfrastrukturprojekte. Im Übrigen müssen nach § 45 KNatSchG Maßnahmen zum Schutz von Tieren und Pflanzen ergriffen werden, wie z. B. die Errichtung von Zaunanlagen, Maueranlagen und Lichtanlagen.

Der Gewässerschutz ist im KWQG geregelt. Ähnlich wie es in Deutschland im Rahmen der Planungsfeststellungsentscheidung von Verkehrsinfrastrukturprojekten der Fall ist, hat er auch in Südkorea großes Gewicht. Insbesondere § 14 KWQG sieht vor, dass im Rahmen der Stadtplanung im Sinne der §§ 18 ff. KRPG Gewässerschutzmaßnahmen zu ergreifen sind, um Beeinträchtigungen von Gewässern zu vermeiden. Diesbezüglich ist ein bestimmtes Verhalten gemäß § 15 Abs. 1 KWQG einzuschränken (z. B. Verunreinigungen von Gewässern durch Baustoffe oder die Entnahme fester Stoffe wie etwa von Erden, Kiesen, Sanden oder Steinen aus Gewässern bei der Errichtung von Kunstbauten wie z. B. Brücken oder Tunneln). Damit können Beeinträchtigungen von Gewässern zumindest minimiert werden, indem die Verkehrsvorhabenträger verpflichtet werden, geeignete Maßnahmen zu treffen, um etwa Schadstoffe zu beseitigen oder zu verringern.

III. Vergleich rechtlicher Grundlagen für den Umweltschutz bei der Realisierung von Verkehrsinfrastrukturprojekten

Die Planung von Verkehrsinfrastrukturprojekten wird sowohl in Deutschland als auch in Südkorea realisiert. Dies bezieht sich auf alle Aufgaben, die den Bau und die Unterhaltung von verschiedenen Verkehrsvorhaben im Rahmen der jeweiligen Fachgesetze betreffen. Dabei sind die verankerten umweltrechtlichen Anforderungen entsprechend den Planungen zu berücksichtigen.

In Deutschland ergeben sich die Regelungen zur Realisierung von Verkehrsvorhaben wie Bundesfernstraßenvorhaben, Vorhaben von Betriebsanlagen für Eisenbahnen, Bundeswasserstraßenvorhaben sowie von Verkehrsflughäfen aus den Fachgesetzen, nämlich dem FStrG, dem AEG, dem WaStrG sowie dem LuftVG. Diese Verkehrsvorhaben bedürfen in der Regel aufgrund der Rechtswirkung des Planfeststellungsbeschlusses keiner weiteren Zulassung. Dabei spielt die Aufsicht der zuständigen Behörden eine wichtige Rolle für den Umweltschutz, denn sie dient sowohl als staatliche Aufgabe als auch als Fachaufsicht dazu, zu überwachen, dass die Vorhabenträger alle Verpflichtungen wahrnehmen, die mit dem Bau und der Unterhaltung von Verkehrsvorhaben zusammenhängen, sowie dazu, die Vorhabenträger erforderlichenfalls zur Realisierung der entsprechenden Vorhaben anzuhalten (vgl. die §§ 20 FStrG, 5 AEG, 29 LuftVG). Dadurch wird sichergestellt, dass die geplanten Vorhaben recht- und zweckmäßig umgesetzt werden. Darüber hinaus müssen Verkehrsvorhabenträger auch die Belange des Umweltschutzes wie etwa den Boden-, Immissions-, Gewässer- oder den Natur- und Landschaftsschutz berücksichtigen (vgl. die §§ 3 Abs. 1 FStrG, 2 Abs. 1 AEG, 8 Abs. 1 Satz 3 WaStrG, 6 Abs. 2 LuftVG).

In Südkorea werden geplante Verkehrsinfrastrukturprojekte ebenfalls im jeweiligen fachgesetzlichen Rahmen realisiert. Darauf beziehen sich das KStrG, das KEG, das KWaStrG und das KLuftVG, deren umweltrechtliche Anforderungen jeweils zu berücksichtigen sind. Aufgrund der Konzentrationswirkung der Beschlüsse der aufgestellten Planung nach § 61 Abs. 1 Nr. 6 und Nr. 18 KRPG ist für die Realisierung von Straßen und Wasserstraßen zunächst keine Zulassung erforderlich. Außerdem in § 11 Abs. 1 KEG und § 96 Abs. 1 KLuftVG ist eine Konzentrationswirkung vorgesehen. Dementsprechend bedarf es ebenso wie bei dem deutschen Planfeststellungsbeschluss zur Realisierung solcher Verkehrsvorhaben keiner weiteren Verwaltungsentscheidung. Ähnlich wie die Projektbeaufsichtigung in Deutschland durch die zuständigen Behörden erfolgt, verhält es sich auch in Südkorea: Die jeweiligen Behörden müssen regelmäßig kontrollieren, dass der Vorhabenträger die mit dem Bau und der Unterhaltung von Verkehrsvorhaben zusammenhängenden Aufgaben wahrnimmt (vgl. die §§ 3 KStrG, 25 Abs. 1 KEG, 27 Abs. 1 KWaStG, 110 Abs. 1 KLuftVG). Daher dient die Aufsicht der Behörden ebenso wie die deutsche Aufsicht der zuständigen Behörde über Verkehrsvorhaben dazu, sicherzustellen, dass die Vorhaben entsprechend der Planung recht- und zweckmäßig verwirklicht werden. Im Unterschied zu den deutschen Fachgesetzen beinhalten jedoch die südkoreanischen fachgesetzlichen Regelungen für Verkehrsinfrastrukturprojekte weder Umweltschutzbelange, noch beziehen sie (andere) umweltrechtliche Regelungen ein. In § 3 Abs. 2 KStrG, § 5 Abs. 2 KEG, § 3 KWaStrG sowie § 111–2 KLuftVG sind ausschließlich allgemeine Pflichten bzw. Handlungsprinzipien zur Planung und Realisierung von Verkehrsinfrastrukturprojekten enthalten.

§ 2 Abschließende Bewertung

Diese Untersuchung befasst sich mit der Frage, ob und wie die durch Verkehrsinfrastrukturprojekte herbeigeführten schädlichen Umwelteinwirkungen, insbesondere solche, die den Boden-, Immissions- und Gewässerschutz sowie den Naturschutz und die Landschaftspflege beeinträchtigen, aus rechtsvergleichender Perspektive in Bezug auf das System der Planung und Realisierung effektiv und sinnvoll gesteuert werden können.

Unter dem Aspekt der Effektivität erweckt vor allem der Vergleich zwischen dem deutschen und südkoreanischen Recht den Eindruck, dass das Planungsverfahren von Verkehrsvorhaben im südkoreanischen Recht relativ stark vereinfacht ist (Grundlegende Untersuchung zur Planaufstellung – Aufstellung der Planung – Bürgerbeteiligung – Beschlussfassung), was dazu führt, dass die geplanten Verkehrsvorhaben schneller realisiert werden.

In diesem Zusammenhang ist jedoch im Vergleich zwischen dem deutschen und südkoreanischen Recht festzustellen, dass das südkoreanische Recht im Hinblick auf den Umweltschutz bei der Planung und Realisierung von Verkehrsinfrastrukturprojekten defizitär ist. Dies ergibt sich daraus, dass die Tragweite der Umweltschutzbelange im südkoreanischen Planungsrecht nicht besonders erfasst wird. Obwohl die deutschen Planungsnormen seit den 1980er Jahren in Südkorea bekannt sind und insbesondere Art. 35 Abs. 1 KV ein Grundrecht auf Umweltschutz und zudem die Pflicht des Staates zum Schutz der Umwelt enthält, wird nach der Rechtsprechung des KOGH Art. 35 Abs. 1 KV zu einem bloßen Programmsatz degradiert. Demgegenüber entwickelt sich das deutsche Planungsrecht zum maßgeblichen Instrument der vorsorgenden Umweltgestaltung. Im Rahmen des Abwägungsgebots sind umweltrelevante Gesetze (z. B. BBodSchG, BImSchG, WHG und BNatSchG) in Deutschland als striktes materielles Recht anzuwenden und zudem berücksichtigen die Regelungen der verkehrsbezogenen Fachgesetze ausdrücklich die Belange des Umweltschutzes (vgl. die §§ 3 Abs. 1 FStrG, 2 Abs. 1 AEG, 8 Abs. 1 Satz 3 WaStrG, 6 Abs. 2 LuftVG). Außerdem ergibt der Vergleich der entsprechenden Umweltschutzmaßnahmen bei der Planung und Realisierung von Verkehrsinfrastrukturprojekten in beiden Ländern, dass die südkoreanischen umweltrechtlichen Regelungen zum Verbot bestimmter Verhaltensweisen (z. B. § 15 Abs. 1 KNatSchG, § 15 Abs. 1 KWQG) eine zentrale Rolle spielen. Im Hinblick auf Umweltschutzmaßnahmen sind diese Regelungen nach wie vor unvollständig, weil die Umwelt, wie etwa Boden, Natur und Gewässer, insbesondere im Rahmen der Planung und Realisierung von Verkehrsvorhaben auf verschiedene Art und Weise genutzt werden und dadurch beeinträchtigt werden kann. Um vollständige Regelungen unter dem Aspekt des Umweltschutzes zu erhalten, ist es vor allem erforderlich, dass der südkoreanische Gesetzgeber unter Berücksichtigung des Umweltschutzes nicht nur für die Anwendung der vielfältigen Verhaltensformen, sondern auch für die Ergreifung von Vorsorgemaßnahmen eine ausdrückliche, rechtlich verbindliche Grundlage schafft.

Literaturverzeichnis

1. Deutsche Literaturen

Albrecht, Juliane, Zur Definition des „guten Zustands“ im Wasserrecht, NuR 2010, S. 607 ff.

Appel, Ivo,Gro- Staat und Bürger in Umweltverwaltungsverfahren, NVwZ 2012, S. 1361 ff.

Appel, Markus, Die Bindungswirkungen des Raumordnungsrechts für nachfolgende Planungs- und Genehmigungsverfahren -zugleich Anmerkung zur Datteln-Entscheidung des OVG Münster, UPR 2011, S. 161 ff.

Battis, Ulrich, Öffentliches Baurecht und Raumordnungsrecht, 5. Aufl., Stuttgart 2006.

Battis, Ulrich/*Kersten,* Jens, Die Raumordnung nach der Föderalismusreform, DVBl 2007, S. 152 ff.

Battis, Ulrich/*Krautzberger,* Michael/*Löhr,* Rolf-Peter, Baugesetzbuch – Kommentar, 12. Aufl., München 2014 (zit. *Bearbeiter,* in: Battis/Krautzberger/Löhr, BauGB).

Battis, Ulrich/*Otto,* Christian-W, Die Enteignung von Grundstücken zur Erweiterung industrieller Produktionsstätten am Beispiel des Werkflugplatz-Enteignungsgesetzes, DVBl 2004, S. 1501 ff.

Becker, Ulrich, Verfahrensbeschleunigung durch Genehmigungskonzentration, VerwArch 87 (1996), S. 581 ff.

Becker-Schwarze, Kathrin (Hrsg.), Wandel der Handlungsformen im öffentlichen Recht: 31. Tagung der Wissenschaftlichen Mitarbeiterinnen und Mitarbeiter der Fachrichtung Öffentliches Recht in Bremen 1991, Stuttgart 1991 (zit. *Bearbeiter,* in: Becker-Schwarze (Hrsg.), Wandel der Handlungsformen im öffentlichen Recht).

Berkemann, Jörg (Hrsg.), Planung und Plankontrolle: Entwicklungen im Bau- und Fachplanungsrecht; Otto Schlichter zum 65. Geburtstag, Köln (u. a.) 1995 (zit. *Bearbeiter,* in: Berkemann (Hrsg.), Planung und Plankontrolle-FS für Schlichter).

Bickenbach, Frank/*Kumkar,* Lars/*Sichelschmidt,* Henning/*Soltwedel,* Rüdiger/*Wolf,* Hartmut, Ausbau der Flughafeninfrastruktur: Konflikte und institutionelle Lösungsansätze, Berlin/Heidelberg 2005 (zit. *Bickenbach* u. a., Ausbau der Flughafeninfrastruktur: Konflikte und institutionelle Lösungsansätze).

Blümel, Willi, Die Bauplanfeststellung, 1. Teil: Die Planfeststellung im preußischen Recht und im Reichsrecht, Stuttgart 1961(zit. *Blümel,* Die Bauplanfeststellung I).

BMV, Bundesverkehrswegeplan 2003, Bonn 2003.

Brandt, Kerstin, Präklusion im Verwaltungsverfahren, NVwZ 1997, S. 233 ff.

Bredt, Friederike, Siebtes Gesetz zur Änderung eisenbahnrechtlicher Vorschriften: Neuregelung der Sicherheitsverantwortung im Eisenbahnsektor?, DÖV 2013, S. 29 ff.

Breier, Siegfried, Art. 130s Abs. 3 EGV als Rechtsgrundlage für die Verabschiedung von Umweltaktionsprogrammen: Ein Fehlgriff der vertragsschliessenden Parteien, ZUR 1995, S. 302 ff.

Breuer, Rüdiger, Die hoheitliche raumgestaltende Planung: Wirkungsbereich und Zusammentreffen von Planfeststellungen, fachlichen Nutzungsregelungen, Bauleitplänen und Plänen der Raumordnung, Bonn 1968.

Brohm, Winfried, Öffentliches Baurecht: Bauplanungs-, Bauordnungs- und Raumordnungsrecht, 3. Aufl., München 2002.

Burgi, Martin, Eisenbahnaufsicht als Gefahrenabwehr zwischen Vermutungsregel und Generalklausel, DÖV 2012, S. 653 ff.

Cupei, Jürgen, Umweltverträglichkeitsprüfung (UVP): ein Beitrag zur Strukturierung der Diskussion – zugleich eine Erläuterung der EG-Richtlinie, Köln1986.

Czychowski, Manfred/*Reinhardt*, Michael, Wasserhaushaltsgesetz: Kommentar, 11. Aufl., München 2014 (zit. *Czychowski/Reinhardt*, WHG).

Detterbeck, Steffen, Allgemeines Verwaltungsrecht, 12. Aufl., München 2014.

Dietrich, Reinhard, Anfang und Ende von Eisenbahninfrastruktur, DVBl 2007, S. 657 ff.

Dörries, Andrea, Das Verhältnis der Bauleitplanung zur raumbeanspruchenden Fachplanung: eine Untersuchung auf der Grundlage des BauROG 1998, Berlin 2000.

Dreier, Johannes, Die normative Steuerung der planerischen Abwägung: strikte Normen, generelle Planungsleitbegriffe, Planungsleitlinien und Optimierungsgebote, Berlin 1995.

Durner, Wolfgang, Das neue Raumordnungsgesetz, NuR 2009, S. 373 ff.

Durner, Wolfgang, Konflikte räumlicher Planungen: verfassungs-, verwaltungs- und gemeinschaftsrechtliche Regeln für das Zusammentreffen konkurrierender planerischer Raumansprüche, Tübingen 2005.

Epiney, Astrid, Umweltrecht der Europäischen Union, 3. Aufl., Baden/Baden 2013.

Erbguth, Wilfried, Entwicklungslinien im Recht der Umweltverträglichkeitsprüfung – UVP-RL – UVP ÄndRL – UVPG – SUP, UPR 2003, S. 321 ff.

Erbguth, Wilfried, Kollision zwischen Bauleitplanung und hafenbezogener Fachplanung: Rechtsfragen, ZUR 2013, S. 643 ff.

Erbguth, Wilfried, Rechtssystematische Grundfragen des Umweltrechts, Berlin 1987.

Erbguth, Wilfried, Städtebaurecht und Raumordnungsrecht im Wandel: Ökologisierung durch Europäisierung, Rechtsschutz, Föderalismusreformm, NVwZ 2007, S. 985 ff.

Erbguth, Wilfried/*Oebbecke*, Janbernd/*Rengeling*, Hans-Werner/*Schulte*, Martin (Hrsg.), Planung: Festschrift für Werner Hoppe zum 70. Geburtstag, München 2000 (zit. *Bearbeiter*, in: Erbguth u. a. (Hrsg.), Planung-FS für Hoppe).

Erbguth, Wilfried/*Schlacke*, Sabine, Umweltrecht, 5. Aufl., Baden-Baden 2014.

Erbguth, Wilfried/*Schubert*, Mathias, Öffentliches Baurecht: mit Bezügen zum Umwelt- und Raumplanungsrecht, 6. Aufl., Berlin 2015.

Erbguth, Wilfried/*Stollmann*, Frank, Die Verzahnung der integrativen Elemente von IVU- und UVP-Änderungs-Richtlinie, ZUR 2000, S. 379 ff.

Erbguth, Wilfried/*Stollmann*, Frank, Zum Anwendungsbereich des Bundes-Bodenschutzrechts, NuR 2001, S. 241 ff.

Faber, Nicoline Cathérine, Rechtsfragen der Planung von Flughäfen, Berlin 2006.

Finger, Hans-Joachim, Gemeinwirtschaftlichkeit und Eigenwirtschaftlichkeit bei der Deutschen Bundesbahn – Ein Beitrag zu § 10 Bundesbahngesetz -, DÖV 1984, S. 712 ff.

Forsthoff, Ernst, Lehrbuch des Verwaltungsrechts, 10. Aufl., München 1973.

Forsthoff, Ernst/*Blümel*, Willi, Raumordnungsrecht und Fachplanungsrecht, Frankfurt a. M., 1970.

Franßen, Everhardt/*Redeker*, Konrad/*Schlichter*, Otto/*Wilke*, Dieter (Hrsg.), Bürger, Richter, Staat: Festschrift für Horst Sendler, Präsident des Bundesverwaltungsgerichts, zum Abschied aus seinem Amt, München 1991 (zit. *Bearbeiter*, in: Franßen u. a. (Hrsg.), Bürger, Richter, Staat-FS für Sendler).

Friesecke, Albrecht, Bundeswasserstraßengesetz – Kommentar, 6. Aufl., Köln 2009 (zit. *Friesecke*, WaStrG).

Füßer, Klaus, Steuerung durch die Raumplanung und ihre Grenzen – am Beispiel der Einzelhandelssteuerung in Sachsen -, SächsVBl 2013, S. 1 ff.

Gall, Lothar/*Pohl*, Manfred (Hrsg.), Die Eisenbahn in Deutschland: Von den Anfängen bis zur Gegenwart, München 1999, (zit. *Gall/Pohl*, Die Eisenbahn in Deutschland).

Gärditz, Klaus Ferdinand, Umweltgesetzbuch und Umweltgesamtplanung, Die Verwaltung Vol. 40 (2007), S. 203 ff.

Giemulla, Elmar, Zu den Rechten und Pflichten eines Beauftragten für Luftaufsicht, ZLW 2000, S. 184 ff.

Goppel, Konrad, Projektbezogene Ziele der Raumordnung zu Verkehrsvorhaben des Bundes und deren Bindungswirkung, DVBl 2000, S. 86 ff.

Goppel, Konrad, Zum grundsätzlichen Verhältnis von Raumordnung und Fachplanung vor dem Hintergrund projektbezogener Ziele der Raumordnung zu Verkehrsvorhaben des Bundes, UPR 2000, S. 431 ff.

Götze, Roman/*Boelling*, Anemon/*Löscher, Lucretia*, Photovoltaik-Freiflächenanlagen auf Fachplanungsflächen: Planungsrechtliche und vergütungsrechtliche

Rahmenbedingungen am Beispiel der Nachnutzung von Deponien, ZUR 2010, S. 245 ff.

Groß, Thomas, Was bedeutet Fachaufsicht?, DVBl 2002, S. 793 ff.

Groß, Thomas, Regelungsdefizite der Bundesverkehrswegeplanung, VerwArch 2013, S. 1 ff.

Grupp, Klaus/*Ronellenfitsch*, Michael (Hrsg.), Planung, Recht, Rechtsschutz: Festschrift für Willi Blümel zum 70. Geburtstag am 6. Januar 1999, Berlin 1999 (zit. *Bearbeiter*, in: Grupp/Ronellenfitsch (Hrsg.), Planung, Recht, Rechtsschutz-FS für Blümel).

Guckelberger, Annette, Bürokratieabbau durch Abschaffung des Erörterungstermins?, DÖV 2006, S. 97 ff.

Gusy, Christoph, Polizei- und Ordnungsrecht, 9. Aufl., Tübingen 2014.

Hendler, Reinhard, Die bürgerschaftliche Mitwirkung an der städtebaulichen Planung, Göttingen 1977.

Hermes, Georg/*Sellner*, Dieter (Hrsg.), Beck'scher AEG-Kommentar, 2. Aufl., München 2014 (zit. *Bearbeiter*, in: Hermes/Sellner (Hrsg.), AEG).

Henneke, Hans-Günter, Der Schutz der natürlichen Lebensgrundlagen in Art 20a GG: Inhalt und Wirkungen einer ausbalancierten Staatszielbestimmung, NuR 1995, S. 325 ff.

Hien, Eckart, Bürgerbeteiligung im Spannungsfeld der Gewaltenteilung, DVBl 2014, S. 495 ff.

Hobe, Stephan/*von Ruckteschell*, Nicolai (Hrsg.), Kölner Kompendium des Luftrechts: Luftverkehr, Bd. 2, Köln 2009 (zit. *Bearbeiter*, in: Hobe/von Ruckteschell (Hrsg.), Kölner Kompendium des Luftrechts, Bd. 2).

Hömig, Dieter (Hrsg.), Grundgesetz für die Bundesrepublik Deutschland, 10. Aufl., Baden-Baden 2013, (zit. *Hömig*, GG).

Hoppe, Werner, „Ziele der Raumordnung und Landesplanung" und „Grundsätze der Raumordnung und Landesplanung" in normtheoretischer Sicht, DVBl 1993, S. 681 ff.

Hoppe, Werner, Die Bedeutung von Optimierungsgeboten im Planungsrecht, DVBl 1992, S. 853 ff.

Hoppe, Werner, Die Schranken der planerischen Gestaltungsfreiheit (§ 1 Abs. 4 und 5 BBauG), BauR 1970, S. 15 ff.

Hoppe, Werner, Grundfragen des Planungsrechts: ausgewählte Veröffentlichungen, Münster 1998.

Hoppe, Werner, Kompetenz-Debakel für die „Raumordnung" durch die Föderalismusreform infolge der uneingeschränkten Abweichungszuständigkeit der Länder?, DVBl 2007, S. 144 ff.

Hoppe, Werner, Zur Struktur von Normen des Planungsrechts: Bemerkungen zu rechtstaatlichen Anforderungen an die Begriffsbildung im Planungsrecht, DVBl 1974, S. 641 ff.

Hoppe, Werner/*Beckermann*, Martin/*Kauch*, Petra, Umweltrecht: juristisches Kurzlehrbuch für Studium und Praxis, 2. Aufl., München 2000.

Hoppe, Werner/*Beckmann*, Martin (Hrsg.), Gesetz über die Umweltverträglichkeitsprüfung (UVPG): Kommentar, 4. Aufl., Köln u.a. 2012 (zit. *Bearbeiter*, in: Hoppe/Beckmann (Hrsg.), UVPG).

Hoppe, Werner/*Bönker*, Christian/*Grotefels*, Susan, Öffentliches Baurecht: Raumordnungsrecht, Städtebaurecht, Bauordnungsrecht, 4. Aufl., München 2010.

Hoppe, Werner/*Busch*, Bernhard/*Schmidt*, Detlef/*Schieferdecker*, Bernd, Sicherheitsverantwortung im Eisenbahnwesen: zur öffentlich-rechtlichen und zivilrechtlichen Verantwortung der Schienenbahnen, der Netzanbieter des Fahrwegs und der Hersteller von Rollmaterial und Infrastrukturanlagen für die Sicherheit im Eisenbahnwesen, Köln 2002.

Hoppe, Werner/*Kauch* Petra (Hrsg.), Raumordnungsziele nach Privatisierung öffentlicher Aufgaben: Kolloquium des Zentralinstituts für Raumplanung am 13. März 1996 in Münster, Beiträge zum Siedlungs- und Wohnungswesen und zur Raumplanung, Band 172, Münster 1996 (zit. *Bearbeiter*, in: Hoppe/Kauch (Hrsg.), Raumordnungsziele nach Privatisierung öffentlicher Aufgaben).

Hoppe, Werner/*Schlarmann*, Hans/*Buchner*, Reimar/*Deutsch*, Markus, Rechtsschutz bei der Planung von Verkehrsanlagen und anderen Infrastrukturvorhaben: Grundlagen der Planfeststellung, 4. Aufl., Berlin 2011 (zit. *Hoppe* u. a., Rechtsschutz bei der Planung von Verkehrsanlagen und anderen Infrastrukturvorhaben).

Isensee, Josef/*Kirchhof*, Paul (Hrsg.), Handbuch des Staatsrechts, Bd. IV, 3. Aufl., Heidelberg 2006 (zit. *Bearbeiter*, in: Isensee/Kirchhof (Hrsg.), HStR IV).

Isensee, Josef/*Kirchhof*, Paul (Hrsg.), Handbuch des Staatsrechts, Bd. VI, 1. Aufl., Heidelberg 1989 (zit. *Bearbeiter*, in: Isensee/Kirchhof (Hrsg.), HStR VI (1989)).

Isensee, Josef/*Kirchhof*, Paul (Hrsg.), Handbuch des Staatsrechts, Bd. VI, 3. Aufl., Heidelberg 2008 (zit. *Bearbeiter*, in: Isensee/Kirchhof (Hrsg.), HStR VI).

Jäde, Henning, Frühe Öffenlichkeitsbeteiligung im bauaufsichtlichen Genehmigungsverfahren?, ZfBR 2014, S. 217 ff.

Jarass, Hans D., Auslegung und Umsetzung der EG-Richtlinie zur Umweltverträglichkeitsprüfung: konkretisiert anhand der Probleme im Abfallrecht, Baden-Baden 1989.

Jarass, Hans D., Bundes-Immissionsschutzgesetz: Kommentar, 11. Aufl., München 2015 (zit. *Jarass*, BImSchG).

Jarass, Hans D., Die materiellen Voraussetzungen der Planfeststellung in neuerer Sicht – Dogmatische Grundlagen und praktische Folgen, insb. im Verkehrswegebereich -, DVBl 1998, S. 1202 ff.

Jarass, Hans D., Konflikte zwischen EG-Recht und nationalem Recht vor den Gerichten der Mitgliedstaaten, DVBl. 1995, S. 954 ff.

Jarass, Hans D., Aktuelle Rechtsprobleme des Lärmschutzes an Straßen und Schienenwegen, UPR 1998, S. 415 ff.

Jarass, Hans D./*Pieroth*, Bodo, Grundgesetz für die Bundesrepublik Deutschland: Kommentar, 14. Aufl., München 2016 (zit. *Jarass*/*Pieroth*, GG).

Jörissen, Juliane/*Coenen*, Reinhard/*Franz*, Peter, Die Umweltverträglichkeitsprüfung in den USA: Analyse US-amerikanischer Erfahrungen und deren Relevanz für die Implementation der UVP-Richtlinie der EG in der Bundesrepublik Deutschland, Berlin 1988.

Kaiser, Joseph H. (Hrsg.), Planung I, Baden-Baden 1965; Planung III, Baden-Baden 1968 (zit. *Bearbeiter*, in: Kaiser (Hrsg.), Planung).

Kay, Hailbronner/*Ress*, Georg/*Stein*, Torsten (Hrsg.), Staat und Völkerrechtsordnung: Festschrift für Karl Doehring (Beiträge zum ausländischen öffentlichen Recht und Völkerrecht), Berlin 1989 (zit. *Bearbeiter*, in: Kay/Ress/Stein (Hrsg.), Staat und Völkerrechtsordnung – FS für Doehring).

Kenneweg, Hans-Dieter (Hrsg.), Risikoregulierung und Risikokommunikation – Umweltprüfung für Pläne und Programme): Dokumentation zur 28. wissenschaftlichen Fachtagung der Gesellschaft für Umweltrecht in Leipzig 2004, Berlin 2005 (zit. *Bearbeiter*, in: Kennweg (Hrsg.), Risikoregulierung und Risikokommunikation).

Kloepfer, Michael, Chance und Risiko als rechtliche Dimensionen, in: Jahrbuch des Umwelt- und Technikrechts1988 (zit. UTR 5), S. 31 ff.

Kloepfer, Michael, Die europäische Herausforderung – Spannungslagen zwischen deutschem und europäischem Umweltrecht, NVwZ 2002, S. 645 ff.

Kloepfer, Michael, Instrumente des staatlichen Umweltschutzes in der Bundesrepublik Deutschland, in: Jahrbuch des Umwelt- und Technikrechts 1987 (zit. UTR 3), 1987, S. 3 ff.

Kloepfer, Michael, Umweltrecht, 3. Aufl., München 2004.

Kment, Martin, Standortfestlegungen und Streckenverläufe – Neues zum Verhältnis von Raumordnung und Fachplanung, NuR 2010, S. 392 ff.

Kment, Martin, Zur angestrebten Änderung der Gesetzgebungskompetenz im Bereich der Raumordnung, NuR 2006, S. 217 ff.

Knack, Hans Joachim/*Henneke*, Hans-Günter, Verwaltungsverfahrensgesetz: Kommentar, 9. Aufl., Köln 2010 (zit. *Bearbeiter*, in: Knack/Henneke, VwVfG).

Knemeyer, Franz-Ludwig, Frühe Öffentlichkeitsbeteiligung nicht nur bei Großvorhaben, sondern z.B. auch bei Straßenerneuerung, BayVBl 2013, S. 485 ff.

Koch, Hans-Joachim (Hrsg.), Umweltrecht, 4. Aufl., München 2014 (zit. *Bearbeiter*, in: Koch (Hrsg.), Umweltrecht).

Koch, Hans-Joachim/*Hendler*, Reinhard, Baurecht, Raumordnungs- und Landesplanungsrecht, 5. Aufl., Stuttgart 2009.

Köck, Wolfgang, Perspektiven integrierter Umweltplanung aus rechtlicher Sicht, UPR 2002, S. 321 ff.

Köck, Wolfgang/*Salzborn*, Nadja, Handlungsfelder zur Fortentwicklung des Umweltschutzes im raumbezogenen Fachplanungsrecht – eine Skizze, ZUR 2012, S. 203 ff.

Kodal, Kurt (Hrsg.), Straßenrecht: systematische Darstellung des Rechts der öffentlichen Straßen, Wege und Plätze in der Bundesrepublik Deutschland und in den deutschen Ländern, 7. Aufl., München 2010 (zit. *Bearbeiter*, in: Kodal (Hrsg.), Straßenrecht).

Kopp, Ferdinand O./*Ramsauer*, Ulrich, Verwaltungsverfahrensgesetz: Kommentar, 17. Aufl., München 2016 (zit. *Kopp/Ramsauer*, VwVfG).

Kotulla, Michael (Hrsg.), Bundes-Immissionsschutzgesetz: Kommentar und Vorschriftensammlung, Bd. 1, 18. Lfg., Stuttgart 2014 (zit. *Bearbeiter*, in: Kotulla (Hrsg.), BImSchG, Bd. 1).

Kotulla, Michael (Hrsg.), Bundes-Immissionsschutzgesetz: Kommentar und Vorschriftensammlung, Bd. 2, 18. Lfg., Stuttgart 2014 (zit. *Bearbeiter*, in: Kotulla (Hrsg.), BImSchG, Bd. 2).

Kotulla, Michael, Wasserhaushaltsgesetz: Kommentar, 2. Aufl., Stuttgart 2011 (zit. *Kotulla*, WHG).

Kotulla, Michael, Wasserhaushaltsgetz zwischen Hochwasserschutz, strategischer Umweltprüfung und Föderalismusreform, Stuttgart 2007.

Kotulla, Michael, Umweltrecht: Grundstrukturen und Fälle, 6. Aufl., Stuttgart 2014.

Kotulla, Michael, Umweltschutzgesetzgebungskompetenzen und Föderalismusreform, NVwZ 2007, S. 489 ff.

Kotulla, Michael, Verfassungsrechtliche Aspekte im Zusammenhang mit der Einführung eines Umweltgrundrechtes in das Grundgesetz, KJ 2000, S. 22 ff.

Kramer, Urs, Allgemeines Eisenbahngesetz: Kommentar, 1. Aufl., Baden-Baden 2012 (zit. *Kramer*, AEG).

Krautzberger, Michael/*Rengelung*, Hans-Werner/*Saerbeck*, Klaus (Hrsg.), Festschrift für Bernhard Stüer zum 65. Geburtstag, München 2013 (zit. *Bearbeiter*, in: Krautzberger u. a. (Hrsg.), FS für Stüer).

Kügel, J. Wilfried, Der Planfeststellungsbeschluß und seine Anfechtbarkeit: Zugleich ein Beitrag zur Auslegung der §§ 74, 75 VwVfG, Berlin 1985.

Kühling, Jürgen/*Herrmann*, Nikolaus, Fachplanungsrecht, 2. Aufl., Düsseldorf 2000.

Kümper, Boas, Flächennutzungsplan, Raumordnungsplan und Fachplan – Vertikale Anpassungs- und horizontale Koordinierungserfordernisse, ZfBR 2012, S. 631 ff.

Kupfer, Dominik/ *Wurster*, Hansjörg, Das Fachplanungsrecht in der neueren Rechtsprechung des Bundesverwaltungsgerichts – Teil 2, Verw 40, S. 239 ff.

Landmann, Robert von/*Rohmer*, Gustav (Hrsg.), Umweltrecht: Kommentar, Bd. III, 74 Lfg., München 2015 (zit. *Bearbeiter*, in: Landmann/Rohmer (Hrsg.), Umweltrecht, Bd. III).

Laubinger, Hans-Werner, Der Umfang der Konzentrationswirkung der Planfeststellung, VerwArch 77 (1986), S. 77 ff.

Lenz, Carl Otto/*Borchardt*, Klaus-Dieter (Hrsg.), EU-Verträge Kommentar: EUV, AEUV, GRCh, 6. Aufl., Köln 2013 (zit. *Bearbeiter*, in: Lenz/Borchardt (Hrsg.), EU-Verträge: Name des Vertrags (EUV, AEUV, GRCh)).

Lewin, Daniel, Gestufte Planung von Bundesverkehrswegen: die Entscheidungen im Vorfeld der Planfeststellung, Baden-Baden 2003.

Lichtenauer, Gabriele, Landesrechtliche Umsetzung der Bauproduktenrichtlinie, BBauBl 1994, S. 898 ff.

Lisken, Hans/*Denninger* Erhard (Hrsg.), Handbuch des Polizeirechts: Gefahrenabwehr, Strafverfolgung, Rechtsschutz, 5. Aufl., München 2012 (zit. *Bearbeiter*, in: Lisken/Denninger (Hrsg.), Handbuch des Polizeirechts).

Marschall, Ernst A./*Schroeter*, Hans Wolfgang/*Kastner*, Fritz, Bundesfernstraßengesetz: Kommentar, 6. Aufl., Köln 2012 (zit. *Bearbeiter*, in: Marschall/Schroeter/Kastner, FStrG).

Maunz, Theodor/*Dürig*, Günter/*Herzog*, Roman (Hrsg.), Grundgesetz: Kommentar, München 2013 (zit. *Bearbeiter*, in: Maunz/Dürig, GG).

Maurer, Hartmut, Allgemeines Verwaltungsrecht, 18. Aufl., München 2011.

Mensen, Heinrich, Planung, Anlage und Betrieb von Flugplätzen, 2. Aufl., Berlin/Heidelberg 2013.

Meßerschmidt, Klaus, Europäisches Umweltrecht, München 2011.

Müller, Hermann/*Schulz*, Gerhard, Bundesfernstraßengesetz: mit Bundesfernstraßenmautgesetz – Kommentar, 2. Aufl., München 2013 (zit. *Bearbeiter*, in: Müller/Schulz, FStrG).

Müller, Walter, Umweltschutz und kommunale Bauleitplanung: d. rechtl. Bindungen d. Bauleitplanung im Umweltschutz nach d. Bundesbaugesetz sowie d. Raum- u. Fachplanungsgesetzen, Düsseldorf 1975.

Murswiek, Dietrich, Staatsziel Umweltschutz (Art 20a GG): Bedeutung für Rechtsetzung und Rechtsanwendung, NVwZ 1996, S. 222 ff.

Nutz, Manfred, Stadtentwicklung in Umbruchsituationen: Wiederaufbau und Wiedervereinigung als Stressfaktoren der Entwicklung ostdeutscher Mittelstädte ; ein Raum-Zeit-Vergleich mit Westdeutschland, Stuttgart 1998.

Obermayer, Klaus/*Funke-Kaiser*, Michael, Verwaltungsverfahrensgesetz: Kommentar, 4 Aufl., Köln 2014 (zit. *Bearbeiter*, in: Obermayer/Funke-Kaiser, VwVfG).

Ortloff, Karsten-Michael, Die Entwicklung des Bauordnungsrechts, NVwZ 2006, S. 999 ff.

Ossenbühl, Fritz, Abwägung im Verfassungsrecht, DVBl 1995, S. 904 ff.

Otto, Christian-W, Das Infrastrukturplanungsbeschleunigungsgesetz – Was ändert sich im Fachplanungsrecht?, NVwZ 2007, S. 379 ff.

Paßlick, Hermann, Die Ziele der Raumordnung und Landesplanung: Rechtsfragen von Begriff, Wirksamkeit insbesondere im Aussenbereich gemäss Paragraph 35 Abs. 1 BBauG u. Darstellungsprivileg, Münster 1986.

Peine, Franz-Joseph, Allgemeines Verwaltungsrecht, 11. Aufl., Heidelberg 2014.

Peine, Franz-Joseph, Öffentliches Baurecht: Grundzüge des Bauplanungs- und Bauordnungsrechts unter Berücksichtigung des Raumordnungs- und des Fachplanungsrechts, 4. Aufl., Tübingen 2003.

Peters, Heinz-Joachim, Umweltrecht, 4. Aufl., Stuttgart 2010.

Prelle, Rebecca, Die Umsetzung der UVP-Richtlinie in nationales Recht und ihre Koordination mit dem allgemeinen Verwaltungsrecht: eine vergleichende Betrachtung der verwaltungsgerichtlichen Kontrolle der UVP-Anwendung in Deutschland und Frankreich, Berlin 2001.

Prütting, Hanns/ *Wegen*, Gerhard/ *Weinreich*, Gerd, BGB: Kommentar, 9. Aufl., Köln 2014 (zit. *Bearbeiter*, in: Prütting/Wegen/Weinreich (Hrsg.), BGB).

Quaas, Michael, Zur Betriebspflicht des Flughafenunternehmers von Regionalflughäfen, ZLW 2003, S, 175 ff.

Ramsauer, Ulrich, Umweltprobleme in der Flughafenplanung – Verfahrensrechtliche Fragen, NVwZ 2004, S. 1041 ff.

Ramsauer, Ulrich/*Bieback*, Karin, Planfeststellung von privatnützigen Vorhaben, NVwZ 2002, S. 277 ff.

Reinhardt, Rüdiger/*Schäfer*, Barbara, Bundeswasserstraßengesetz – Kommentar, 2. Aufl., Baden-Baden 2014 (zit. *Reinhardt/Schäfer*, WaStrG).

Rengeling Hans-Werner (Hrsg.), Handbuch zum europäischen und deutschen Umweltrecht (EUDUR), Bd. I (Allgemeines Umweltrecht), 2. Aufl., Köln u.a. 2003 (zit. *Bearbeiter*, in: Rengeling (Hrsg.), EUDUR, Bd. I).

Rengeling Hans-Werner (Hrsg.), Handbuch zum europäischen und deutschen Umweltrecht (EUDUR), Bd. II (Besonders Umweltrecht), 2. Aufl., Köln u. a. 2003 (zit. *Bearbeiter*, in: Rengeling (Hrsg.), EUDUR, Bd. II).

Rengeling, Hans-Werner (Hrsg.), Beschleunigung von Planungs- und Genehmigungsverfahren – Deregulierung: aktuelle Entwicklungen der Rechtsetzung in Deutschland und in der Europäischen Union – Vierte Osnabrücker Gespräche zum Deutschen und Europäischen Umweltrecht am 19. – 21. Juni 1996, Köln 1997 (zit. *Bearbeiter*, in: Rengeling (Hrsg.), Beschleunigung von Planungs- und Genehmigungsverfahren – Deregulierung).

Roellecke Gerd, Ein Rechtsbegriff der Planung, DÖV 1994, S. 1024 ff.

Ronellenfitsch, Michael, Die Planfeststellung, VerwArch 80 (1989), S. 92 ff.

Ronellenfitsch, Michael, Einführung in das Planungsrecht, Darmstadt 1986.

Ronellenfitsch, Michael, Privatisierung und Regulierung des Eisenbahnwesens, DÖV 1996, S. 1028 ff.

Ronellenfitsch, Michael, Rechtsfolgen fehlerhafter Planung, NVwZ 1999, S. 583 ff.

Scheidler, Alfred, Umweltverträglichkeitsprüfung und strategische Umweltprüfung, DVP 2010, S. 367 ff.

Scheidler, Alfred, Vorgaben zur Umweltplanung im Raumordnungsgesetz 2009, NVwZ 2010, S. 19 ff.

Schink, Alexander, Die Umweltverträglichkeitsprüfung – eine Bilanz, NuR 1998, S. 173 ff.

Schink, Alexander, Umweltprüfung für Pläne und Programme – Verfahrensanforderungen, NuR 2005, S. 143 ff.

Schink, Alexander, Verhältnis der Planfeststellung zur Raumordnung, DÖV 2011, S. 905 ff.

Schlacke, Sabine (Hrsg.), Gemeinschaftskommentar zum Bundesnaturschutzgesetz, Köln 2012 (zit. *Bearbeiter*, in: Schlacke (Hrsg.), GK-BNatSchG).

Schlarmann, Hans/*Krappel*, Thomas, Die Wirksamkeitsakzessorietät niederstufiger Planungen im System der räumlichen Gesamtplanung – zur Wirksamkeit von Bauleitplänen bei Fehlen oder Unwirksamkeit von Raumordnungsplänen unter besonderer Berücksichtigung der Stadtstaatenklausel des Raumordnungsgesetzes (§ 8 Abs. 1 ROG), NordÖR 2009, S. 143 ff.

Schliesky, Utz, Öffentliches Wirtschaftsrecht, 4. Aufl., Heidelberg 2014.

Schliesky, Utz/*Ernst*, Christian/*Schulz*, Sönke E. (Hrsg.), Die Freiheit des Menschen in Kommune, Staat und Europa: Festschrift für Edzard Schmidt-Jortzig, Heidelberg 2011 (zit. *Bearbeiter*, in: Schliesky u. a. (Hrsg.), Die Freiheit des Menschen in Kommune-FS für Schmidt-Jortzig).

Schmidt-Aßmann, Eberhard, Das allgemeine Verwaltungsrecht als Ordnungsidee: Grundlagen und Aufgaben der verwaltungsrechtlichen Systembildung, Berlin, Heidelberg 2006.

Schmidt-Aßmann, Eberhard, Formen der Enteignung (Art 14 III GG), JuS 1986, S. 833 ff.

Schmidt-Aßmann, Eberhard, Fortentwicklung des Rechts im Grenzbereich zwischen Raumordnung und Städtebau, Bonn- Bad Godesberg 1977.

Schmidt-Aßmann, Eberhard, Struktur und Gestaltungselemente eines Umweltplanungsrechts, DÖV 1990, S. 169 ff.

Schmidt-Eichstaedt, Gerd, Städtebaurecht, 4. Aufl., Stuttgart 2005.

Schoch, Friedrich (Hrsg.), Besonderes Verwaltungsrecht, 15. Aufl., Berlin 2013 (zit. *Bearbeiter*, in: Schoch (Hrsg.), Besonderes Verwaltungsrecht).

Schönenbroicher, Klaus, Irritationen um „Stuttgart 21“ – Aktuelle Anmerkungen zu Verfahren und Bürgerbeteiligung bei raumbedeutsamen Großvorhaben -, VBlBW 2010, S. 466 ff.

Schulte, Hans, Raumplanung und Genehmigung bei der Bodenschätzegewinnung, München 1996.

Schulte, Hans, Ziele der Raumordnung, NVwZ 1999, S. 942 ff.

Schulze-Fielitz, Helmuth, Der Straßenverkehrslärm und das Umweltrecht, ZUR 2002, S. 190 ff.

Schulze-Fielitz, Helmuth, Lärmschutz bei der Planung von Verkehrsvorhaben, DÖV 2001, S. 181 ff.

Schulze-Fielitz, Helmuth, Umweltschutz im Föderalimus – Europa, Bund und Länder, NVwZ 2007, S. 249 ff.

Schwenk, Walter/*Giemulla*, Elmar, Handbuch des Luftverkehrsrechts, 4. Aufl., Köln 2013.

Sodan Helge/*Ziekow*, Jan, Grundkurs Öffentliches Recht: Staats- und Verwaltungsrecht, 5. Aufl., München 2012.

Spannowsky, Willy, Grenzen landes- und regionalplanerischer Festlegungen gegenüber Verkehrswegeplanungen des Bundes, UPR 2000, S. 418 ff.

Spannowsky, Willy/*Runkel*, Peter/*Goppel*, Konrad, Raumordnungsgesetz – Kommentar, 1. Aufl., München 2010 (zit. *Bearbeiter*, in: Spannowsky/Runkel/Goppel, ROG).

Sparwasser, Reinhard/*Engel*, Rüdiger/*Voßkuhle*, Andreas, Umweltrecht: Grundzüge des öffentlichen Umweltschutzrechts, 5. Aufl., Heidelberg 2003.

Sproll, Hans-Dieter, Staatshaftungsrecht, JuS 1995, S. 1080 ff.

Steinberg, Rudolf, Landesplanerische Standortplanung und Planfeststellung – unter besonderer Berücksichtigung der Planung von Verkehrsflughäfen, DVBl 2010, S. 137 ff.

Steinberg, Rudolf/*Lubberger*, Andreas, Aufopferung – Enteignung und Staatshaftung, Baden-Baden 1991.

Steinberg, Rudolf/*Wickel*, Martin/*Müller*, Henrik, Fachplanung, 4. Aufl., Baden-Baden 2012.

Steiner, Udo (Hrsg.), Besonderes Verwaltungsrecht, 8. Aufl., Heidelberg 2006 (zit. *Bearbeiter*, in: Steiner (Hrsg.), Besonderes Verwaltungsrecht).

Stelkens, Paul/*Bonk*, Heinz Joachim/*Sachs*, Michael, Verwaltungsverfahrensgesetz: Kommentar, 8. Aufl., München 2014 (zit. *Bearbeiter*, in: Stelkens/Bonk/Sachs, VwVfG).

Stern, Klaus, Das Staatsrecht der Bundesrepublik Deutschland, Bd. II: Staatsorgane, Staatsfunktionen, Finanz- und Haushaltsverfassung, Notstandsverfassung, München 1980.

Stern, Klaus, Das Staatsrecht der Bundesrepublik Deutschland, Bd. IV/1: Der Schutz und die freiheitliche Entfaltung des Individuums, München 2006 (zit. *Bearbeiter*, in: Stern, Das Staatsrecht der Bundesrepublik Deutschland, Bd. IV/1).

Storost, Ulrich, Rechtsprechung zum Verkehrswegeplanungsrecht, DVBl. 2012, S. 457 ff.

Stüer, Bernhard, Bauleitplanung und Fachplanung, UPR 1998, S. 408 ff.

Stüer, Bernhard, Bauleitplanung: Rechtsprechungsbericht 2010, DVBl 2011, S. 381 ff.

Stüer, Bernhard, Fachplanungsrecht: Grundlagen – Straßenplanung –Rechtsprechungsbericht 2005–2010 –, DVBl 2010, S. 1145 ff.

Stüer, Bernhard, Handbuch des Bau- und Fachplanungsrechts: Planung, Genehmigung, Rechtsschutz, 5. Aufl., München 2015.

Stüer, Bernhard, Straßenplanung und Gesamtplanung, DVBl 1998, S. 224 ff.

Stüer, Bernhard/*Hönig*, Dietmar, Raumordnung und Fachplanung im Widerstreit, UPR 2002, S. 333 ff.

Terwiesche, Michael (Hrsg.), Verwaltungsrecht, 2. Aufl., Köln 2012 (zit. *Bearbeiter*, in: Terwiesche (Hrsg.), Verwaltungsrecht).

Tomerius, Stephan, Der „National Environmental Policy Act" der USA – Impulse US-amerikanischer Umweltpolitik für das deutsche Umweltrecht?, ZvglRWiss 1992, S. 423 ff.

Uechtritz, Michael, Der rechtliche Regelungsrahmen für die Bewältigung von Verkehrslärm in der Bauleitplanung, DVBl. 1999, S. 198 ff.

Ule, Carl Hermann/*Laubinger*, Hans-Werner, Verwaltungsverfahrensrecht: ein Lehrbuch für Studium und Praxis, 4 Aufl., Köln 1995.

v. Danwitz, Thomas, Aarhus-Konvention: Umweltinformation, Öffentlichkeitsbeteiligung, Zugang zu den Gerichten, NVwZ 2004, S. 272 ff.

Versteyl, Ludger-Anselm/*Sondermann*, Wolf Dieter, Bundes-Bodenschutzgesetz: Kommentar, 2. Aufl., München 2005 (zit. *Bearbeiter*, in: Versteyl/Sondermann (Hrsg.), BBodSchG).

Wagner, Jörg, Die Harmonisierung der Raumordnungsklauseln in den Gesetzen der Fachplanung, DVBl 1990, S. 1024 ff.

Wahl, Raine, Rechtsfragen der Landesplanung und Landesentwicklung, Ertster Band: Das Planungssystem der Landesplanung, Grundlagen und Grundlinien, Berlin 1978 (zit. *Wahl*, Rechtsfragen der Landesplanung und Landesentwicklung, Band I).

Wahl, Raine, Rechtsfragen der Landesplanung und Landesentwicklung, Zweiter Band: Die Konzepte zur Siedlungsstruktur in den Planungssystemen der Laender , Berlin 1978 (zit. *Wahl*, Rechtsfragen der Landesplanung und Landesentwicklung, Band II).

Wahl, Rainer, Entwicklung des Fachplanungsrechts, NVwZ 1990, S. 426 ff.

Wahl, Rainer/*Hönig*, Dietmar, Entwicklung des Fachplanungsrechts, NVwZ 2006, S. 161 ff.

Wissenschaftler Beirat beim Bundesminister für Verkehr, Bau und Stadtentwicklung, Handlungsbedarf für Planung und Nutzung der Flughafeninfrastruktur in Deutschland, ZfV 2011, S. 91 ff.

Wolf, Rainer, Artenschutz und Infrastrukturplanung, ZUR 2006, S. 505 ff.

Wulfhorst, Reinhard, Der Bundesverkehrswegeplan und die Beteiligung der Öffentlichkeit, DVBl 2012, S. 466 ff.

Würtenberger, Thomas, Staatsrechtliche Probleme politischer Planung, Berlin 1979.

Zilch, Konrad/*Diederichs*, Claus Jürgen/*Katzenbach*, Rolf/*Beckmann*, Klaus J., Handbuch für Bauingenieure: Technik, Organisation und Wirtschaftlichkeit, Berlin/ Heidelberg 2012 (zit. *Zilch* u. a., Handbuch für Bauingenieure).

Zweigert, Konrad/*Kötz*, Hein, Einführung in die Rechtsvergleichung auf dem Gebiete des Privatrechts, 3. Aufl., Tübingen 1996.

2. Koreanische Literaturen

Bae, Yeong-Kil, The Legislation System on Land Use Planning of Korea, Public Land Law Review Vol. 50, Korea Public Land Law Association, Seoul 08/2010, S. 1 ff.

Cha, Hyun-Sook, Evaluation of legislation for land-related laws – The preliminary plan for legislative evaluation to ensure the rationality of land-related laws -, Public Land Law Review Vol. 52, Korea Public Land Law Association, Seoul 11/2011, S. 93 ff.

Chae, Woo-Suk, A Legal Study on the Regulation of Noise and Vibration, Environmental Law Review Vol. 27 Nr. 2, Korean Environmental Law Association, Seoul 09/2005, S. 349 ff.

Cheong,Woo-Hyung, Stadtplanung und Umweltrecht, Seoul 2013.

Chung, Nam-Chul, A Study on the Contents and Legal Problems of Korean Land Use Regulation Basic Act, Public Law Vol. 34 Nr. 4–2, Korea Public Law Association, Seoul 06/2006, S. 417 ff.

Das Ministerium für Bau und Verkehr (*der Republik Korea*), Kommentar zum KStrG, Sejong 2015.

Das Ministerium für Bau und Verkehr (*der Republik Korea*), Kommentar zum KRPG, Sejong 2014.

Das Umweltministerium (*der Republik Korea*), Staatliche Umweltgesamtplanung (2006 – 2015), Sejong 2005.

Das Umweltministerium (*der Republik Korea*), Umweltweißbuch 2014, Sejong 2014.

Hahm, Tae-Seong, Das gesetzliche System des Naturschutzes in Südkorea und seine zukünftige Entwicklung, Environmental Law Review Vol. 28 Nr. 2, Korean Environmental Law Association, Seoul 08/2006, S. 9 ff.

Hong, Joon-Hyung, Umweltrecht, Seoul 2013.

Hong, Joon-Hyung, Zur Einführung eines Planfeststellungsverfahrens ins koreanisches Verwaltungsverfahrensgesetz, Land Expropriation Compensation Law Review Vol. 14, Korean Association of Land Expropriation Compensation Law, Seoul 02/2014, S. 139 ff.

Hong, Jung-Sun, Verwaltungsrecht, 13. Aufl., Seoul 2014.

Hong, Seong-Bang, Umweltgrundrecht, Environmental Law Review Vol. 22, Korean Environmental Law Association, Seoul 12/2000, S. 473 ff.

Jeong, Kuk-Won, Das Umweltrecht im Verfassungsrechtssystem, Constitutional Law Bd. 15 Heft. 2, Korean Constitutional Law Association, Seoul 06/2009, S. 399 ff.

Jung, Byung-Gil, A Note on the Problems and Alternative Improvement of Environmental Impact Assessment in Korea, Public Law Journal Vol. 10 Nr. 2, Korea Comparative Public Law Association, Busan 05/2009, S. 327 ff.

Jung, Hye-Young, Umweltstaat und Eigentumsgrundrecht – in Hinsicht auf Umweltschutz durch Eigentümer -, Public Law Journal Vol. 14 Nr. 1, Korea Comparative Public Law Association, Busan 02/2013, S. 275 ff.

Jung, Tae Yong, Modification of Legislation on National Land Planning, Public Law Vol. 37 Nr. 1, Korea Public Law Association, Seoul 10/2008, S. 263 ff.

Kang, Hyun-Ho, Untersuchung über die Umstrukturierung der Verwaltungsorganisation in Bezug auf Entwicklung und Umweltschutz, Public Land Law Review Vol. 35, Korea Public Land Law Association, Seoul 02/2007, S. 138 ff.

Kay, Hee-Yol, Verfassungsrecht II, 2. Aufl., Seoul 2007.

Kim, Choon-Hwan, The Legal Problems on Regulation of the Noise-Vibration Pollution, Environmental Law Review Vol. 27 Nr. 1, Korean Environmental Law Association, Seoul 06/2005, S. 73 ff.

Kim, Chul-Yong, Verwaltungsrecht, Seoul 2012.

Kim, Hae-Ryoung, Überlegung zum Rechtssystem der Landesplanung und deren Verbesserung, Public Land Law Review Vol. 60, Korea Public Land Law Association, Seoul 02/2013, S. 1 ff.

Kim, Hee-Gon, A Study on the National Land Planning Acts, Public Land Law Review Vol. 52, Korea Public Land Law Association, Seoul 02/2011, S. 23 ff.

Kim, Hyun-Joon, Environmental Protection by Means of Construction Planning Law, Environmental Law Review Vol. 22, Korean Environmental Law Association, Seoul 12/2000, S. 513 ff.

Kim, Hyun-Joon, Ökologisierung des Raumplanungsrechts, Public Land Law Review Vol. 13, Korea Public Land Law Association, Seoul 11/2001, S. 303 ff.

Kim, Hyun-Joon, Strategische Umweltprüfung und Raumplanungsrecht, Public Land Law Review Vol. 46, Korea Public Land Law Association, Seoul 11/2009, S. 1 ff.

Kim, Jong-Bo, Städtebaurecht, Seoul 1999.

Kim, Jong-Bo, The planning approval procedures, Administrative Law Review Vol. 5, Korean Administrative Law Association, 09/2013, S. 145 ff.

Kim, Jong-Bo/*Kim*, Bae-Won, The constitutional meaning of environmental rights and its realization, Pusan Law Review Vol. 53 Nr. 1, Institute of Law Studies Pusan National University, Busan 02/2012.

Kim, Nam-Cheol, Das raumbedeutsame Planungssystem und seine rechtliche Fragestellung der neuen Planungsgesetze, Public Law Vol. 30 Nr. 4, Korea Public Law Association, Seoul 06/2002, S. 455 ff.

Kim, Nam-Cheol, Die rechtlichen Aufgaben für umweltfreundliche städtebauliche Entwicklung, Public Land Law Review Vol. 30, Korea Public Land Law Association, Seoul 03/2006, S. 1 ff.

Kim, Nam-Cheol, Die Studie zur Rechtsnatur der Baugenehmigung, Public Law Journal Vol. 5 Nr. 2, Korea Comparative Public Law Association, Busan 05/2004, S. 413 ff.

Koh, Moon-Hyun, An Integrated Environmental Law for Sustainable Development: Focusing on French Integrated Environmental Law and German Integrated Environmental Draft Bill, Public Law Journal Vol. 13 Nr. 1, Korea Comparative Public Law Association, Busan 02/2012, S. 463 ff.

Koh, Moon-Hyun, Development of Korean Environmental Law and Its Desirable Amendment Direction, Public Law Journal Vol. 9 Nr. 3, Korea Comparative Public Law Association, Busan 08/2008, S. 555 ff.

Koh, Moon-Hyun, The Desirable Provision of Environmental Constitution, Environmental Law Review Vol. 26 Nr. 3, Korean Environmental Law Association, Seoul 08/2004, S. 1 ff.

Korea Legislation Research Institute (Hrsg.), Einführung in das koreanische Recht, Heidelberg 2010 (zit. *Bearbeiter*, in: KLRI (Hrsg.), Einführung in das koreanische Recht).

Kwon, Young-Sung, Verfassungsrecht, Seoul 2001.

Lee, Dong-Chang, Zoning as a means of land use regulation, Law Review Vol. 29, Korea Law Association, Iksan 02/2008, S. 55 ff.

Park, Jae-Yoon, Staatsverantwortung für die Bahnindustrie, Administrative Law Review Vol. 7, Korea Administrative Law Association, Seoul 10/2014, S. 31 ff.

Park, Kyun-Sung/*Hahm*, Tae-Seong, Umweltrecht, 4. Aufl., Seoul 2010.

Yoon, Ji-Eun, The legal system of road construction, Administrative Law Journal Vol. 24, Korea Administrative Law and Practice Association, Seoul 08/2009, S. 159 ff.

Anhang

1. Constitution of the Republic of Korea (KV)

Art. 10
All citizens shall be assured of human worth and dignity and have the right to pursue happiness. It shall be the duty of the State to confirm and guarantee the fundamental and inviolable human rights of individuals.

Art. 23
(1) The right of property of all citizens shall be guaranteed. The contents and limitations thereof shall be determined by Act.
(2) The exercise of property rights shall conform to the public welfare.
(3) Expropriation, use or restriction of private property from public necessity and compensation therefor shall be governed by Act: Provided, that in such a case, just compensation shall be paid.

Art. 35
(1) All citizens shall have the right to a healthy and pleasant environment. The State and all citizens shall endeavor to protect the environment.
(2) The substance of the environmental right shall be determined by Act.
(3) The State shall endeavor to ensure comfortable housing for all citizens through housing development policies and the like.

Art. 111
(1) The Constitutional Court shall have jurisdiction over the following matters:
1. The constitutionality of a law upon the request of the courts;
2. Impeachment;
3. Dissolution of a political party;
4. Competence disputes between State agencies, between State agencies and local governments, and between local governments;
5. Constitutional complaint as prescribed by Act.

Art. 117
(1) Local governments shall deal with administrative matters pertaining to the welfare of local residents, manage properties, and may enact provisions relating to local autonomy, within the limit of Acts and subordinate statutes.

Art. 120
(1) Licenses to exploit, develop or utilize minerals and all other important underground resources, marine resources, water power, and natural powers available for economic use may be granted for a period of time under the conditions as prescribed by Act.

(2) The land and natural resources shall be protected by the State, and the State shall establish a plan necessary for their balanced development and utilization.

Art. 122
The State may impose, under the conditions as prescribed by Act, restrictions or obligations necessary for the efficient and balanced utilization, development and preservation of the land of the nation that is the basis for the productive activities and daily lives of all citizens.

2. Constitutional Court Act (KVerfGG)

Article 68 (Grounds for Request)
(1) Any person whose fundamental rights guaranteed by the Constitution is infringed due to exercise or non-exercise of the public power, excluding judgment of the court, may request the Constitutional Court an adjudication on constitutional complaint: Provided, That if any procedure of remedies is available by other laws, he/she may request it after having taken all such procedures.
(2) If a request made for adjudication on constitutionality of a law under Article 41 (1) is rejected, the person who has proposed a motion may request an adjudication on constitutional complaint to the Constitutional Court. In this case, the party shall not request again an adjudication on constitutionality of a law, for the same reason in the procedure of the case concerned.

3. Administrative Litigation Act (KVwPG)

Article 3 (Classification of Administrative Litigations)
Administrative litigations shall be classified into the following four categories:
1. Appeal litigation: It means a litigation instituted against a disposition, etc. or an omission by an administrative agency;
2. Party litigation: It means a litigation concerning legal relation cause of which is a disposition, etc. by an administrative agency, and a litigation for legal relations in public law, in which one of the parties in the legal relationship is a defendant;
3. Public litigation: It means a litigation instituted by a person without his own legal interests to seek the correction of illegal acts by the State or a organs of public entities; and
4. Agency litigation: It means a litigation instituted when disputes arise over the existence or non-existence and exercise of power between agencies of the State or organs of public entities, except for a litigation instituted against matters of which the Constitutional Court is in charge under Article 2 of the Constitutional Court Act.

Article 12 (Standing to Sue)
The revocation litigation may be instituted by a person having legal interests to seek the revocation of a disposition, etc. The same shall also apply to a person with legal interests to be restored by the revocation of a disposition even after the effect

of such a disposition, etc. is extinguished by the lapse of period, the execution of disposition, etc. and other causes.

Article 36 (Standing to Sue for Litigation for Affirmation of Illegality of Omission)
A litigation for the affirmation of illegality of an omission may be instituted only by a person who has made a request for a disposition, and has legal interests to seek the affirmation of illegality of the omission.

4. Framework Act on the National Land (KROG)

Article 1 (Purpose)
The purpose of this Act is to contribute to the sound development of the national land and the improvement of the national welfare by providing for fundamental matters concerning the formulation and implementation of plans for and policies on the national land.

Article 2 (Basic Ideas for Management of National Land)
Since the national land is the basis for all nationals' living and also the national assets to be handed down to our posterity, any plans and policies for the national land shall be formulated and executed so as to ensure the sustainable development of the national land by keeping its well-balanced developments, elevating the national competitiveness, and improving the quality of life of the nation, on the basis of a harmony between development and the environment.

Article 3 (Balanced Development of National Land)
(1) The State and local governments shall create such conditions of national land as to make all nationals capable of enjoying a stable and convenient life, by ensuring that each area can be developed with its originality in pursuance of its peculiarity and equip itself with the self-reliant competitiveness.
(2) The State and local governments shall create the basis for ensuring that the well-balanced development may be achieved between the metropolitan zone and non-metropolitan zones, between the cities and agricultural, mountainous and fishing villages, and between the big cities and small and medium cities, and that the areas with very poor living conditions may achieve some developments.
(3) The State and local governments shall contrive to achieve harmony and common prosperity among regions by facilitating exchanges and cooperation among the regions and rendering systematic support thereto.

Article 4 (Creation of Competitive Conditions of National Land)
(1) The State and local governments shall contrive to strengthen the national competitiveness and to ensure the improvement of the quality of life of the nation, by systematically expanding the infrastructure of the national land, such as roads, railroads, harbors, airports, water-supply facilities, logistics facilities, and information and communications facilities.

(2) The State and local governments shall endeavor to efficiently exploit and systematically preserve and manage national land resources, such as farmland, water resources, forest resources, food resources, mineral resources, ecological resources, and marine resources.
(3) The State and local governments shall ensure that such geographical characteristics of the national land as to link the continent with the ocean may be displayed to the maximum extent, by creating the conditions of the national land under which international exchanges may be achieved vigorously.

Article 5 (Environment-Friendly Management of National Land)
(1) The State and local governments shall take into account any impacts on the natural and living environments prior to formulating and executing plans or projects for the national land and ensure that any adverse impacts on the environments may be minimized.
(2) The State and local governments shall formulate a comprehensive plan for land utilization in order to prevent any disorderly development of the national land and to smoothly supply land required for the nationals' living and shall systematically manage any space of the national land in pursuance of the said plan.
(3) The State and local governments shall create a pleasant national land environment wherein people can live together with nature, by comprehensively managing and conserving the natural ecosystem consisting of mountains, rivers, lakes, marshes, coastal areas, and seas and by promoting comprehensive policies for restoring any damaged natural ecosystem.

Article 6 (Definition and Classification of National Land Plans)
(2) National land plans shall be classified into a comprehensive national land plan, a Do comprehensive plan, a Si/Gun comprehensive plan, a regional plan, and a sector plan, according to the following division:
1. Comprehensive national land plan: A comprehensive plan indicating a long-term direction for development of the national land, covering the entire area of the national land;
2. Do comprehensive plan: A comprehensive plan indicating a long-term direction for development of the jurisdictional area of a Do or a Special Self-Governing Province, covering the entire area of the relevant region;
3. Si/Gun comprehensive plan: A plan indicating the basic spatial structure and a long-term direction for development of the jurisdictional area of a Special Metropolitan City, a Metropolitan City, a Si, or a Gun (excluding any Gun in a Metropolitan City), covering the entire area of the relevant region, which is formulated for land utilization, traffic, environment, safety, industry, information and communications, health, welfare, culture, etc. as a part of an urban plan under the National Land Planning and Utilization Act;
4. Regional plan: A plan formulated in order to achieve the objectives of special policies in a specific region, covering the entire area thereof;

5. Sector plan: A plan indicating a long-term direction for development of a specific sector, covering the entire area of the national land.

Article 17 (Formulation of Sector Plans)
(2) Where the head of a central administrative agency intends to formulate a sector plan under paragraph (1), he/she shall reflect the contents of the comprehensive national land plan in the sector plan and ensure that his/her plan shall not be in contradiction to the comprehensive national land plan.

5. National Land Planning and Utilization Act (KRPG)

Article 1 (Purpose)
The purpose of this Act is to promote public welfare and to upgrade the quality of people's livelihood by providing for matters necessary for the formulation, implementation, etc. of plans to utilize, develop and preserve national land.

Article 2 (Definitions)
The definitions of terms used in this Act shall be as follows:
1. The term "metropolitan plan" means a plan to set long-term development directions for metropolitan planning zones designated under Article 10;
2. The term "urban or Gun plan" means a plan on spatial structures and development directions established for the jurisdictions of the Special Metropolitan City, a Metropolitan City, Special Self-governing City, Special Self-governing Province or a Si/Gun (excluding any Gun located in the jurisdictions of a Metropolitan City; hereinafter the same shall apply), which shall be divided into a basic urban or Gun plan and an urban or Gun management plan;
3. The term "basic urban or Gun plan" means comprehensive planning for setting basic spatial structures and long-term development directions for the jurisdictions of the Special Metropolitan City, a Metropolitan City, Special Self-governing City, Special Self-governing Province or a Si/Gun, which forms guidelines for formulating urban or Gun management plans;
4. The term "urban or Gun management plans" means the following plans on land utilization, traffic, environment, scenery, safety, industries, information and communications, health, welfare, security, culture, etc., which are formulated to develop, improve and preserve the Special Metropolitan City, a Metropolitan City, Special Self-governing City, Special Self-governing Province or a Si/Gun:
(a) Plans on designation or alteration of special-purpose areas or special-purpose districts;
(b) Plans on designation or alteration of development-restriction zones, urban natural park zones, urbanization-coordination zones and fishery-resource protection zones;
(c) Plans on establishment, maintenance or improvement of the infrastructure;
(d) Plans on urban development projects or maintenance projects;

(e) Plans on designation or alteration of district-unit planning zones, and district-unit plans;
5. The term "district-unit plan" means an urban or Gun management plan that is developed to rationalize the land utilization, to increase its functionality, to improve aesthetics, to secure better environment, and to manage the relevant area in a systematic and planned manner, for part of an area subject to the formulation of an urban or Gun plan;
6. The term "infrastructure" means the following facilities prescribed by Presidential Decree:
(a) Traffic facilities, such as roads, railroads, harbors, airports, and parking lots;
(b) Open facilities, such as squares, parks, and green areas;
(c) Distribution and supply facilities, such as distribution business facilities, supply facilities for tap water, electricity and gas, broadcast and communications facilities, and utility tunnels;
(d) Public, cultural and sports facilities, such as schools, playgrounds, public offices, cultural facilities, sports facilities, etc.;
(e) Disaster-prevention facilities, such as rivers, storage reservoirs, and fire-prevention facilities;
(f) Health and sanitation facilities, such as crematoria, public cemeteries, and charnel houses;
(g) Basic environmental facilities, such as sewerage systems, and waste treatment facilities;
7. The term "urban or Gun planning facilities" means facilities determined by urban or Gun management plans among infrastructure;

Article 4 (Relations, etc. of National Plans, Metropolitan City Plans and Urban or Gun Plans)
(1) An urban or Gun plan shall form the basis for plans concerning the utilization, development and preservation of land formulated pursuant to other Acts in the jurisdiction of the Special Metropolitan City, a Metropolitan City, Special Self-governing City, Special Self-governing Province or a Si/Gun.

Article 6 (Division of National Land's Use)
The national land shall be divided into the following special-purpose areas, in consideration of the actual conditions and characteristics of land utilization, the future directions of land utilization, etc.:
1. Urban areas: Areas requiring systematic development, maintenance, management, preservation, etc., as the population and industries are concentrated or such concentration is anticipated therein;
2. Control areas: Areas to be systematically controlled corresponding to the urban area in order to accommodate the population and industries of urban areas, or those requiring control corresponding to an agricultural and forest area or natural environment conservation area in order to promote the agricultural and forest industry, and to preserve the natural environment or forests;

3. Agricultural and forest areas: Areas necessary to promote the agricultural and forest industry and to preserve forests, such as agricultural promotion areas under the Farmland Act, or conserved mountainous districts under the Management of Mountainous Districts Act that do not belong to urban areas;
4. Natural environment conservation areas: Areas necessary to preserve the natural environment, water resources, coastal areas, eco-system, water supply resources and cultural heritage assets, and to protect and foster fishery resources, etc.

Article 10 (Designation of Metropolitan Planning Zones)
(1) Where it is necessary to mutually link the spatial structures and functions of two or more Special Metropolitan Cities, Metropolitan Cities, Special Self-governing Cities, Special Self-governing Provinces or Sis/Guns, to conserve the environment, and to systematically maintain metropolitan facilities, the Minister of Land, Transport and Maritime Affairs may designate all or part of the jurisdictions of two or more adjacent Special Metropolitan Cities, Metropolitan Cities, Special Self-governing Cities, Special Self-governing Provinces or Sis/Guns as a metropolitan plan zone under the following classifications, as prescribed by Presidential Decree:
1. Where a metropolitan planning zone extends over the jurisdictions of two or more Special Metropolitan Cities, Metropolitan Cities, Special Self-governing Cities or Dos or Special Self-Governing Provinces (hereinafter referred to as "Cities/Dos"): Metropolitan planning zones shall be designated by the Minister of Land, Transport and Maritime Affairs;
2. Where a metropolitan planning zone falls within the jurisdiction of a Do: Metropolitan planning zones shall be designated by the competent Do Governor.

Article 18 (Persons who Have Authority to Formulate Urban or Gun Master Plans and Areas Subject thereto)
(1) The Mayor of a Special Metropolitan City, the Mayor of a Metropolitan City, the Mayor of a Special Self-governing City, the Governor of a Special Self-governing Province or the head of a Si/Gun shall formulate an urban or Gun master plan for a district under his/her jurisdiction: Provided, That a Si/Gun prescribed by Presidential Decree may choose not to formulate an urban or Gun master plan, in consideration of its location, the size of its population, the decrease of its population, etc.
(3) Where the Mayor of a Special Metropolitan City, the Mayor of a Metropolitan City, the Mayor of a Special Self-governing City, the Governor of a Special Self-governing Province or the head of a Si/Gun intends to formulate an urban or Gun master plan by including districts under the jurisdiction of the adjacent Special Metropolitan City, Metropolitan City, Special Self-governing City, Special Self-governing Province or Si/Gun pursuant to paragraph (2), he/she shall consult in advance with the relevant Special Metropolitan City Mayor, Metropolitan City Mayor or head of the Si/Gun.

Article 19 (Details of Urban or Gun Master Plans)
(1) An urban or Gun master plan shall include policy direction-setting for the following matters:

1. Matters concerning local features and direction-setting and objectives of a plan;
2. Matters concerning spatial structure, establishment of living zones and distribution of population;
3. Matters concerning the utilization and development of land;
4. Matters concerning the supply and demand of land by each use;
5. Matters concerning the conservation and management of the environment;
6. Matters concerning infrastructure;
7. Matters concerning parks and green areas;
8. Matters concerning sceneries;
8–2. Matters concerning response to climate change and energy conservation;
8–3. Matters concerning the prevention of disasters and safety;
9. Matters concerning a phased advancement of matters provided for in subparagraphs 2 through 8, 8–2 and 8–3;
10. Other matters prescribed by Presidential Decree.

Article 20 (Basic Investigations and Public Hearings for Formulating Urban or Gun Master Plans)
Articles 13 and 14 shall apply mutatis mutandis where an urban or Gun master plan is formulated or altered. In such cases, "Minister of Land, Transport and Maritime Affairs, the Mayor/Do Governor, or the head of a Si/Gun" shall be construed as the "Mayor of a Special Metropolitan City, the Mayor of a Metropolitan City, the Mayor of a Special Self-governing City, the Governor of a Special Self-governing Province or the head of a Si/Gun", and the term "metropolitan plan" as "urban or Gun master plan".

Article 21 (Hearing Opinions of Local Council)
(1) Where the Mayor of a Special Metropolitan City, the Mayor of a Metropolitan City, the Mayor of a Special Self-governing City, the Governor of a Special Self-governing Province or the head of a Si/Gun formulates or alters an urban or Gun master plan, he/she shall hear in advance the opinions of the council of the relevant Special Metropolitan City, Metropolitan City, Special Self-governing City, Special Self-governing Province or Si/Gun.
(2) The council of a Special Metropolitan City, Metropolitan City, Special Self-governing City, Special Self-governing Province or Si/Gun under paragraph (1) shall present its opinions to the Mayor of a Special Metropolitan City, the Mayor of a Metropolitan City, the Mayor of a Special Self-governing City, the Governor of a Special Self-governing Province or the head of a Si/Gun within 30 days, except in extenuating circumstances.

Article 22 (Confirmation of Urban or Gun Master Plans of Special Metropolitan City, Metropolitan City, Special Self-Governing City, Special Self-Governing Province)
(1) Where the Mayor of a Special Metropolitan City, the Mayor of a Metropolitan City, the Mayor of a Special Self-governing City or the Governor of a Special Self-governing Province intends to formulate or alter an urban or Gun master plan, he/she shall submit it for deliberation thereon by the competent local urban planning

committee after consulting with the heads of related administrative agencies (including the Minister of Land and Transport; hereafter the same shall apply in this Article and Article 22-2).
(3) Where the Mayor of a Special Metropolitan City, the Mayor of a Metropolitan City, the Mayor of a Special Self-governing City or the Governor of a Special Self-governing Province formulates or alters an urban or Gun master plan, he/she shall forward related documents to the heads of related administrative agencies, and publicly notify the plan and make it available for public perusal, as prescribed by Presidential Decree.

Article 24 (Persons who Have Authority to Formulate Urban or Gun Management Plans)
(1) The Mayor of a Special Metropolitan City, the Mayor of a Metropolitan City, the Mayor of a Special Self-governing City, the Governor of a Special Self-governing Province or the head of a Si/Gun shall formulate an urban or Gun management plan for a district under his/her jurisdiction.

Article 29 (Persons who Have Authority to Determine Urban or Gun Management Plans)
(1) An urban or Gun management plan shall be decided by the relevant Mayor/Do Governor either ex officio or upon request from the head of the relevant Si/Gun: Provided, That an urban or Gun management plan for a large city, except Seoul Special Metropolitan City, Metropolitan Cities and Special Self-governing City, the population of which is not less than 500,000 (hereinafter referred to as "large city") under Article 175 of the Local Autonomy Act shall be directly determined by the Mayor of the city (hereinafter referred to as "Mayor of a large city").
(2) Notwithstanding the provisions of paragraph (1), the following urban or Gun management plans shall be determined by the Minister of Land, Transport and Maritime Affairs: Provided, That an urban or Gun management plan under subparagraph 4 shall be determined by the Minister for Food, Agriculture, Forestry and Fisheries:
1. An urban or Gun management plan formulated by the Minister of Land, Transport and Maritime Affairs pursuant to Article 24 (5);
2. An urban or Gun management plan concerning the designation and alteration of a development-restriction zone under Article 38;
3. An urban or Gun management plan concerning the designation and alteration of an urbanization-coordination zone under Article 39;
4. An urban or Gun management plan concerning the designation and alteration of a fishery-resource protection zone under Article 40.

Article 38 (Designation of Development-Restriction Zones)
(1) Where the Minister of Land, Transport and Maritime Affairs deems it necessary to restrict urban development in order to secure a sound living environment for urban residents by preventing disorderly urban sprawl of cities, and by conserving the natural environment around the cities, or necessary to restrict urban development on the ground of national security upon request from the Minister of National

Defense, he/she may determine any designation or alteration of development-restriction districts by an urban or Gun management plan.
(2) Matters necessary for designation or alteration of development restriction zones shall be separately prescribed by other Acts.

Article 56 (Permission for Development Activities)
(1) A person who intends to engage in any of the following activities prescribed by Presidential Decree (hereinafter referred to as "development activities") shall obtain permission from the Special Metropolitan City Mayor, the Metropolitan City Mayor, the Mayor of a Special Self-governing City, the Governor of a Special Self-governing Province or the head of a Si/Gun (hereinafter referred to as "permission for development activities"): Provided, That the same shall not apply where he/she engages in such activities in accordance with an urban or Gun planning project:
1. Construction of buildings, or erection of structures;
2. Changes in the form and quality of any land (excluding changes in the form and quality of land prescribed by Presidential Decree as cases for cultivation);
3. Extraction of earth and stone;
4. Partition of land (excluding the partition of a site on which a building is located);
5. Piling up goods within the green area, control area or natural environment conservation area for at least one month.

Article 57 (Procedures for Permission for Development Activities)
(1) A person who intends to engage in development activities shall file an application accompanied by a written plan for installing the infrastructure following the relevant development activities, and for securing sites required therefor, prevention of danger and environmental pollution, and scenery, landscape, etc., with the permitting authority for development activities.

Article 58 (Standards for Granting Permission for Development Activities)
(1) The Special Metropolitan City Mayor, the Metropolitan City Mayor, the Mayor of a Special Self-governing City, the Governor of a Special Self-governing Province or the head of a Si/Gun shall grant permission for development activities only when details of an application for permission for development activities satisfy the following requirements:
1. To satisfy the scale of development activities prescribed by Presidential Decree by taking account of the uniqueness by special-purpose area;
2. Not to be contrary to details of an urban or Gun management plan;
3. Not to hamper the implementation of an urban or Gun planning project;
4. To achieve harmony with the actual utilization condition or land utilization plan of neighboring areas, and with peripheral environments and sceneries, such as the height of buildings, gradient of land, status of trees, drainage of water, and drainage of river, lake and marsh, wetland, etc.;
5. To properly establish plans for installing infrastructure following the relevant development activities, or securing sites required therefor.

Article 61(Legal Fiction of Related Authorization, Permission, etc.)

(1) In permitting development activities, matters on which the Special Metropolitan City Mayor, the Metropolitan City Mayor, the Mayor of a Special Self-governing City, the Governor of a Special Self-governing Province or the head of a Si/Gun has consulted in advance pursuant to paragraph (3) with the heads of the related administrative agencies, concerning the following authorization, permit, approval, license, consultation, revocation, report, examination, etc. with respect to the relevant development act (hereinafter referred to as "authorization, permission, etc.") shall be deemed that the relevant authorization, permission, etc. have been obtained:

1. Permission for occupying and use of public waters under Article 8 of the Public Waters Management and Reclamation Act, and approval for or reporting on an implementation plan to occupy and use under Article 17 of the same Act, and a license for reclaiming public waters under Article 28 of the same Act, and approval for an implementation plan for reclamation of public waters under Article 38 of the same Act;

2. Deleted;

3. Authorization for a mining plan under Article 42 of the Mining Industry Act;

4. Approval for the use of agricultural infrastructure other than its original purpose under Article 23 of the Rearrangement of Agricultural and Fishing Villages Act;

5. Permission for or consultation on a diversion of farmland under Article 34 of the Farmland Act, reporting on a diversion of farmland under Article 35 of the same Act, and permission for or consultation on a temporary use of farmland for other purposes under Article 36 of the same Act;

6. Permission to implement road work under Article 34 of the Road Act, and permission to occupy and use roads under Article 38 of the same Act;

7. Permission to rebury neglected graves under Article 27 (1) of the Act on Funeral Services, etc.;

8. Permission to open private roads under Article 4 of the Private Road Act;

9. Permission to make changes, etc. in the form and quality of land under Article 14 of the Work against Land Erosion or Collapse Act, and revocation of designation of erosion control land under Article 20 of the same Act;

9-2. Approval for the establishment of a factory, etc. under Article 13 of the Industrial Cluster Development and Factory Establishment Act;

10. Permission for or reporting on the diversion of mountainous districts under Articles 14 and 15 of the Management of Mountainous Districts Act, permission for or reporting on the temporary use of mountainous districts under Article 15-2 of the same Act, permission for gathering earth and stones under Article 25 (1) of the same Act, reporting on gathering earth and sand under Article 25 (2) of the same Act, and permission for or reporting on cutting of standing timbers, etc. under Article 36 (1) and (4) of the Forest Resources Creation and Management Act;

11. Permission to execute small river work under Article 10 of the Small River Maintenance Act, and permission for occupation of small river under Article 14 of the same Act;

12. Authorization for installing private-use waterworks under Article 52 of the Water Supply and Waterworks Installation Act and the private-use industrial waterworks under Article 54 of the same Act;
13. Approval for a plan on the implementation of coast upgrade projects under Article 25 of the Coast Management Act;
14. Approval for a project plan under Article 12 of the Installation and Utilization of Sports Facilities Act;
15. Permission for, reporting or consultation on a diversion of grassland under Article 23 of the Grassland Act;
16. Examination on the publication of maps, etc. under Article 15 (3) of the Act on Land Survey, Waterway Survey and Cadastral Records;
17. Permission to perform construction work for the public sewerage system under Article 16 of the Sewerage Act and permission to occupy and use public sewerage under Article 24 of the same Act;
18. Permission for implementation of river work under Article 30 of the River Act, and permission for occupation of river under Article 33 of the same Act.)

Article 95 (Expropriation and Use of Land, etc.)
(1) An implementer of an urban or Gun planning facility project may expropriate or use any of the following goods or rights necessary for implementing an urban or Gun planning facility project:
1. Land, buildings, or any goods fixed on such land;
2. Rights, other than ownerships of land, buildings, or any goods fixed on such land.
(2) An implementer of an urban or Gun planning facility project may temporarily use the following goods or rights that are adjacent to the urban or Gun planning facilities, where deemed especially necessary to implement such project:
1. Land, buildings, or any goods fixed on such land;
2. Rights, other than ownerships of land, buildings, or any goods fixed on such land.

6. Framework Act on Environmental Policy (KUPGG)

Article 5 (Obligations of Business Operators)
Any business operator shall voluntarily take measures required for preventing any environmental pollution and environmental damage that may result from his/her business activities and shall have the obligation to participate and cooperate in environmental preservation policies of the State or local governments.

Article 6 (Rights and Duties of Citizens)
(1) All the citizens shall have the rights to live in healthy and agreeable environments.
(2) All the citizens shall cooperate in environmental preservation policies of the State and local governments.

(3) All the citizens shall endeavor to reduce any environmental pollution and environmental damage that may result from their daily lives and to preserve the national land and natural environment.

Article 7 (Principle of Liability of Persons Causing Pollution)
Any person who causes any environmental pollution or environmental damage due to his/her business or other activities shall, in principle, be liable to prevent the relevant pollution or damage and to recover and restore the polluted or damaged environment, as well as to bear expenses incurred in restoring the damage resulting from the environmental pollution or environmental damage.

Article 8 (Prior Prevention of Environmental Pollution, etc.)
(1) The State and local governments shall exert preferential efforts for a prior preventive management of pollution through an original reduction of the materials and sources for environmental pollution and devise policies to promote voluntary efforts by business operators for the prevention of environmental pollution.
(2) Business operators shall endeavor to use raw materials with less environmental pollution and to improve their production processes at the entire phases of their business activities such as production, sale, distribution and destruction of products, and to reduce the generation of pollutants at their sources and to minimize any harmful impacts arising from the use and destruction of their products on the environment by means of saving resources and promoting recycling.
(3) The State, local governments and business operators shall endeavor to minimize any harmful impacts arising from their administrative plans and development projects on the environment with the aim of preventing such administrative plans and development projects from damaging the national land and natural environment.

Article 14 (Development, etc. of Comprehensive National Environmental Plan)
(1) The Minister of Environment shall develop a comprehensive plan to preserve the environment at the national level (hereinafter referred to as "comprehensive national environmental plan"), every ten years, after consultations with the heads of relevant central administrative agencies.

Article 15 (Contents of Comprehensive National Environmental Plan)
A comprehensive national environmental plan shall include the following:
1. Matters concerning the given conditions for environmental changes, such as population, industry, economy, and utilization of land and sea;
2. Predictions of the sources of environment pollution, environmental pollution level and pollutant discharge quantity, and prospects of changes in environmental quality due to environmental pollution and environmental damage;
3. Current status of and prospects for the environment;
4. Setting the targets of environmental preservation and the phased measures and project programs on the following matters to attain such targets:
(a) Matters concerning the preservation of natural environment such as biological diversity, ecosystem and scenery;

(b) Matters concerning the preservation of soil environment and groundwater quality;
(c) Matters concerning the preservation of marine environment;
(d) Matters concerning the preservation of the national land environment;
(e) Matters concerning the preservation of air environment;
(f) Matters concerning the preservation of water-quality environment;
(g) Matters concerning the wider availability of waterworks and sewerage systems;
(h) Matters concerning the control and recycling of wastes;
(i) Matters concerning the control of toxic chemicals;
(j) Control of radioactive contaminants;
(k) Other matters concerning the management of the environment;
5. Computation of expenses required for executing projects, and methods to raise financial resources therefor;
6. Other matters incidental to those listed in subparagraphs 1 through 5.

Article 18 (Development, etc. of City/Do Environmental Preservation Plans)
(1) A Mayor/Do Governor shall develop and implement an environmental preservation plan for the relevant City/Do (hereinafter referred to as "City/Do environmental plan") according to the relevant comprehensive national environmental plan and mid-term plan, taking into consideration the regional characteristics of his/her jurisdictional area.

Article 21 (Environmental Consideration for Development Plans and Projects, etc.)
(1) Where the State or the head of a local government develops a plan for the utilization or development of land, it or he/she shall take into consideration the relevant comprehensive national environmental plan, City/Do environmental plan and Si/Gun/Gu environmental plan (hereinafter referred to as "comprehensive national environmental plan, etc.") and the environmental capacity of the relevant area.
(2) Where the head of a relevant central administrative agency, a Mayor/Do Governor or the head of a Si/Gun/Gu grants permission, etc. for any project involving the utilization or development of land, he/she shall take into consideration the relevant comprehensive national environmental plan, etc.

7. Environmental Impact Assessment Act (KUVPG)

Article 1 (Purpose)
The purpose of this Act Is to promote the pleasant and safe livelihood of nationals by making a project environmentally friendly and enabling sustainable development through advance assessment and investigation of environmental impacts from the project when making and executing the plan of operation for such project subject to the assessment of environmental impacts.

Article 9 (Projects Subject to Assessment of Strategic Environmental Impacts)
(1) Projects on which the assessment of strategic environmental impacts is to be made (hereinafter referred to as the "project subject to the assessment of strategic environmental impacts") shall be as set out in the following subparagraphs:
1. Urban development projects;
2. Preparation projects of industrial zone and industrial complexes;
3. Energy development projects;
4. Harbor construction projects;
5. Road construction projects;
6. Water resource development projects;
7. Railroad (including urban railroad) construction projects;
8. Airport construction projects;
9. River utilization and development projects;
10. Land development and public waters reclamation projects;
11. Tourist complex development projects;
12. Mountainous district development projects;
13. Specially designated regional development projects;
14. Gymnastic facility installation projects;
15. Wastes disposal facility installation projects;
16. National defense and military facility installation projects;
17. Earth, stone, sand, gravel, mineral, etc. collection projects; and
18. Installation projects of facilities prescribed by Presidential Decree as those which have environmental impacts.

Article 22 (Projects Subject to Assessment of Environmental Impacts)
(1) Projects on which the assessment of environmental impacts is to be made (hereinafter referred to as the "project subject to the assessment of environmental impacts") shall be as set out in the following subparagraphs:
1. Urban development projects;
2. Preparation projects of industrial zone and industrial complexes;
3. Energy development projects;
4. Harbor construction projects;
5. Road construction projects;
6. Water resource development projects;
7. Railroad (including urban railroad) construction projects;
8. Airport construction projects;
9. River utilization and development projects;
10. Land development and public waters reclamation projects;
11. Tourist complex development projects;
12. Mountainous district development projects;
13. Specially designated regional development projects;
14. Gymnastic facility installation projects;
15. Wastes disposal facility installation projects;
16. National defense and military facility installation projects;

17. Earth, stone, sand, gravel, mineral, etc. collection projects; and
18. Installation projects of facilities prescribed by Presidential Decree as those which have environmental impacts.

Article 27 (Request for Consultation on Assessment Reports, etc.)
(1) A project operator who is required to obtain approval, etc. shall submit an assessment report to the head of the approval agency prior to obtaining approval, etc. on a plan of operation for the project, etc.

8. Enforcement Decree of the Soil Environment Conservation Act (KBodSchG)

Article 1 (Purpose)
The purpose of this Act is to prevent potential hazard to public health and environment to be caused by soil contamination, to conserve the soil ecosystem by properly maintaining and preserving soil including purifying contaminated soil, etc., to enhance the value of the soil as a resource, and to enable all citizens of the nation to live in a healthy and comfortable environment.

Article 2 (Definitions)
The definitions of terms used in this Act shall be as follows:
1. The term "soil contamination" means contamination of soil caused by business or other human activities, damaging the health and property of people or the environment;

Article 10–3 (Strict Liability, etc. for Damages Resulting from Soil Contamination)
(1) Where any damage occurs due to the soil contamination, a person who has caused the contamination shall compensate for such damage and take measures, such as purifying the contaminated soil: Provided, That the same shall not apply to cases where the soil contamination has been caused by a natural disaster, war, or force majeure.
(2) Where at least two persons have caused the contamination, and it is impracticable to find out which one has caused the damage under paragraph (1), each one shall jointly and severally compensate for such damage and take measures, such as purifying the contaminated soil.

9. Noise and Vibration Control Act (KLESchG)

Article 1 (Purpose)
The purpose of this Act is to enable all citizens to live in a calm and tranquil environment by preventing any damage due to noise and vibration generated in factories, construction work fields, roads, railroads, etc. and by properly controlling such noise and vibration.

Article 2-3 (Formulation, etc. of Comprehensive Plan)
(1) The Minister of Environment shall formulate a comprehensive plan for controlling noise and vibration (hereinafter referred to as "comprehensive plan"), every five years, to prevent damage due to noise and vibration and appropriately control noise and vibration, after hearing opinions of each Special Metropolitan City Mayor, Metropolitan City Mayor, Special Self-Governing City Mayor, Do Governor, or Special Self-Governing Province Governor (hereinafter referred to as "Mayor/Do Governor") and consulting with the heads of relevant central administrative agencies.

Article 8 (Reporting, Permission, etc. on Installation of Emission Facilities)
(1) A person who intends to install emission facilities shall report to the competent Special Self-Governing City Mayor, Special Self-Governing Province Governor, or head of a Si/Gun/Gu (referring to an autonomous Gu; hereinafter the same shall apply) thereon, as prescribed by Presidential Decree: Provided, That in areas prescribed by Presidential Decree, such as areas adjoining to schools or general hospitals, he/she shall obtain permission from the competent Special Self-Governing City Mayor, Special Self-Governing Province Governor, or head of a Si/Gun/Gu.
(2) Where a person who has filed a report or obtained permission pursuant to paragraph (1) intends to alter important matters determined by Ordinance of the Ministry of Environment from among the reported or permitted matters, he/she shall file a report on alterations with the competent Special Self-Governing City Mayor, Special Self-Governing Province Governor, or head of a Si/Gun/Gu.
(3) Notwithstanding paragraph (1), a person who intends to install emission facilities at a factory located in an industrial complex or any such other area determined by Presidential Decree shall be excluded from those subject to reporting or permission. In such cases, a person who is excluded from those subject to reporting or permission shall be deemed an operator in applying Articles 14 through 16, 17 (excluding the revocation of permission), and 47 (1) 1.

Article 26 (Control Standards for Traffic Noise and Vibration)
Control standards for noise and vibration produced from any means of transportation (hereinafter referred to as "control standards for traffic noise and vibration") shall be determined by Ordinance of the Ministry of Environment. In such cases, the Minister of Environment shall consult in advance with the heads of the central administrative agencies concerned about necessary matters, such as the control standards for traffic noise and vibration and the enforcement period.

Article 27 (Designation of Control Areas of Traffic Noise and Vibration)
(1) The Special Metropolitan City Mayor, Metropolitan City Mayor, Special Self-Governing City Mayor, Special Self-Governing Province Governor, or head of a Si/Gun (excluding the head of a Gun within a Metropolitan City; hereafter the same shall apply in this Article) may designate any area as a traffic noise and vibration control area (hereinafter referred to as "traffic noise and vibration control area") where noise and vibration produced from any means of transportation in the area exceed or are likely to exceed the control standards for traffic noise and vibration.

(2) The Minister of Environment may request the Special Metropolitan City Mayor, Metropolitan City Mayor, Special Self-Governing City Mayor, Special Self-Governing Province Governor, or head of a Si/Gun to designate an area where he/she deems it necessary to control the traffic noise and vibration as a traffic noise and vibration control area. In such cases, the Special Metropolitan City Mayor, Metropolitan City Mayor, Special Self-Governing City Mayor, Special Self-Governing Province Governor, or head of a Si/Gun shall comply therewith, except in any extenuating circumstances.
(3) The scope of traffic noise and vibration control areas shall be determined by Ordinance of the Ministry of Environment.
(4) When the Special Metropolitan City Mayor, Metropolitan City Mayor, Special Self-Governing City Mayor, Special Self-Governing Province Governor, or head of a Si/Gun has designated a traffic noise and vibration control area, he/she shall publicly announce such fact and take necessary measures, such as installation a signpost. This shall also apply where he/she modifies it.
(5) The Special Metropolitan City Mayor, Metropolitan City Mayor, Special Self-Governing City Mayor, Special Self-Governing Province Governor, or head of a Si/Gun may cancel the designation of a traffic noise and vibration control area if noise and vibration from any means of transportation do not exceed or are not likely to exceed the control standards for traffic noise and vibration.

Article 28 (Regulation of Operation of Automobiles)
The Special Self-Governing City Mayor, Special Self-Governing Province Governor, or head of a Si/Gun/Gu may request the commissioner of a district police agency to take necessary measures under the Road Traffic Act, such as speed limit and bypassing, for persons operating automobiles (hereinafter referred to as "automobile operators") passing a traffic noise and vibration control area. In such cases, the commissioner of the district police agency shall promptly comply therewith, except in any extenuating circumstances.

Article 29 (Installation, etc. of Soundproof and Vibration-Proof Facilities)
(1) If the Special Metropolitan City Mayor, Metropolitan City Mayor, Special Self-Governing City Mayor, Special Self-Governing Province Governor, or head of a Si/Gun (excluding the head of a Gun within a Metropolitan City) deems that noise and vibration produced from driveways, expressways, and railroads in a traffic noise and vibration control area exceed the control standards for traffic noise and vibration and infringe on a calm and tranquil living environment of residents, he/she may install by himself/herself soundproof and vibration-proof facilities, or request the heads of agencies managing the facilities to take necessary measures, such as installation of soundproof and vibration-proof facilities. In such cases, the heads of the agencies managing the facilities shall comply therewith, except in any extenuating circumstances.

Article 39 (Control of Aircraft Noise)
(1) If the Minister of Environment deems that the noise of an aircraft exceeds the limits of aircraft noise prescribed by Presidential Decree, and it seriously damages a living environment around the airport, he/she may request the head of an agency concerned to install a soundproof facility, or to take any measure necessary for preventing aircraft noise.

10. Airport Noise Prevention and Areas Assistance Act (KFluglSchG)

Article 3 (Relationship with other Acts)
This Act shall apply in preference to any other Acts with respect to the prevention of airport noise and support to an area requiring countermeasures against noise.

Article 4 (Responsibility of State, Local Governments, etc.)
(1) The State, a local government and a manager of airport facilities (hereinafter referred to as "facilities manager") and an airport development project implementor (hereinafter referred to as "project implementor") shall formulate and implement measures necessary for creating a pleasant and healthy living environment for residents living in an area requiring countermeasures against noise.

Article 5 (Designation, Announcement, etc. of Areas Requiring Countermeasures against Noise)
(1) The Minister of Land, Transport and Maritime Affairs shall designate and announce an area requiring countermeasures against noise around an airport as a Class 1 area, Class 2 area or Class 3 area, as prescribed by Presidential Decree, on the basis of estimated noise effect levels in consideration of future aviation demand.

Article 8 (Formulation, etc. of Plans for Projects to Cope with Airport Noise)
(1) A facilities manager or project implementor shall formulate and implement an annual plan for projects to cope with airport noise (hereinafter referred to as "plan for projects to cope with noise") that includes the following matters in accordance with a mid-term plan:
1. A project for installing soundproof facilities and air conditioning facilities;
2. A project for subsidizing public broadcasting license fees (limited to a facilities manager);
3. A project for partially subsidizing electric charges for air conditioning facilities to schools and recipients of basic living subsidies (limited to a facilities manager);
4. A project for installing automatic noise measuring networks;
5. A project for investigating noise effect levels;
6. Compensation for relocation and purchase of land.

Article 12 (Claims for Purchase of Land)
(1) The owner of land in a Class 1 area (hereinafter referred to as "land subject to purchase") pursuant to Article 5 (1) may claim the purchase of the relevant land to a facilities manager or project implementor.

11. Clean Air Conservation Act (KLRG)

Article 1 (Purpose)
The purpose of this Act is to prevent air pollution which causes harm to people and the environment, and manage and preserve the atmospheric environment in a proper and sustainable manner, thereby to enable all people to live in the healthy and comfortable environment.

Article 11 (Formulation, etc. of Comprehensive Plans to Improve Atmospheric Environment)
(1) The Minister of Environment shall establish and implement a comprehensive plan to improve the atmospheric environment (hereinafter referred to as "comprehensive plan") every ten years in order to improve the atmospheric environment by reducing air pollutants and greenhouse gases.

12. Natural Environment Conservation Act (KNatSchG)

Article 1 (Purpose)
The purpose of this Act is to seek sustainable utilization of the natural environment and to allow people to lead a leisurely and healthy life in a comfortable natural environment by systematically conserving and managing the natural environment, such as protection of the natural environment from artificial damage, conservation of the ecosystem, natural scenery, etc.

Article 2 (Definitions)
The definition of terms used in this Act shall be as follows:
1. The term "natural environment" means the state of nature (including the ecosystem and natural scenery) which includes all living things under the ground, on the surface of the earth (excluding the ocean) and on the ground, and the inanimate things surrounding these;

Article 3 (Basic Principles of Conservation of Natural Environment)
The natural environment shall be conserved in accordance with the following basic principles:
1. The natural environment shall be conserved as a resource for all people in a way suitable for the public good, and shall be used so as to be sustained for the present and future generation;
2. Conservation of the natural environment shall be harmonious and balanced with the use of national land;

3. Natural ecology and natural scenery shall be conserved and managed so as to promote human activity, functionality of nature and ecological circulation;
4. Opportunities for all people to participate in the conservation of the natural environment and the sound use of the natural environment shall be increased;
5. Ecological equilibrium shall neither be destroyed nor depreciated when utilizing or developing the natural environment: Provided, That, where natural ecology or natural scenery is destroyed, damaged or encroached, an effort shall be made to restore and return to former condition to the utmost;
6. Burdens arising from conservation of the natural environment shall be borne fairly, and benefits obtained from the natural environment shall be preferentially enjoyed by residents of the region and by interested persons; and
7. International cooperation for conservation of the natural environment and sustainable use of the natural environment shall be promoted.

Article 4 (Duties of State, Local Government, and Enterprisers)
(1) The State and local government shall bear the responsibility of devising the following measures according to the basic principles of conservation of the natural environment pursuant to the purpose of Article 1and the provisions of Article 3, and executing them:
1. Formulation and implementation of measures for conservation of the natural environment for prevention of damage to natural environment due to development, utilization, etc. of national land, and for the sustainable use of the natural environment;
2. Formulation and implementation of a plan of utilization and development of land, and development project of land that are harmonious with the natural environment, such as natural ecology, natural scenery, etc.;
3. Formulation and implementation of measures to maintain the continuity of ecosystems, such as construction of ecological corridors;
4. Formulation and implementation of measures to restore and recover areas whose natural environment has been damaged;
5. Formulation and implementation of measures necessary for the restoration of ecosystems, such as the development of ecological restoration technology, promotion of specialized institutions for ecological restoration, etc.;
6. Promotion of measures for private organizations, enterprisers, people, etc. to take an active part in the conservation of the natural environment, and creation of appropriate conditions therefor;
7. Promotion of scientific technology for conservation of the natural environment, such as the investigation, research and development of technology, training of specialized manpower, etc.;
8. Enhancement of people's awareness of the importance of conservation of the natural environment through education and public relations; and
9. International agreements regarding conservation of the natural environment and conservation of the global environment.

(2) In performing business activities, enterprisers shall abide by matters of the following subparagraphs:
1. To consider natural ecology and natural scenery first of all;
2. To take necessary measures such as restoration, recovery, etc. in person against damage to the natural environment arising from business activities; and
3. To participate and cooperate in the measures of conservation of the natural environment, etc. of the State and local government pursuant to the provisions of paragraph (1).

Article 12 (Ecological and Scenery Conservation Area)
(1) The Minister of Environment may designate an area which needs particular conservation of natural ecology and natural scenery from among the areas falling under any of the following subparagraphs as an ecological and scenery conservation area:
1. An area where the state of nature maintains primitiveness, or which greatly merits conservation and scientific research because of its abundant biological diversity;
2. An area that needs conservation for peculiar topographic or geological features, or maintenance of its natural scenery;
3. An area that can represent diverse ecosystems or an area that is a specimen of an ecosystem; or
4. An area prescribed by the Presidential Decree from among the areas that need particular conservation because of its beautiful natural scenery, such as rivers, mountain valleys, etc.

Article 15 (Restriction of Activities in Ecological and Scenery Conservation Area)
(1) No one shall perform an act of damaging natural ecology or natural scenery, which falls under any of the following subparagraphs within any ecological and scenery conservation area: Provided, That a park district designated pursuant to the Natural Parks Act, or cultural property (including a protection district) pursuant to the Cultural Heritage Protection Act is included in the ecological and scenery conservation area, it shall be as prescribed by the Natural Parks Act or the Cultural Heritage Protection Act:
1. Capturing, gathering, transplanting, damaging, or withering to death the wild fauna and flora, or laying any explosives, hook, snare, net, trap, etc., or scattering or pouring any poison, agricultural chemical, etc. to capture or to wither to death the wild fauna and flora within the core area;
2. Constructing and enlarging (limited to the case of enlargement by two times or more of the total construction area at the time of designation of an ecological and scenery conservation area) a building and other structures (hereinafter referred to as a "building, etc."), and change of form and quality of land;
3. Changing the form of a river, lake, etc. or causing any increase or decrease of water level or water volume;
4. Gathering soil and stone;
5. Other acts prescribed by the Presidential Decree from among the acts acknowledged as harmful to the conservation of the natural environment.

(5) The Minister of Environment may restrict development projects prescribed by the Presidential Decree, or limit farming notwithstanding the provisions of paragraph (2), (3) where it is particularly necessary for the conservation of weak natural ecology and natural scenery.

Article 28 (Consultation, etc. on Impact to Natural Scenery)

(1) When the head of the relevant administrative agency or the head of the local government intends to authorize, permit, etc. the development project, etc. requiring for advance consultations about Projects on which the assessment of strategic environmental impacts pursuant to the provisions of Article 9 of the Environmental Impact Assessment Act and subject to environmental impact assessment pursuant to the provisions of Article 22 of the Environmental Impact Assessment Act from among the development projects, etc. falling under any of the following subparagraphs, he shall include details on the impact affecting the natural scenery by the relevant development projects, etc., conservation plan, etc. in the details of advance consultations about examination of environmental impact or environmental impact assessment, and consult with the Minister of Environment or head of the local environmental management office:

1. A development project, etc. in an area within the distance prescribed by the Presidential Decree from the area falling under any of the following items:

(a) A natural park pursuant to subparagraph 1 of Article 2 of the Natural Parks Act;

(b) A wetland protection area designated pursuant to Article 8 of the Wetlands Conservation Act;

(c) An ecological and scenery conservation area;

2. A development project, etc. other than under subparagraph 1 prescribed by Presidential Decree as determined to have a substantial impact on the natural environment.

(2) Where the Minister of Environment or head of the local environmental management office receives a request for consultation pursuant to the provisions of paragraph (1), the Minister of Environment shall go through the deliberation of Central Environmental Policy Committee, and the head of local environmental management office shall go through the deliberation of the Natural Scenery Deliberation Committee pursuant to Article 29 regarding impact that the development project concerned, etc. has on the natural scenery and conservation plan.

(3) When the head of local government intends to authorize, permit, etc. the development project, etc. which is not subject to advance consultation about examination of environmental impact or environmental impact assessment, or other development project, etc. laid down by the Municipal Ordinance of the local government as determined to have a substantial impact on the natural environment from among the development project, etc. of each subparagraph of paragraph (1), he/she shall abide by the examination standards regarding natural scenery as laid down by the Ordinance of the Ministry of Environment: Provided, That for cases where it is prescribed by the Presidential Decree, such as going through the deliberation of

the local urban planning committee pursuant to the provisions of Article 59 of the National Land Planning and Utilization Act, etc., this shall not apply.

Article 45 (Installation, etc. of Ecological Corridor)
(1) In executing a development project or granting authorization, permission, etc., the State or local government shall take measures, such as the installation of an ecological corridor, etc. to avoid severing the mobility of wild fauna and flora, and ecological continuity, or make this possible.

Article 46 (Cooperation Charge on Conservation of Ecosystem)
(1) For the purpose of systematic conservation of the natural environment, and management and utilization of natural resources, the Minister of Environment shall levy and collect the Cooperation Charge on the Conservation of Ecosystem from the operator of development projects which have a substantial impact on the natural environment or ecosystem, or cause a decrease in biological diversity.
(2) Projects subject to levy of the Cooperation Charge on Conservation of the Ecosystem pursuant to the provisions of paragraph (1) shall be as follows: Provided, That the projects subject to the imposition of the Cooperation Charge on the Conservation of Marine Ecosystem pursuant to Article 49 (2) of the Conservation and Management of Marine Ecosystems Act shall be excluded:
1. Projects subject to environmental impact assessment pursuant to the provisions of Article 4 of the Environmental Impact Assessment Act;
2. Opencut prospecting or mining business the scale of which is larger than that prescribed by the Presidential Decree among the mining industry pursuant to the provisions of subparagraph 2 of Article 3 of the Mining Industry Act;
3. Project subject to the advance environmental examination pursuant to the provisions of Article 25-2 of the Framework Act on Environmental Policy, whose development area is 30,000 square meters or more; and
4. Other projects prescribed by the Presidential Decree among the projects which cause substantial impact on ecosystems, or utilize natural property.
(3) The Cooperation Charge for the Ecosystem Conservation referred to in paragraph (1) shall be calculated and levied by multiplying the damaged area of an ecosystem by the amount levied per unit area and the regional coefficient within the limit of five billion won: Provided, That for projects prescribed by Presidential Decree that are executed for the purpose of national defense, the Cooperation Charge for the Ecosystem Conservation may be reduced or exempted.

13. Water Quality and Aquatic Ecosystem Conservation Act (KWQG)

Article 1 (Purpose)
The purpose of this Act is to prevent harm to citizens' health and environmental hazards due to water pollution and to appropriately manage and preserve water quality and aquatic ecosystems of public waters, including rivers, lakes and marshes,

in order to enable citizens to enjoy benefits accruing from such endeavors, and leave such benefits to future generations.

Article 3 (Responsibilities and Duties)
(1) The State and local governments shall formulate policies to prevent the contamination or degradation of water quality and aquatic ecosystems and to properly recover contaminated or degraded water quality and aquatic ecosystems in order to manage and preserve the water quality and aquatic ecosystems of public waters, such as rivers, lakes and marshes, and further ensure that all citizens could live in a healthy and pleasant environment.
(2) All citizens shall reduce the production of water pollutants in their daily lives and business activities, and pro-actively participate and cooperate in policies implemented by the State or local governments to preserve water quality and aquatic ecosystems.

Article 13 (Inclusion in National Land Planning)
Where a Mayor/Do Governor or the head of a Si/Gun formulates a Do comprehensive plan or Si/Gun comprehensive plan pursuant to the Framework Act on the National Land, he/she shall include management measures referred to in Article 22 (1), and a plan for building public sewage treatment facilities, human excreta treatment plants defined in subparagraph 10 of Article 2 of the Sewerage Act (hereinafter referred to as "human excreta treatment plant"), etc. in the relevant comprehensive plan in order to prevent pollution of public waters, as prescribed by Presidential Decree.

Article 14 (Inclusion in City/Gun Master Plans)
Where the Special Metropolitan City Mayor, a Metropolitan City Mayor, the Mayor of a Special Self-Governing City, the Governor of a Special Self-Governing Province, or the head of a Si/Gun formulates a City/Gun master plan pursuant to Article 18 of the National Land Planning and Utilization Act, he/she shall consolidate the plans for establishing public sewage treatment facilities, human excreta treatment plants, etc. included in a Do comprehensive plan referred to in Article 13 and a multi-districts development project plan formulated under Article 15 of the Balanced Regional Development and Support for Local Small and Medium Enterprises Act, and include them in the relevant City/Gun master plan.

Article 15 (Prohibition of Discharge, etc.)
(1) No person shall commit any of the following acts without just grounds:
1. Leak, discharge, or dump a specific substance harmful to water quality, designated wastes under the Wastes Control Act, a petroleum product, a fake petroleum product, petroleum substitute fuel, or crude oil (excluding petroleum gas; hereinafter referred to as "oils") defined in the Petroleum and Petroleum Substitute Fuel Business Act, a toxic substance (hereinafter referred to as "toxic substance") under the Chemicals Control Act, or a pesticide (hereinafter referred to as "pesticide") defined in the Pesticide Control Act into public waters;

2. Dump excreta, livestock excreta, animal corpses, wastes (excluding the designated wastes under the Wastes Control Act), or sludge into public waters;
3. Wash a motor vehicle in a river, lake or marsh;
4. Discharge or dump earth and sand in at least the scale prescribed by Ordinance of the Ministry of Environment into public waters.
(2) Where the conduct provided for in paragraph (1) 1, 2 or 4 has polluted or is likely to pollute public waters, the offender, a corporation to whom such offender belongs, and an employer of such offender (hereinafter referred to as "offender, etc.") shall take measures to prevent and eliminate pollution (hereinafter referred to as "prevention and elimination measures"), such as eliminating the relevant substances, as prescribed by Ordinance of the Ministry of Environment.

14. Road Act (KStrG)

Article 2 (Definitions)
The definitions of terms used in this Act are as follows:
5. The term "road management agencies" means main agent for the plan, construction and management of road;
7. The term "road works" means to construct a new road; to reconstruct, or repair an existing road;
8. The term "road maintenance and management" means the general road maintenance activities required to maintain the function of the road;

Article 3 (Obligations of State etc.)
(2) If the road management agencies establish a plan for the road, or construct, maintain a road executes any project, he/she shall consider the following:
1. In order to prevent social conflicts would be fully reflected in the opinion of such people, relationship experts, interested persons;
2. Minimize the impact on the environment;
3. Will be maintained the status of road appropriately;
4. To achieve harmony of the road is the land use capability and the surrounding area shall ensure the sustainability of the road;
5. Will do possible to preserve the local communities;
6. Will build a road traffic information systems for safe and convenient use of the road.

Article 5 (Establishment of comprehensive national road master plan)
(1) The Minister of Land and Transport shall establish a National Roads Master Plan every 10 years, for the construction and efficient management of road network.
(3) Any national roads master plan shall include the following matters:
1. Matters concerning the state of the current road networks:
2. Matters concerning the traffic demand and forecasts:
3. Matters concerning the objective determination of the road policy:

4. Matters concerning the environmentally friendly road construction and its ensuring sustainable development:
5. Matters concerning the public participation to avoid society conflict:

Article 6 (Construction and Management Establishment of a national road)
(1) The construction and management Administration for road shall establish five-year plans for roads.

Article 11 (Designation of Branch Lines)
The Minister of Land and Transport shall designate and promptly notify a branch lines of national expressways.

Article 31 (Construction, Maintenance, etc. of Roads)
(1) Road works and the maintenance thereof shall be implemented by the road management agency of such roads, except as otherwise provided in this Act or other Acts.

Article 82 (Expropriation of Land, etc.)
(1) If it is deemed necessary for implementing road works, a road management agency may expropriate or use land or buildings in road zones, objects anchored to the land or rights other than ownership of the land, buildings or objects.
(2) The Act on Acquisition of and Compensation for Land, etc. for Public Works shall apply mutatis mutandis to the expropriation or use under paragraph (1), except as otherwise provided in this Act.

15. Railroad Construction Act (KEG)

Article 4 (Construction and Change of a Nationwide Railway Network Plan)
(1) The Minister of Land and Transport shall establish a Nationwide Railway Network Plan every 10 years.

Article 5 (Contents of a Nationwide Railway Network Plan)
Any nationwide railway network plan shall include the following matters:
1. Matters concerning of the long-term railway construction plan:
2. Matters concerning of the construction of transport system connected with other transportation:
3. Matters concerning of the measure for financing resources:
4. Matters concerning the environmentally friendly railway construction:

Article 7 (Establishment of a Railroad Master Plan)
(1) The Minister of Land and Transport shall establish a railway master plan for railroad industry development.
(2) Any railway master plan shall include the following matters:
1. Matters concerning of the traffic demand and forecasts:
2. Matters concerning of the Economic feasibility:
3. Matters concerning of the sketchy plan of branch lines:

4. Matters concerning of the construction content and duration based on Project, project implementer:
5. Matters concerning of the measure for financing resources:
6. Matters concerning of the annual construction plan:
7. Matters concerning of the environment conservation:

Article 8 (Operator of Airport Development Projects)
Railroad industry development projects shall be carried out by Korea Rail Network Authority of the Korea Rail Network Authority Act.

Article 9 (Establishment, Approval, etc. of Implementation Plans)
(1) Any railroad project operator shall, when he/she formulates an implementation plan, obtain approval for such plan from the Minister of Land and Transport. The same shall also apply to cases where he/she intends to alter approved matters.
(4) When the Minister of Land and Transport has made or modified the an implementation plan under Article 9 (1), he/she shall announce it publicly, as prescribed by Presidential Decree.

Article 11 (Relation to other Acts)
(1) When the Minister of Land and Transport establishes or approves an implementation plan under Article 9 (1), approval, permission, authorization, decision, designation, license, consultation, agreement or deliberation under each of the following subparagraphs shall be deemed to have gone through:
3. Permission for the occupation and use of public water surface under Article 8 of the Public Waters Management and Reclamation Act, approval of or report on an implementation plan for occupation and use under Article 17 of the same Act, license for reclamation of public water surface under Article 28 of the same Act, consultation about or approval of reclamation carried out by the State, etc. under Article 35 of the same Act, and approval of an implementation plan for reclamation of public water surface under Article 38 of the same Act;
6. Determination of an urban management planning under Article 30 of the National Land Planning and Utilization Act (limited to the infrastructure under subparagraph 6 of Article 2 of the same Act), permission for the development acts under Article 56 of the same Act, designation of the implementor of urban planning facility project under Article 86 of the same Act, and authorization of the implementation plan under Article 88 of the same Act;
8. Permission for, or consultation about, diversion of farmland under Article 34 of the Farmland Act;
9. Consultation with the road management agency or approval under Article 5 of the Road Act (limited to permission for execution of road works in favor of the person other than the management agency under Article 34 of the same Act, and to permission to occupy roads under Article 38 of the same Act);
10. Permission for and report on Installation of Emission Facilities under Article 23 of the Clean Air Conservation Act, Article 33 of the Water Quality and Aquatic Ecosystem Conservation Act and Article 8 of the Noise and Vibration Control Act;

12. Permission for logging, etc. in an erosion control area under Article 14 of the Work against Land Erosion or Collapse Act;
14. Permission for forest diversion under Article 14 of the Management of Mountainous Districts Act, report on the forest diversion under Article 15 of the same Act, permission for or report on the temporary use of forest under Article 15-2 of the same Act, permission for and report on the cutting, etc. of standing timber under Article 36 (1) and (4) of the Creation and Management of Forest Resources Act, and permission for and report on acts within a protective forest under Article 45 (1) and (2) of the same Act;
16. Authorization on installing private-use waterworks under Articles 52 and 54 of the Water Supply and Waterworks Installation Act;
17. Consultation with the park management agency under Article 71 (1) of the Natural Parks Act (limited to permission for acts in the park zone of Article 23 of the same Act);
20. Permission for consultation on the conversion of any grassland under Article 21-2 and 23 of the Grassland Act;
22. Permission for construction works for public sewerage or for the maintenance of public sewerage under Article 16 of the Sewerage Act;
23. Consultation with a river management agency or approval pursuant to Article 6 of the River Act (limited to permission for implementation of river works pursuant to Article 30 of the same Act, permission to occupy and use a river pursuant to Article 33 of the same Act and permission for the use of river water pursuant to Article 50 of the same Act).

Article 12 (Expropriation of Land, etc.)
(1) If it is necessary for the implementation of an airport development project, the project operator may expropriate or use the land, things or rights (hereinafter referred to as "land, etc") as prescribed by Article 3 of the Act on the Acquisition of Land, etc. for Public Works and the Compensation therefor.
(4) Except as otherwise provided by this Act, the Act on the Acquisition of Land, etc. for Public Works and the Compensation therefor shall apply mutatis mutandis to the expropriation or use of land, etc. referred to in paragraph (1).

Article 25 (Supervision)
(1) In executing an project, the Minister of Land and Transport may revoke permission, approval or designation on the execution and management of such project, or take any measure necessary for the suspension of the effects of such permission, approval or designation, discontinuance of works, in any of the following cases:
1. Where permission is granted in deceitful or unlawful manner;
2. Where the implementation plan or the revision thereto approved pursuant is violated;
3. Where it is deemed impossible to continue executing the airport development project due to changes in circumstances.

16. River Act (KWaStrG)

Article 2 (Definitions)
The terms used in this Act shall be defined as follows:
4. he term "river management agency" means the Minister of Land, Transport and Maritime Affairs, Special Metropolitan City Mayor, Metropolitan Cities Mayors, Do Governors, and Governor of a Special Self-Governing Province (hereinafter referred to as the "Mayor/Do Governor") who take charge of the preparation of various plans on rivers, and the designation, use and preservation of rivers;
5. The term "river works" means works for newly constructing, enlarging, improving or repairing rivers in order to improve the function of rivers;
6. The term "maintenance and repair" means activities of checking and maintenance performed to keep the function of a river normal;

Article 3 (Responsibilities and Duties of State, etc.)
(1) The State shall have a responsibility to establish a comprehensive plan on rivers and devise rational measures for the efficient preservation and maintenance of rivers.
(2) Local governments shall take necessary measures in accordance with those of the State, establish plans suitable for the needs of its jurisdiction, and implement them.
(3) Citizens shall cooperate proactively with the measures for river maintenance implemented by the State and local governments, and endeavor to preserve rivers and to prevent pollution.

Article 25 (Basic River Plans)
(1) A river management agency shall establish a basic river plan on a ten-year basis which includes basic matters necessary for the use of rivers and environmentally-friendly maintenance, for rivers under its management, as prescribed by Presidential Decree.
(2) The Minister of Land and Transport may, if he/she deems it necessary to establish a basic river plan in connection with the comprehensive water control plan for a river basin, etc., notwithstanding paragraph (1), establish a basic river plan for each river whose river management agency is the Mayor/Do Governor. In such cases, the Minister of Land, Transport and Maritime Affairs shall consult, in advance, with the river management agency.
(3) A river management agency shall review the appropriateness of the basic river plan every five years from the date of its establishment, and if necessary, amend the plan.

Article 27 (River Works, Maintenance and Repair by River Management Agencies)
(1) Where a river management agency (including the Minister of Land and Transport, where the Minister executes river works by proxy pursuant to Article 28 (1); hereafter the same shall apply in this Article) intends to carry out any river works, it shall establish a plan on the execution of such river works (hereinafter referred to as "river works execution plan"), as prescribed by Presidential Decree: Provided,

That the same shall not apply to cases where it intends to carry out any minor river works prescribed by Presidential Decree.
(2) A river works execution plan shall be established within the extent of the basic river plan.

Article 78 (Expropriation of Land, etc.)
(1) If it is necessary for the implementation of an airport development project, the project operator may expropriate or use the land, things or rights (hereinafter referred to as "land, etc") as prescribed by Article 3 of the Act on the Acquisition of Land, etc. for Public Works and the Compensation therefor.
(2) Except as otherwise provided by this Act, the Act on the Acquisition of Land, etc. for Public Works and the Compensation therefor shall apply mutatis mutandis to the expropriation or use of land, etc. referred to in paragraph (1).

17. Enforcement Decree of the River Act (Rechtsverordnung des KWaStrG)

Article 24 (Establishment of Basic River Plans)
(1) In establishing basic river plans pursuant to Article 25 (1) of the Act (hereinafter referred to as a "basic river plan"), changes in the national land plan and urban development plans of river basins shall be taken into consideration, and basic river plans shall be established by region based on the common river basin map (referring to the map of river basins on which the whole country is classified into regions by the Minister of Land and Transport by taking into account the use of water, flood control and environment).
(2) The following matters shall be included in the basic river plans:
1. Objectives of the basic river plans;
2. Matters which fall under the following items, regarding the overall status of rivers:
(a) The current overall status, such as characteristics of river basins;
(b) The natural conditions, such as rainfall, weather, etc.;
(c) The quality of water and ecosystems of such rivers;
(d) The current status of damage from floods or droughts;
(e) The current status of utilization of river water;
(f) Matters concerning the survey fiducial points to grasp the topography and features of river basins;
3. Countermeasures against flooding prepared by flood defense facilities, including embankments, dams, reservoirs, flood control areas, drain canals, etc.;
4. Countermeasures against floods by the land utilization plan, etc.;
5. Annual implementation plans for countermeasures against floods;
6. Matters which fall under the following items, regarding the execution of river works:
(a) The reference volume of floods (referring to the natural volume of floods, not regarding the flood control plan to be executed by means of flood defense facilities,

such as embankments, dams, reservoirs, flood control areas, drain canals, etc.) and the allotment of the volume of floods:
(b) The predetermined volume of floods;
(c) Predetermined flood elevation;
(d) Predetermined river width and the boundaries thereof;
(e) Improvement of a river channel and flow regime;
7. Matters on the provision of basic data necessary for determining the river area, the predetermined river land and the flood control area;
8. Matters on the creation of a environmentally-friendly river;
9. Other matters necessary for the preservation of the river environment and the proper use thereof.

18. Aviation Act (KLuftVG)

Article 89 (Establishment of Mid and Long-Term Master Plan for Airport Development)
(1) The Minister of Land, Transport and Maritime Affairs shall establish a mid and long-term master plan for airport development (hereinafter referred to as "master plan") every 5 years, which contains the matters of the following subparagraphs, in order to undertake airport development projects systematically and efficiently:
1. Prospects of aviation demand;
2. Mid and long-term basic plan for airport development by region;
3. The amount of investment required and means to ensure financial resources;
4. Other matters concerning the mid and long-term airport development.
(2) The Minister of Land, Transport and Maritime Affairs shall, when he/she intends to undertake any airport development project, establish and implement a basic plan for airport development (hereinafter referred to as "basic plan") according to the master plan, which contains the matters of the following subparagraphs:
1. Area scheduled to be developed;
2. The size and position of the airport;
3. The operational program;
4. Means to ensure financial resources;
5. The environment control program;
6. Other matters necessary for the airport development.
(3) In cases where the Minister of Land, Transport and Maritime Affairs desires to make the master plan or the basic plan, he/she shall consult with the head of the central administrative agency concerned after hearing the opinion of the competent local government.

Article 94 (Operator of Airport Development Projects)
(1) Airport development projects shall be carried out by the Minister of Land and Transport: Provided, That this shall not apply to cases where this Act or any other Acts and subordinate statutes provide that an airport development project be

performed by any person other than the Minister of Land, Transport and Maritime Affairs.

Article 95 (Establishment, Approval, etc. of Implementation Plans)
(2) The implementation plan referred to in paragraph (1) shall attach or expressly indicate the design drawings, financing plan, project implementation period necessary for the implementation of such project and other matters prescribed by Ordinance of the Ministry of Land and Transport.
(3) Any project operator other than the Minister of Land and Transport shall, when he/she formulates an implementation plan, obtain approval for such plan from the Minister of Land and Transport. The same shall also apply to cases where he/she intends to alter approved matters.
(5) The Minister of Land and Transport shall, when he/she draws up an implementation plan pursuant to paragraph (1) or approves such implementation plan pursuant to paragraph (3), announce such fact as prescribed by Presidential Decree and send copies of relevant documents to the Governor of a Special Self-Governing Province concerned or the head of the competent Si, Gun or autonomous Gu (hereinafter referred to as "head of Si/Gun/Gu").

Article 96 (Relation to other Acts)
(1) When the Minister of Land and Transport establishes or approves an implementation plan under Article 95 (1) and (3), approval, permission, authorization, decision, designation, license, consultation, agreement or deliberation under each of the following subparagraphs shall be deemed to have gone through:
1. Determination of an urban management planning under Article 30 of the National Land Planning and Utilization Act (limited to the infrastructure under subparagraph 6 of Article 2 of the same Act), permission for the development acts under Article 56 of the same Act, designation of the implementor of urban planning facility project under Article 86 of the same Act, and authorization of the implementation plan under Article 88 of the same Act;
2. Permission for the occupation and use of public water surface under Article 8 of the Public Waters Management and Reclamation Act, approval of or report on an implementation plan for occupation and use under Article 17 of the same Act, license for reclamation of public water surface under Article 28 of the same Act, consultation about or approval of reclamation carried out by the State, etc. under Article 35 of the same Act, and approval of an implementation plan for reclamation of public water surface under Article 38 of the same Act;
3. Deleted;
4. Consultation with a river management agency or approval pursuant to Article 6 of the River Act (limited to permission for implementation of river works pursuant to Article 30 of the same Act, permission to occupy and use a river pursuant to Article 33 of the same Act and permission for the use of river water pursuant to Article 50 of the same Act);

5. Consultation with the road management agency or approval under Article 5 of the Road Act (limited to permission for execution of road works in favor of the person other than the management agency under Article 34 of the same Act, and to permission to occupy roads under Article 38 of the same Act);
6. License for urban railway services under Article 4 (1) of the Urban Railroad Act, and approval for the urban railway business plan under Article 4-3 (1) of the same Act;
7. Consultation with the park management agency under Article 71 (1) of the Natural Parks Act (limited to permission for acts in the park zone of Article 23 of the same Act);
8. Permission for, or consultation about, diversion of farmland under Article 34 of the Farmland Act;
9. Permission for logging, etc. in an erosion control area under Article 14 of the Work against Land Erosion or Collapse Act;
10. Permission for forest diversion under Article 14 of the Management of Mountainous Districts Act, report on the forest diversion under Article 15 of the same Act, permission for or report on the temporary use of forest under Article 15-2 of the same Act, permission for and report on the cutting, etc. of standing timber under Article 36 (1) and (4) of the Creation and Management of Forest Resources Act, and permission for and report on acts within a protective forest under Article 45 (1) and (2) of the same Act;
11. Authorization on installing private-use waterworks under Articles 52 and 54 of the Water Supply and Waterworks Installation Act;
12. Permission for construction works for public sewerage or for the maintenance of public sewerage under Article 16 of the Sewerage Act;
13. Permission for execution of harbor works under Article 9 (2) of the Harbor Act;
14. Consultation concerning permission, etc. of an administrative agency under Article 13 of the Protection of Military Bases and Installations Act;
15. Examination of traffic impact analysis and improvement measures under Article 16 of the Urban Traffic Improvement Promotion Act;
16. Permission for or consultation on the conversion of any grassland under Article 23 of the Grassland Act.

Article 98 (Expropriation of Land, etc.)
(1) If it is necessary for the implementation of an airport development project, the project operator may expropriate or use the land, things or rights (hereinafter referred to as "land, etc") as prescribed by Article 3 of the Act on the Acquisition of Land, etc. for Public Works and the Compensation therefor.
(4) Except as otherwise provided by this Act, the Act on the Acquisition of Land, etc. for Public Works and the Compensation therefor shall apply mutatis mutandis to the expropriation or use of land, etc. referred to in paragraph (1).

Article 105 (Reversion of Airport Facilities and Exemption from Rent)
(1) Any person who desires to invest in an airport development project executed by the Minister of Land and Transport under the provisions of Article 94 (1) shall obtain permission from the Minister of Land and Transport. In such cases, the Minister of Land and Transport may permit it on the condition that the land and airport facilities (excluding those prescribed by Presidential Decree) associated with the airport development project revert to the State.
(2) The land and airport facilities which are developed or installed by permission to which any condition is attached under the latter part of paragraph (1) and Article 94 (4) shall revert to the State at the same time as the work concerned is completed: Provided, That when permission is granted with no conditions attached, the land and airport facilities shall belong to the project operator concerned.

Article 111-2 (Airport Operating Certificate, etc.)
(1) Any airport operator who intends to operate an airport prescribed by Presidential Decree, such as an airport, etc. having international air routes, shall obtain a certificate to the effect that he/she is equipped with the systems capable of operating the airport safely (hereinafter referred to as "airport operating certificate") from the Minister of Land and Transport, as stipulated by Ordinance of the Ministry of Land and Transport.

www.ingramcontent.com/pod-product-compliance
Ingram Content Group UK Ltd.
Pitfield, Milton Keynes, MK11 3LW, UK
UKHW021910290926
8980IPUK00015B/1161

9 783631 726846